"十二五"普通高等教育本科国家级规划教材

U0184994

电工电子技术

（第4版）

（第一分册）
——电路与模拟电子技术基础

太原理工大学电工基础教学部　编

系列教材主编　乔记平　田慕琴

第一分册主编　李凤霞　申红燕

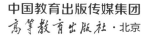

中国教育出版传媒集团

高等教育出版社·北京

内容简介

本书是在"十二五"普通高等教育本科国家级规划教材《电工电子技术》(第 3 版)第一分册的基础上,根据教育部高等学校电工电子基础课程教学指导分委员会修订的"电工学课程教学基本要求",结合太原理工大学近年来对电工电子技术课程的改革与实践,对教材进一步改写、补充和修订而成。 本书共 8 章,主要内容包括电路分析基础、动态电路的瞬态分析、正弦交流电路、半导体二极管及其应用、晶体管及基本放大电路、集成运算放大器、直流稳压电源、电力电子技术简介。

本书体系完整,内容丰富,论述详尽,将部分讲义、视频、习题解答等以二维码数字资源的形式嵌入文中,供读者扫描学习,同时本书配套 Abook 数字课程网站,提供与主教材配套的电子课件,既方便教师授课,也方便学生线下学习。

本书可作为普通高等教育非电类专业电工电子系列课程的教材,也可作为高职、高专及成人教育相关专业的参考用书。

图书在版编目(CIP)数据

电工电子技术. 第一分册,电路与模拟电子技术基础 / 太原理工大学电工基础教学部编;乔记平,田慕琴主编;李凤霞,申红燕分册主编. -- 4 版. -- 北京 : 高等教育出版社,2022.8

ISBN 978-7-04-058464-6

Ⅰ. ①电… Ⅱ. ①太… ②乔… ③田… ④李… ⑤申… Ⅲ. ①电工技术-高等学校-教材②电子技术-高等学校-教材③电路理论-高等学校-教材④模拟电路-电子技术-高等学校-教材 Ⅳ. ①TM②TN

中国版本图书馆 CIP 数据核字(2022)第 050262 号

Diangong Dianzi Jishu(Di-yi Fence)——Dianlu yu Moni Dianzi Jishu Jichu

策划编辑	杨 晨	责任编辑	张江漫 杨 晨	封面设计	李卫青	版式设计	杜微言
责任绘图	黄云燕	责任校对	高 歌	责任印制	赵义民		

出版发行	高等教育出版社	网 址	http://www.hep.edu.cn
社 址	北京市西城区德外大街 4 号		http://www.hep.com.cn
邮政编码	100120	网上订购	http://www.hepmall.com.cn
印 刷	三河市春园印刷有限公司		http://www.hepmall.com
开 本	787mm×1092mm 1/16		http://www.hepmall.cn
印 张	18	版 次	2003 年 2 月第 1 版
字 数	380 千字		2022 年 8 月第 4 版
购书热线	010-58581118	印 次	2022 年 8 月第 1 次印刷
咨询电话	400-810-0598	定 价	38.00 元

本书如有缺页、倒页、脱页等质量问题,请到所购图书销售部门联系调换
版权所有 侵权必究
物 料 号 58464-00

电工电子技术（第4版）

（第一分册）
——电路与模拟电子技术基础

太原理工大学电工基础教学部　编

系列教材主编
乔记平　田慕琴

第一分册主编
李凤霞　申红燕

1. 计算机访问http://abook.hep.com.cn/12350118，或手机扫描二维码、下载并安装Abook应用。
2. 注册并登录，进入"我的课程"。
3. 输入封底数字课程账号（20位密码，刮开涂层可见），或通过Abook应用扫描封底数字课程账号二维码，完成课程绑定。
4. 单击"进入课程"按钮，开始本数字课程的学习。

　　课程绑定后一年为数字课程使用有效期。受硬件限制，部分内容无法在手机端显示，请按提示通过计算机访问学习。

　　如有使用问题，请发邮件至abook@hep.com.cn。

扫描二维码
下载Abook应用

http://abook.hep.com.cn/12350118

第4版前言

本套教材根据教育部高等学校电工电子基础课程教学指导分委员会修订的"电工学课程教学基本要求"和"教育部关于一流本科课程建设的实施意见",分析了高等教育发展的新趋势以及电工电子基础课程教学模式变革需求,本着以学生全面发展为中心的原则,结合近年多位教师在一线教学中积累的教学实践经验,在第3版教材体系的基础上进行全方位的精选、改写补充、修订而成。本套教材第2版、第3版先后被评为普通高等教育"十一五"国家级规划教材和"十二五"普通高等教育本科国家级规划教材。

本套教材包括三个分册:第一分册《电路与模拟电子技术基础》、第二分册《数字与电气控制技术基础》、第三分册《实验与仿真教程》,并配套有习题解答电子书。此次编写的主要特点如下:

一、注重经典知识与前沿技术的结合,体现教材的前瞻性。在传承第3版教材体系的同时,体现少、精、宽的原则;在内容编排和结构设计上进行较大调整,删除过时、不适用的内容;注重基础知识的同时,引入新知识、新技术,增加了前沿性和实用性的教学内容,对参考内容的章节用"＊"标记。

二、加强理论与实践融合共进,强化教材的实践性。在教材内容中增加实际工程案例,借助实验和 EDA 仿真,引导学生熟悉先进的设计方法,使学生在获得电工电子技术必要的基础理论、基本知识和基本技能的基础上,拓宽学生的视野,培养学生深度分析、勇于创新的精神和应用先进科学技术解决复杂工程问题的能力。

三、借助信息技术与教学的深度融合,拓宽教材的广域性。将纸质教材和数字资源相结合,以二维码为载体,将视频、讲义、习题解答等数字资源嵌入教材,实现了教材、课堂、教学资源的融合。本套教材同时配有 Abook 数字资源网站,内容为与主教材配套的电子课件,使教材表现形式和教学内容的载体更加丰富,激发学生探求知识的潜能,更加适应人才培养和本科教学质量提升的要求。

四、在知识点中融入思政元素,体现教材在科学与人文教育方面的统一性。教材编写中,结合相关知识点,将一般的知识原理与价值意蕴有机契合,着力培养学生的创新意识、坚韧不拔的品格和奉献精神,增强学生的社会责任感,实现知识、技能、品质的共同提升。

本分册为"电路与模拟电子技术基础",主要包括电路基础知识、模拟电子技术等内容,具体修订如下:

1. "电路分析基础""正弦交流电路""晶体管及基本放大电路""集成运算放大器""电力电子技术简介"等章节或部分内容均做了改写,更新了模拟电路中的部分元器件,注重教材基础的同时,使叙述更为简洁,理论分析和概念阐述更严谨。

2. 将"常用传感器及其应用"章节内容移至第二分册,与"数模与模数转换技术"及"工业网络介绍"等内容进行整合优化,使得知识更加连贯,编排更加合理,方便教学。

3. "电路分析基础""电力电子技术简介"等章节均增加了工程应用案例,使学生在掌握基本理论、基本知识和基本技能的基础上,拓宽视野,提高工程实践的意识,提升应对工程问题的能力。

本套教材由太原理工大学乔记平、田慕琴主编,共设三个分册,并配套习题解答电子书。本分册"电路与模拟电子技术基础"共 8 章,由李凤霞、申红燕担任主编,其中李凤霞编写第 1 章,王跃龙编写第 2 章,陶晋宜编写第 3 章,陈惠英编写第 4 章,任鸿秋编写第 5 章,申红燕编写第 6 章,乔记平编写第 7 章,田慕琴编写第 8 章及附录,全书由李凤霞完成统稿。

本分册由中国计量大学潘岚教授主审,她对书稿进行了全面认真的审阅,提出了诸多中肯的意见和修改建议,提高了本版教材的品质。在此,谨向潘岚教授表示衷心感谢!

本套教材先后得到了许多老师和广大读者的关怀,他们提出了许多建设性意见;同时也得到渠云田教授和相关部门的关心和支持,特别感谢高等教育出版社和国内同行们所给予的支持和帮助,在此一并致以诚挚的谢意。

本套教材是根据"新工科"的建设思路以及新形势下的教学要求,结合一线教师长期积累的教学经验和非电类专业教学改革与实践的成果编写而成。由于学识和实践经验所限,书中难免有疏漏和不妥之处,恳请使用本书的教师和同学,以及广大读者不吝指教,其函请发至 Email:qiao-jiping@163.com。

田慕琴　乔记平
2022 年 3 月

第3版前言

自 2003 年本系列教材第 1 版出版以来,十余年间,新技术不断涌现,电工电子技术在吸收其他新兴学科成就的同时,自身不断地更新发展,而与此相关的教材也需不断修订提高,以适应时代发展的要求。

本系列教材第一分册"电路与模拟电子技术基础"是按照教育部高等学校电子电气基础课程教学指导分委员会最新制定的"电工学课程教学基本要求"和教育部关于"卓越工程师教育培养计划"的要求,分析了高等教育的发展趋势和电类科技的新发展,并吸收了有关专家和读者的反馈意见,在 2008 年第 2 版普通高等教育"十一五"国家级规划教材的基础上修订编写。在内容上进行全方位的精选、调整、改写、补充,对于一些逐渐被取代的技术进行合理删减,对一些近年来发展的热门技术予以阐述,使之更加适应理工类非电专业、计算机专业等电工电子技术课程的教学要求。

本分册具有如下特点:

一、"电路分析基础""动态电路的瞬态分析""正弦交流电路""二极管及其整流电路""晶体三极管及基本放大电路""集成运算放大器""直流稳压电源""现代电力电子器件及其应用""常用传感器及其应用"这些章节做了改写,使叙述更为简洁、理论分析和概念阐述更严谨;同时强化了教材的基础性、应用性和先进性。

二、编排合理,方便教学。将二极管从常用半导体器件与基本放大电路一章中分离出来,与整流、滤波和稳压电路重新整合在一起,使得知识更加连贯,也便于实验教学的顺利开展。

三、每节后增加了练习与思考,使学生在自主学习的过程中,有针对性和目的性,便于对知识的充分理解与消化;同时删减了部分难度偏大的习题,使本书更适宜非电类专业学生学习。

四、内容先进。最大限度反映电工电子技术的发展,体现教材的前瞻性。如增加了二极管的应用——光伏发电原理、逆变原理、变频技术、集成稳压开关电源等,拓宽学生的知识面,以满足今后的发展要求。

五、加强工程实践,注重卓越工程师的培养。增加了一些工程实例和实用电路的介绍,引导、启发学生掌握一些先进的设计方法,有利于提高学生素质、培养学生分析问题和解决问题的能力。

六、在第 2 版使用 Multisim 2001 仿真软件的基础上,又引入了最新仿真软件 Multisim11.0,该软件提供了品种齐全的电子器件库、真实的仿真平台和功能强大的分析方法,还增加了许多 3D 元件和实验仪器,使得仿真操作与仿真效果更加逼真。

本系列教材由太原理工大学渠云田教授、田慕琴教授主编,太原理工大学电工基础教学部

I

组织编写,全套教材共有六个分册。第一分册"电路与模拟电子技术基础"共 9 章,其中李晓明编写第 1 章,陶晋宜编写第 2 章,渠云田编写第 3 章,郭军编写第 4 章,任鸿秋编写第 5 章,申红燕编写第 6 章,高妍编写第 7 章,李凤霞编写第 8 章和附录,朱林彦编写第 9 章,王跃龙编写中英文名词对照,全书由李凤霞副教授进行统稿。

本教材得到了有关专家和相关部门的关心和支持,特别是北京石油化工学院曾建堂教授作为主审,提出了宝贵意见和修改建议;同时也得到兄弟院校教师和广大读者的关怀,他们提出大量建设性意见,在此深表感谢。

在编写过程中,我们也参考了部分优秀教材。在此,谨向这些教材的作者表示感谢。

由于编者水平和实践经验有限,本教材难免有缺点和错误,恳请读者特别是使用本教材的教师和学生提出批评和改进意见,以便今后修订提高。

编者

2013 年 1 月

第2版前言

21世纪知识日新月异,为适应时代的要求,培养具有竞争力和创新能力的优秀人才,根据教育部面向21世纪电工电子技术课程教学改革要求,结合我校电工基础教学部近年来对电工电子技术基础课程的改革与实践,在第1版的基础上,我们借鉴国内外有影响力的同类教材,重新对教材进行修订编写,调整补充,使之更适应非电类专业、计算机专业电工电子技术的教学要求。

本教材由太原理工大学电工基础教学部组织编写,全套教材共有六个分册:第一分册,电路与模拟电子技术基础(分册主编李晓明、李凤霞),本分册主要介绍电路分析基础、电路的瞬态分析、正弦交流电路、常用半导体器件与基本放大电路、集成运算放大器、直流稳压电源、现代电力电子器件及其应用和常用传感器及其应用;第二分册,数字与电气控制技术基础(分册主编王建平、靳宝全),本分册主要介绍数字电路基础、组合逻辑电路、触发器与时序逻辑电路、脉冲波形的产生与整形、数模和模数转换技术、存储器与可编程逻辑器件、变压器和电动机、可编程控制器、总线、接口与互连技术等;第三分册,利用 Multisim 2001 的 EDA 仿真技术(分册主编高妍、申红燕),本分册主要介绍 Multisim 2001 软件的特点、分析方法及其使用方法,然后列举大量例题说明该软件在直流、交流、模拟、数字等电路分析与设计中的应用;第四分册,电工电子技术实践教程(分册主编陈惠英),本分册主要介绍电工电子实验基础知识、常用电工电子仪器仪表,详细介绍了38个电路基础、模拟电子技术、数字电子技术和电机与控制实验以及 Protel 2004 原理图与 PCB 设计内容;第五分册,电工电子技术学习指导(分册主编田慕琴),本分册紧密配合主教材内容,提出每章的基本要求和阅读指导,有重点内容、重点题目的讲解与分析,列举了一些概念性强、综合分析能力要求强并有一定难度的例题;第六分册,基于 EWB 的 EDA 仿真技术(分册主编崔建明、陶晋宜、任鸿秋),本分册主要介绍 EWB 5.0 软件的特点、各种元器件和虚拟仪器、分析方法,并对典型的直流、瞬态、交流、模拟和数字电路进行了仿真。系列教材由太原理工大学渠云田教授主编和统稿。本教材第一分册、第二分册由北京理工大学刘蕴陶教授审阅;第三分册、第六分册由太原理工大学夏路易教授审阅;第四分册、第五分册由山西大学薛太林副教授审阅。

本教材第一分册电路与模拟电子技术基础,由李凤霞编写第1、3、5、6章,王宇辉编写第2章,李晓明编写第4章,田慕玲编写第7章,朱林彦编写第8章,王跃龙编写中英文名词对照等,全书由李凤霞副教授进行统稿。该分册是按照教育部颁布的电工技术(电工学)和电子技术(电工学)两门课的教学基本要求,在第1版的基础上,在教材系统、内容方面进行了新的优化、整合,并较多地补充了新技术、新知识,该书具有如下特点:

I

一、电路分析基础、电路的瞬态分析、正弦交流电路、常用半导体器件与基本放大电路、集成运算放大器、现代电力电子器件及其应用等章节均做了改写，使教材内容阐述由浅入深，详略得当；文字叙述简明、扼要；理论分析和概念阐述严谨、准确，较好地体现了教材内容的科学性。

二、选材合理，内容精炼。如第 1 章直接从电路元器件入手讲解，第 2 章 RC 电路的瞬态分析一节，删除零输入和零状态响应，主要介绍全响应和三要素法的有关概念等，避免了一些不必要的低起点的重复，突出了课程的基本概念、基本理论和基本知识。

三、打破传统教学方法，如交流电路分析部分，将容抗、感抗、有功功率和无功功率等引入到交流电路的三要素中讲解，使学生切身体会到交流的概念；将二极管和晶体管放大电路整合为一章内容，删减了一些比较传统、陈旧的内容，使之更适应非电类专业及其他相关专业的教学需要。

四、内容先进，尽量反映当今电工电子信息技术的新概念和新理论，体现教材的前瞻性。如在第 7 章中，增加了当代新型电力电子器件的有关内容；新增了第 8 章常用传感器及其应用，拓宽学生的知识面，以满足今后的发展要求。

五、教材内容重视对学生工程实践能力的培养。注重理论联系实际，重视实用技术，将元器件和电路结合起来，增加了一些应用实例和实用电路，引导启发学生，掌握一些先进的设计方法，有利于提高学生素质、培养学生分析问题和解决问题的能力。

本教材由各位审者提出了宝贵意见和修改建议，并且还得到太原理工大学电工基础教学部老师和广大读者的关怀，他们提出大量建设性意见，在此深表感谢。

同时，编写本教材过程中，我们也曾参考了部分优秀教材，在此，谨对这些参考书的作者表示感谢。

限于编者水平，书中错误疏漏之处难免，恳请读者，特别是使用本教材的教师和学生积极提出批评和改进意见，以便今后修订提高。

编者
2007 年 10 月

第1版前言

21世纪是科学技术飞速发展的时代,也是竞争激烈的时代。为了新一代大学生能适应这个高科技和竞争激烈的时代,根据教育部面向21世纪电工电子技术课程教改要求,结合我校电工电子系列课程建设以及山西省教育厅重点教改项目——"21世纪初非电类专业电工学课程模块教学的改革与实践",在我们已经使用数年的电工电子技术系列讲义的基础上,经过多次试用与反复修改,将其以教材形式面诸于世。

本书是理工科非电类专业与计算机专业本、专科适用的电工电子技术系列教材之一;也是我们教改项目中的第一模块教材,即计算机专业与机械、机电类专业适用教材;同时也是兄弟理工类院校相应专业择用的教材之一;也可作为高职高专和职业技术学院相应专业的择用教材。参考学时为110~130学时。

本教材的基本特点是:精炼,删减传统内容力度较大;结构顺序变动较大;集成电路与数字电子技术部分内容大大加强;电气控制技术部分系统性增强;电工电子新技术内容与现代分析手段大量引入;突出电气技能与素质培养方面的内容及其在工业企业中的应用范例明显增多;基本概念、分析与计算、EDA仿真等各类习题分明。

本教材在突出电气技能与素质培养方面增设了不少电工与电子技术应用电路及设计内容。如调光、调速电路、测控技术电路、小型变压器设计与绕制、电动机定子绕组的排布、常用集成运放芯片与数字逻辑芯片介绍及其典型应用电路、世界各主要厂家的PLC性能简介、使用isp-DesignExpert软件开发ispLSI器件等新技术应用内容。

依据电工电子技术的发展趋势及其在机械、机电类专业的应用特点,并兼顾计算机专业的教学需求,此教材的上册为"电路与模拟电子技术基础",下册为"数字与电气控制技术基础"。

为了有效减少课堂教学时数,增加课内信息量,提高教学效率,并以提高学生技能素质与新技术、新手段的应用能力为目标,使用本教材应建立EDA机辅分析教学平台,结合教学方法及教学手段的改革,并与实践教学环节相配合,方能更有效地发挥其效能。

本教材由太原理工大学电工基础教学部组织编写,上册由李晓明任主编,王建平、渠云田任副主编,下册由渠云田任主编,王建平、李晓明任副主编。王建平编写第1、2、4、5、8章,李晓明编写第3、6、15章,渠云田编写第9、10、11、12、13、14章,陶晋宜编写第16章,太原理工大学信息学院夏路易教授编写第7章与下册的附录1,太原师范学院周全寿副教授参与了本书附录与部分节次的编写。渠云田、李晓明、王建平三人对全书作了仔细的修改,并最后定稿。

本教材上册由北京理工大学刘蕴陶教授主审,下册由北京理工大学庄效桓教授主审。两位教授对本稿进行了详细的审阅,并提出许多宝贵的意见和修改建议。我们根据提出的意见和建议进行了认真的修改。在本教材编写和出版过程中,大连理工大学唐介教授、太原理工大学信息学院夏路易教授、太原师范大学周全寿副教授以及太原理工大学电工基础教学部使用过本教材讲义的所有教师,给予了极大的关心和支持,在此一并对他们表示衷心的感谢。

同时,编写本教材过程中,我们也曾参考了部分优秀教材,在此,谨向这些参考书的作者表示感谢。

由于我们水平有限,书中缺陷和疏漏在所难免,恳请使用本教材的教师和读者批评指正,为提高电工电子技术教材的质量而共同努力。

编者

2002 年 10 月

目录

第1章　电路分析基础

本章从电路的分类和主要用途出发,以电路元件和电路基本物理量为基础,重点介绍电路的基本概念、基本定律和线性电路的几种基本分析方法,为学习各种类型的电工电子电路建立必要的基础。

1.1　电路的分类及主要工程应用

电路是为实现和完成某种需要,由电路元器件或电气设备组合起来,供电流或信息流通的路径。电气信息工程中,电路按其应用分为两大类,即强电电路和弱电电路。

1.1.1　强电电路的特点及其应用

电气工程的强电电路是指产生、输送和应用电能的电路,具有电流、电压强度大,功率消耗大;工作频率低且单一,电压强度级别有限;电能量以输电线路的方式传输等特点。其通常分为电力系统和电力传动。

1. 电力系统

电力系统主要由发电厂、输电线路、配电系统及负荷组成,其作用是产生和分配电力。发电厂将原始能源转化为电能,经输电线路送至配电系统,再由配电系统把电能分配给负荷(用户)。原始能源主要是水利能源和火力能源(煤、天然气、石油、核聚变、裂变燃料、油页岩等),至于地热能、潮汐能、风能、海洋能、太阳能、生物质能等可再生能源尚处于小容量发展阶段。输电线路连接发电厂与配电系统以及与其他系统实行互联。配电系统连接由输电线供电的局域内的所有单个负荷。电力负荷包括电灯、电热器、电动机、整流器、变频器或其他装置。这些设备又将电能转变为光能、热能、机械能等。

2. 电力传动

与其他类型的动力机械相比,电动机具有性能优良、结构简单、价格低廉、使用和维护方便,以及控制精确、调节方便等一系列优点,因此电力传动广泛应用于各个领域中。如:生产领域,电动机应用于机械加工设备的驱动,包括机械加工机床即轧钢设备,以及连续生产过程中的泵、压缩机、风机、传送带等;交通运输领域,利用电能驱动电力机车、动力车辆、磁悬浮列车、电动汽车等;家用电器领域中,电能用于洗衣机、烘干机、电冰箱、微波炉、电烤箱及电动门窗等。

1.1.2　弱电电路的特点及其应用

弱电电路是指在信号与信息领域中,利用电气技术对信息获取、传输、处理与

1

应用的电路。其具有小电流、低电压、功率微弱,信号波形种类繁多、频率范围宽泛,信号传输分为有线与无线等特点,其应用主要有以下几方面。

1. 控制系统

控制系统利用电信号控制生产过程,使之准确到达既定目标或沿着既定的行程运行。例如炼油厂里的温度、压力和流速的控制器,电子燃油喷射式汽车发动机里的燃料空气混合设备,电梯中的电机、门和灯光的控制装置以及全方位立体智能交通装置等。

2. 检测系统

检测系统是获取信号或信息的一种手段,它借助于传感器感受信号并将它转为便于表达和处理的电信号形式。电信号经过放大、滤波等处理后,可供人们观测、分析和判断,或进行记录、存储和显示处理,或直接用来进行控制和调节,或进入计算机系统进行进一步的处理、分析、识别和决策。

3. 通信系统

通信系统是产生、传送、分配信息的电子系统。随着数字技术的发展,数字通信技术已经成为各类通信系统的核心,如电视设备、发报机、接收机、探测宇宙的电子望远镜、返回行星和地球图像的卫星系统、定位飞机航线的雷达系统以及电话系统等。

4. 信号处理系统

信号处理系统是对表示信息的电信号进行处理,使信号所包含的信息成为更合适的形式,其处理方法很多。如图像处理系统收集到沿轨道飞行的气象卫星传来的大量数据,先将数据压缩到易于处理的程度,再将其转换为供晚间新闻播放的视频图像;计算机获取 X 射线机的特殊电信号,将其转换为可以识别的图像,就可以方便医生对病人进行疾病诊断等。

1.1.3　工程系统中强电电路和弱电电路的分工与合作

由上可见,强电电路与弱电电路的主要区别是用途的不同。强电是电能的利用,可作为一种动力能源;弱电电路则是信息加工和信息传递的载体,用于信息的传送和控制。

事实上,在强电领域中有弱电技术的使用,在弱电领域中也有强电技术的运用。如强电系统中的调节、控制、保护、测量等环节一般采用弱电技术;而弱电系统中的信号发射、发送,以及控制执行等环节,则更多采用强电技术。实际的电气工程系统是强电和弱电技术有机结合的综合体。

如计算机电路系统,包含有强电和弱电两部分,强电电源部分电压高、电流大,主要为计算机的其他设备提供电能量;计算机主机等部件,如主板电路处理的就是电流小、频率高的弱电信号,承担对信号的分析加工和处理任务。自动控制系统中的执行电器属于强电,信号检测和处理、规划控制策略的电路则属于弱电。

强电系统多使用电磁器件,如电机、变压器、开关、接触器、继电器等,而弱电系统多使用电子器件,如晶体管、二极管、集成电路等。家用电器中的照明灯具、电冰箱、电视机等均为强电设备,电话、计算机、电视机等接收、发送信号的电器均为弱电设备。

1.2 电路模型及电路元件

1.2.1 电路模型与参考方向

实际电路是为实现某种目的,将若干个电气元件或设备以一定方式连接起来,形成的电流通路,一般是由电源(或信号源)、中间环节、负载三部分组成。其中将其他形式的能量转变为电能的器件称为电源,将电能转变为其他形式能量的器件称为负载。负载中的电压、电流是由电源产生的,故电源也称为激励源,简称激励,由激励在电路中产生的电压、电流也称为响应。实际电气器件的性能很复杂,常常略去次要的物理过程,将其理想化得到的数学模型称为电路元件。由电路元件按一定方式连接而成的理想化电路可作为实际电路的电路模型(简称电路)。

在电路分析中,我们不研究能量之间的转换机理,而是关注电路中的电磁过程,即电路元件端子处基本变量(U、I、q、ψ)之间的关系,因此我们将描述端子变量间的数学表达式称为元件的约束方程。如果元件的约束方程是线性代数方程或线性微分方程,则称为线性元件;如果元件的约束方程是非线性代数方程或非线性微分方程,则称为非线性元件。元件参数是常数时称为非时变元件;元件参数随时间按某种规律变化时称为时变元件。

若电气器件的几何尺寸比电压、电流的波长小很多,此时可将器件看成一个点,即电路元件端子的电压、电流不再是空间坐标函数,则称该元件为集总参数元件,仅含集总参数元件的电路称为集总参数电路;若此条件不满足,则电压、电流既与时间有关,又与空间坐标有关,即为时空函数,这种器件称为分布参数元件,描述这种器件的约束方程将是偏微分方程,含分布参数元件的电路称为分布参数电路。

对于元件我们注重的是它的电压和电流之间的关系,即外特性。为了建立描述外特性的电压、电流约束方程,首先要对这些元件中流过的电流和两端的电压假定一个方向,这个任意假定的方向称为参考方向或正方向。当根据参考方向计算出电压或电流的值为正时,说明该电流或电压参考方向与实际方向一致;反之则相反。而对电压或电流的实际方向,物理学中是这样规定的:电流的方向是正电荷移动的方向,电压的方向是高电位指向低电位的方向,电动势则是在电源内部由低电位指向高电位。

参考方向的表示方法有多种,一般用箭头表示,如图 1-1(a)所示;也可用参考极性"+""-"表示,如图 1-1(b)所示;还可用双下标表示,如图 1-1(c)中的电流 i_{ab},表示电流由 a 端流向 b 端,u_{ab} 表示电压降的方向是由 a 端指向 b 端。

虽然电压和电流的参考方向可以任意假定,但在分析电路时,需要考虑电压和电流参考方向的相对关系,当电压和电流的参考方向选取一致时,称为关联参考方向,如图 1-1(c)所示,否则称为非关联参考方向。

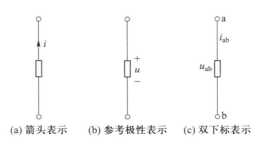

(a) 箭头表示　(b) 参考极性表示　(c) 双下标表示

图 1-1　参考方向及其关联性

　　对于初学者来说,参考方向的概念容易被忽视,但它在电路课程中非常重要,它贯穿于电路分析的整个过程,这些在以后的学习中即可体会到。

1.2.2　电阻元件

　　在任意时刻,能用 u-i 平面上一条曲线表现其外部特性,且具有变电能为热能特征的元件称为电阻元件。它反映实际电路器件或设备消耗电能的特性,如电炉、白炽灯等。电阻元件的符号及外特性曲线如图 1-2 所示。

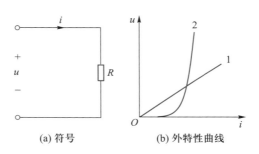

(a) 符号　　　　　　(b) 外特性曲线

图 1-2　电阻元件的符号及外特性曲线

　　如果电阻元件的外特性曲线是一条通过坐标原点的直线,则称该电阻元件为线性电阻元件,如图 1-2(b) 中的曲线 1 所示,线性电阻元件的阻值为一常数;否则称非线性电阻元件,如图 1-2(b) 中曲线 2 所示,非线性电阻元件的阻值不是常数,其大小与通过它的电流或作用其两端电压的大小有关。

　　当电路中所有元件均是线性元件时,电路称为线性电路。含非线性元件的电路,称为非线性电路。非线性电阻元件的电压、电流关系不符合欧姆定律。除非特别指明,本书"电阻"一词均指线性电阻元件。

　　线性电阻元件两端的电压和流过它的电流之间的关系服从欧姆定律。当 u 与 i 的参考方向为关联参考方向时

$$u = Ri \tag{1-1}$$

为非关联参考方向时

$$u = -Ri \tag{1-2}$$

式中 u 的单位为伏［特］(V), i 的单位为安［培］(A), R 的单位为欧［姆］(Ω)、千欧［姆］(kΩ)或兆欧［姆］(MΩ),1 kΩ = 10^3 Ω,1 MΩ = 10^6 Ω。

电阻元件是耗能元件,在关联参考方向下,其消耗的功率为

$$p = ui = i^2 R = \frac{u^2}{R} \qquad (1-3)$$

单位为瓦[特](W)。

从 t_1 到 t_2 的时间内,消耗的能量为

$$W = \int_{t_1}^{t_2} i^2 R \mathrm{d}t \qquad (1-4)$$

单位为焦[耳](J)。

对于电阻元件的选用,主要考虑两个参数,一是电阻元件的阻值,二是电阻元件的额定功率,即在规定的大气压力、温度范围内,电阻元件所允许承受的最大功率。

1.2.3 电源元件

电源是给电路提供能量(激励)的元件,根据有无损耗,分为理想电源与实际电源;根据激励不同,分为电压源与电流源。图 1-3 所示为常见的实际电源,有干电池、扁形电池、燃料电池、太阳能电池、蓄电池、直流稳压电源等。

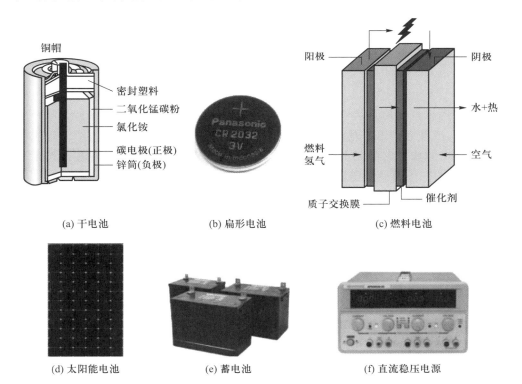

(a) 干电池   (b) 扁形电池   (c) 燃料电池

(d) 太阳能电池   (e) 蓄电池   (f) 直流稳压电源

图 1-3 实际电源

1. 理想电压源和理想电流源

理想电压源和理想电流源又称为恒压源和恒流源,它们的外特性曲线和符号分别如图 1-4(a)(b)和图 1-5(a)(b)所示。

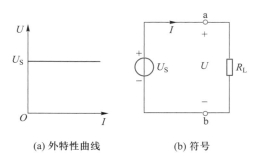

(a) 外特性曲线   (b) 符号

图 1-4   理想电压源外特性曲线和符号

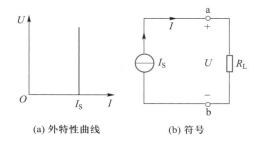

(a) 外特性曲线   (b) 符号

图 1-5   理想电流源外特性曲线和符号

所谓理想电压源是指电源的输出电压不受外电路的影响,总能保持为某一个恒定值 U_S 或按某种恒定规律变化,而其输出电流却由外部电路决定;所谓理想电流源是指电源输出的电流不受外电路影响,总能保持为某一个恒定值 I_S 或按某种恒定规律变化,而其两端电压却由外部电路决定。

图 1-6 为理想电压源和理想电流源供电的电路,图中无论闭合几个开关,理想电压源两端的电压始终为 6 V,但理想电压源中的电流 I 却随外端负载的变化而变化;同样,图中电阻 R 的值在一定范围内变化时,理想电流源输出的电流始终为 2 A,但理想电流源两端的电压 U 却随外端电阻的变化而变化。

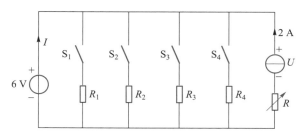

图 1-6   理想电压源和理想电流源供电的电路

2. 受控源

上述理想电压源的输出电压和理想电流源的输出电流是不受外部电路控制而独立存在的,故称其为独立电源。也有一种电源它的输出电压或输出电流尽管也不受负载的影响,但受电路中其他一些参数的控制,我们称之为受控源,理想受控源模型如图 1-7 所示,常见的理想受控源有四种。

讲义:受控源与独立源的区别

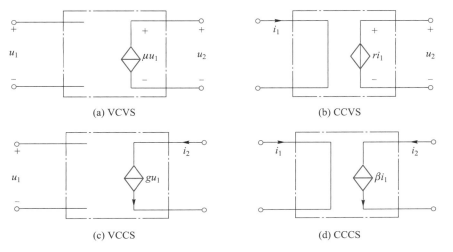

(a) VCVS   (b) CCVS

(c) VCCS   (d) CCCS

图 1-7 理想受控源模型

（1）电压控制电压源（VCVS）,如图 1-7（a）所示,输出电压 $u_2 = \mu u_1$,其中 μ 是电压放大系数,u_1 为输入电压。

（2）电流控制电压源（CCVS）,如图 1-7（b）所示,输出电压 $u_2 = r i_1$,其中 r 是转移电阻,单位是欧［姆］（Ω）,i_1 为输入电流。

（3）电压控制电流源（VCCS）,如图 1-7（c）所示,输出电流 $i_2 = g u_1$,其中 g 是转移电导,单位是西［门子］（S）,u_1 为输入电压。

（4）电流控制电流源（CCCS）,如图 1-7（d）所示,输出电流 $i_2 = \beta i_1$,其中 β 是电流放大系数,i_1 为输入电流。

如果上述式子中的系数 μ、r、g、β 是常数,则受控源的控制作用是线性的。

3. 实际电源的两种模型

实际电源与理想电源最大的区别就在于:实际电源有损耗。比如在工农业生产和日常生活中,常见的实际电源有发电机、干电池、蓄电池、稳压电源、稳流电源等,在对电路进行分析时,实际电源的输出电压或电流都会受到外电路的影响,只是在一定条件下、一定程度上与理想电源特性近似。在理论分析时,可用前述的三个理想元件——理想电压源、理想电流源和线性电阻,建立它们的电路模型,图 1-8（a）（b）和图 1-9（a）（b）则分别表示了实际电源的电压源模型（以下简称电压源）和电流源模型（以下简称电流源）的外特性曲线和电路模型图。

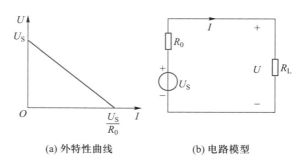

(a) 外特性曲线　　　　(b) 电路模型

图 1-8　实际电源的电压源模型外特性曲线和电路模型

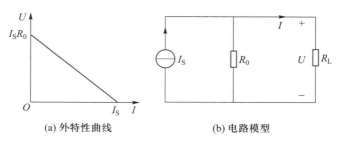

(a) 外特性曲线　　　　(b) 电路模型

图 1-9　实际电源的电流源模型外特性曲线和电路模型

图 1-8 中电压源输出电压与电流之间的关系式为

$$U = U_S - IR_0 \tag{1-5}$$

式中 U 为电压源的输出电压，U_S 为理想电压源的电压，I 为电压源的输出电流，R_0 为电压源的内阻。当向外电路供电时，电压源的输出电压 U 随负载电流 I 增大而逐渐降低；电压源的内阻愈小，输出电压就愈接近理想电压源的电压 U_S，当内阻 $R_0 = 0$ 时电压源就是理想电压源。

图 1-9 中电流源输出电流与电压之间的关系式为

$$I = I_S - \frac{U}{R_0} \tag{1-6}$$

式中 I 为电流源的输出电流，I_S 为理想电流源的电流，U 为电流源的输出电压，R_0 为电流源的内阻。电流源输出电流 I 随负载电压 U 升高而降低；而电流源的内阻愈大，输出电流就愈接近理想电流源的电流 I_S，当内阻 $R_0 = \infty$ 时电流源就是理想电流源。

4. 元件的功率

在电路的分析计算中，需要考虑的一个重要问题就是元件的功率。在引入参考方向后，元件的功率可按下式计算。

元件两端电压和流过的电流为关联参考方向时

$$P = UI \tag{1-7}$$

如果元件两端电压和流过的电流为非关联参考方向时

$$P = -UI \tag{1-8}$$

讲义：多电源
电路中元件属
性的判别

8

在此规定下,将电流 I 和电压 U 代入上述式中,如果计算结果为 $P > 0$ 时,表示元件吸收功率,该元件为负载性质;反之,$P < 0$ 时,表示元件发出功率,该元件为电源性质。

例 1-1 在如图 1-10 所示的电路中,已知 $U_1 = 20\,V$,$I_1 = 2\,A$,$U_2 = 10\,V$,$I_2 = -1\,A$,$U_3 = -10\,V$,$I_3 = -3\,A$,试求图中各元件的功率,并说明各元件的性质。

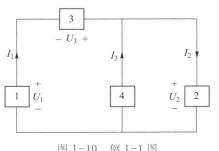

图 1-10 例 1-1 图

解:由功率计算的规定,可得

元件 1 功率 $\qquad P_1 = -U_1 I_1 = -20 \times 2\,W = -40\,W$

元件 2 功率 $\qquad P_2 = U_2 I_2 = 10 \times (-1)\,W = -10\,W$

元件 3 功率 $\qquad P_3 = -U_3 I_1 = -(-10) \times 2\,W = 20\,W$

元件 4 功率 $\qquad P_4 = -U_2 I_3 = -10 \times (-3)\,W = 30\,W$

元件 1 和元件 2 发出功率,是电源,元件 3 和元件 4 吸收功率,是负载。上述计算满足 $\Sigma P = 0$,说明计算结果无误。

5. 电源的三种状态

(1) 有载

在图 1-11(a) 中,当电源与负载接通,电路中有电流流过,这种工作状态称为有载工作状态。电流大小为

$$I = \frac{E}{R_0 + R_L} = \frac{U_S}{R_0 + R_L} \qquad (1-9)$$

式中,R_L 为负载电阻,R_0 为电源的内阻,负载两端的电压也就是电源输出电压

$$U = E - IR_0 = U_S - IR_0 \qquad (1-10)$$

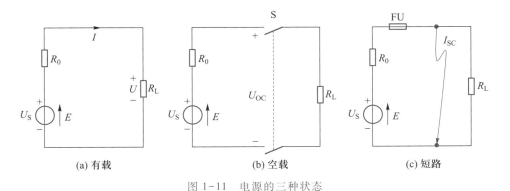

(a) 有载 $\qquad$ (b) 空载 $\qquad$ (c) 短路

图 1-11 电源的三种状态

此时电路中的功率平衡关系式为

$$P_{R_L} = P_E - P_{R_0} = EI - I^2 R_0 = UI \qquad (1-11)$$

式中 EI 为电源产生的功率,UI 为负载消耗的功率,$I^2 R_0$ 为电源内部损耗的功

率。此时电源产生的电功率等于负载消耗的功率与电源内部损耗的功率之和。由此可见,电源输出的功率取决于负载所需功率的大小。

电路中的电气设备及元件,其工作电流、电压和功率等都有其额定值,分别用 I_N、U_N、P_N 表示。当电气设备和器件工作在额定状态时,称为满载;当电流和功率低于额定值的工作状态叫轻载;高于额定值的工作状态叫过载,在过载条件下,可能引起电气设备的损坏或降低使用寿命。例如一个标有 1 W、400 Ω 的电阻,即表示该电阻的阻值为 400 Ω,额定功率为 1 W,由 $P=I^2R$ 的关系,可求得它的额定电流为 0.05 A。使用时电流值超过 0.05 A,就会使电阻过热,甚至损坏。

（2）空载

在图 1-11（b）中,开关打开,电源与负载断开,电路中电流为零,电源产生的功率和输出的功率都为零,电路处于开路状态,称为空载。此时电源两端的电压称为开路电压,用 U_{oc} 表示,其值等于电源的电动势 E（或 U_s）。即

$$U_{oc}=E=U_s \tag{1-12}$$

（3）短路

在图 1-11（c）中,由于某种原因,电源两端被直接连在一起,造成电源短路,称电路处于短路状态。

电源短路时外电路的电阻可视为零,因此电源与负载两端的电压为零,流过负载的电流及负载的功率也都为零。这时电源的电动势全部降在内阻上,形成短路电流 I_{sc},即

$$I_{sc}=\frac{E}{R_0}=\frac{U_s}{R_0} \tag{1-13}$$

而电源产生的功率将全部消耗在内阻中,即

$$P_E=EI_{sc}=I_{sc}^2R_0$$

电源短路是一种严重事故。因为短路时在电流的回路中仅有很小的电源内阻,所以短路电流很大,将大大地超过电源的额定电流,可能致使电源遭受机械的与热的损伤或毁坏。为了预防短路事故发生,通常在电路中接入熔断器（FU）或自动断路器,以便短路时,能迅速地把故障电路自动切除,使电源、开关等设备得到保护。

在电工、电子技术中,为了某种需要,如改变一些参数的大小,可将部分电路或某些元件两端予以短接,这种人为的工作短接或进行某种短路实验,应该与短路事故相区别。

例 1-2　有一电源设备,额定输出功率为 400 W,额定电压为 110 V,电源内阻 R_0 为 1.38 Ω,当负载电阻分别为 50 Ω、10 Ω 或发生短路事故时,试求电源电动势 E 及上述不同负载情况下电源的输出功率。

解:先求电源的额定电流

$$I_N=\frac{P_N}{U_N}=\frac{400}{110}\text{ A}=3.64\text{ A}$$

再求电源电动势

$$E = U_N + I_N R_0 = (110 + 3.64 \times 1.38)\ \text{V} = 115.02\ \text{V}$$

（1）当 $R_L = 50\ \Omega$ 时，求电路的电流。

$$I = \frac{E}{R_0 + R_L} = \frac{115}{1.38 + 50}\ \text{A} = 2.24\ \text{A} < I_N$$

电源的输出功率

$$P_{R_L} = I^2 R_L = 2.24^2 \times 50\ \text{W} = 250.88\ \text{W} < P_N$$

电源轻载。

（2）当 $R_L = 10\ \Omega$ 时，求电路的电流。

$$I = \frac{E}{R_0 + R_L} = \frac{115}{1.38 + 10}\ \text{A} = 10.11\ \text{A} > I_N$$

电源的输出功率

$$P_{R_L} = I^2 R_L = 10.11^2 \times 10\ \text{W} = 1022.12\ \text{W} > P_N$$

电源过载。

（3）电路发生短路，求电源的短路电流。

$$I_S = \frac{E}{R_0} = \frac{115}{1.38}\ \text{A} = 83.33\ \text{A} >> I_N$$

如此大的短路电流如不采取保护措施迅速切断电路，电源及导线等会被毁坏。

1.2.4 实际电源两种模型的等效变换

1. 电源的串联与并联

如图 1-12 所示，若 2 个电压源串联，可用一个电压源等效代替，等效电压源的电压等于各个串联电压源电压的代数和，等效电压源内阻等于各个串联电压源内阻之和，将其推广至 n 个电压源，即

$$u_s = u_{s1} + u_{s2} + \cdots + u_{sn} = \sum_{k=1}^{n} u_{sk} \tag{1-14}$$

$$R = R_1 + R_2 + \cdots + R_n = \sum_{k=1}^{n} R_k \tag{1-15}$$

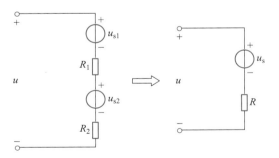

图 1-12 电压源串联

注意：只有激励相同的理想电压源才能同极性并联，只有激励相同的理想电流源才能同方向串联，否则违背了基尔霍夫定律。

如图 1-13 所示，若 2 个电流源并联时，可用一个等效电流源代替，等效电流源的电流等于各个并联电流源电流的代数和，等效电流源内阻的倒数等于各个并联

电流源内阻倒数之和,将其推广到 n 个电流源,即

$$i_s = i_{s1} + i_{s2} + \cdots + i_{sn} = \sum_{k=1}^{n} i_{sk} \tag{1-16}$$

$$\frac{1}{R} = \frac{1}{R_1} + \frac{1}{R_2} + \cdots + \frac{1}{R_n} = \sum_{k=1}^{n} \frac{1}{R_k} \tag{1-17}$$

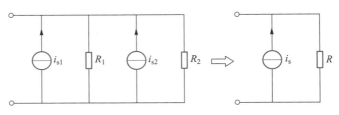

图 1-13　电流源并联

讲义:实际电源两种模型的等效变换——多余元件的处理

2. 实际电源两种模型的等效变换

由图 1-8 和图 1-9 的外特性曲线可见,在电压源和电流源的外特性曲线上取两个对应点,当外端电路一致时,电压源与电流源对外端电路所起的作用相同,因此在电路理论分析中,为分析方便常将电压源与电流源进行等效变换(如图 1-14 所示)。其等效条件是

$$I_s = \frac{U_s}{R_0} \quad 或 \quad U_s = I_s R_0 \tag{1-18}$$

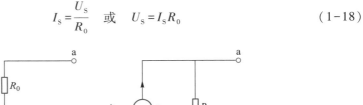
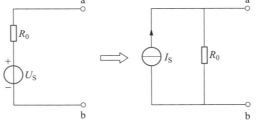

图 1-14　电压源和电流源的等效变换

值得注意的是:

(1) 两种电源模型之间的等效关系是仅对外电路而言的,至于电源内部,一般是不等效的。

(2) 变换时应注意极性,I_s 的流出端要对应 U_s 的"+"极。

(3) 理想电压源和理想电流源之间不能进行等效变换。

(4) 与理想电压源并联的任何元件对外电路不起作用,等效变换时这些元件可以去掉;与理想电流源串联的任何元件对外电路不起作用,等效变换时这些元件可以去掉。

实际电源两种模型的等效变换可以推广为含源支路的等效变换,即一个理想电压源与电阻串联可以和一个理想电流源与电阻并联等效互换,这里的电阻不一

定就是电源的内电阻。当电源混联时,借助于电压源模型、电流源模型的等效变换,可以将多电源混联的复杂电路化简为单电源电路。

例 **1-3** 试用实际电源两种模型等效变换的方法计算图 1-15(a)中 5 Ω 电阻上的电流 I。

解:在图 1-15(a)中,将与 15 V 理想电压源并联的 4 Ω 电阻除去(断开),并不影响该并联电路两端的电压;将与 3 A 理想电流源串联的 1 Ω 电阻除去(短接),并不影响该支路中的电流,这样简化后得出图 1-15(b)的电路。

然后通过等效变换,图 1-15(b)依次等效为图(c)(d)(e),于是根据图 1-15(e)得

$$I=\frac{24-10}{2+3+5} \text{A} = 1.4 \text{ A}$$

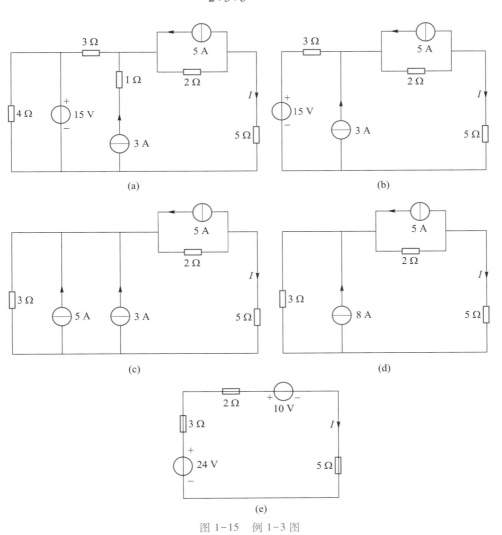

图 1-15　例 1-3 图

【练习与思考】

1-2-1　电路如图 1-16 所示,已知 $I = -3$ A,试指出哪些元件具有电源属性,哪些具有负载属性。

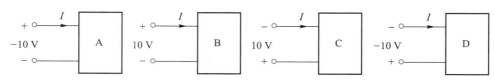

图 1-16　练习与思考 1-2-1 图

1-2-2　某电源的功率为 1000 W,端电压为 220 V,当接入一个 60 W、220 V 的白炽灯时,白炽灯是否会损坏?

1-2-3　一个理想电压源向外电路供电时,若再并联一个电阻,这个电阻是否会影响原来外电路的电压和电流? 一个理想电流源向外电路供电时,若再串联一个电阻,这个电阻是否会影响原来外电路的电压和电流?

1-2-4　理想电流源与理想电压源可以等效变换吗?

1-2-5　凡是与理想电压源并联的理想电流源其电压是一定的,因而后者在电路中不起作用;凡是与理想电流源串联的理想电压源其电流是一定的,因而后者在电路中也不起作用。这种观点是否正确?

1.3　基尔霍夫定律

讲义:历史人物介绍——基尔霍夫

基尔霍夫电流定律(KCL, Kirchhoff's current law)和基尔霍夫电压定律(KVL, Kirchhoff's voltage law)是分析电路问题的基本定律。基尔霍夫电流定律应用于节点,确定电路中与节点相关联的各支路电流之间的关系;基尔霍夫电压定律应用于回路,确定电路中回路的各部分电压之间的关系。基尔霍夫定律是一个普遍适用的定律,既适用于线性电路也适用于非线性电路,它仅与电路的结构有关,与电路中的元件性质无关。为了更好地掌握该定律,结合图 1-17 所示电路,先解释几个有关名词术语。

支路:单个二端元件或若干个二端元件依次连接组成的一段电路称为支路。支路中流过的是同一个电流,称为支路电流,例如图 1-17 中有 6 条支路。

节点:三条或三条以上支路的连接点称为节点。例如图 1-17 所示电路中的 a、b、c、d 点即为节点。

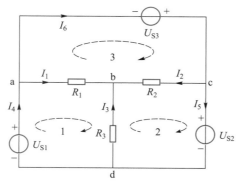

图 1-17　电路举例

回路:电路中任一闭合路径。例图 1-17 中共有 7 个回路。

网孔:内部不含有其他支路的单孔回路。例如图 1-17 中有 3 个网孔。

讲义：复杂网络中节点数、支路数等的确定

1.3.1 基尔霍夫电流定律(KCL)

1. 定律内容

在任一瞬时，流入某一节点的电流之和恒等于流出该节点的电流之和。即

$$\Sigma I_{in} = \Sigma I_{out}$$

如图 1-18 中，对节点 a 可写出

$$I_2 + I_S = I_1$$

移项后可得

$$I_2 + I_S - I_1 = 0$$

即

$$\Sigma I = 0 \tag{1-19}$$

在任一瞬时，任一个节点上电流的代数和恒等于零。习惯上电流流入节点取正号，流出节点取负号。

2. 定律推广

基尔霍夫电流定律不仅适用于节点，也适用于任一闭合面。这种闭合面有时也称为广义节点(扩大了的大节点)。

如图 1-19 所示，已知 $I_1 = 2\ A$、$I_3 = -3\ A$、$I_4 = 5\ A$，求 I_2 是多少。由上可知，欲求未知量，需根据 KCL 对 a、b、c、d 四个节点列电流方程，但已知条件不够，如将闭合面看成一个广义节点，则有

$$I_1 + I_2 + I_3 + I_4 = 0$$

得

$$I_2 = -4A$$

式中负号说明，参考方向与实际方向相反。

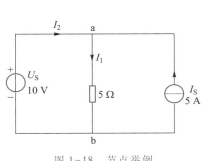

图 1-18 节点举例

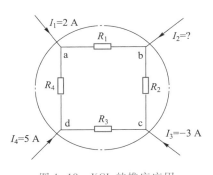

图 1-19 KCL 的推广应用

例 1-4 试求图 1-18 所示的电路中各支路的电流和各元件的功率。

解：图 1-18 为并联电路，并联的各元件电压相同，均为 $U_S = 10\ V$。由欧姆定律

$$I_1 = \frac{10}{5}\ A = 2\ A$$

由 KCL 对节点 a 列方程得

$$I_2 = I_1 - I_S = (2-5)\,\text{A} = -3\,\text{A}$$

电阻的功率　　　　　$P_R = I_1^2 R = 2^2 \times 5\,\text{W} = 20\,\text{W}$

理想电压源的功率　$P_{U_S} = -U_S I_2 = -10 \times (-3)\,\text{W} = 30\,\text{W}\,(吸收\,30\,\text{W})$

理想电流源的功率　$P_{I_S} = -U_S I_S = -10 \times 5\,\text{W} = -50\,\text{W}\,(发出\,50\,\text{W})$

1.3.2　基尔霍夫电压定律(KVL)

1. 定律内容

在任一瞬时,沿任一闭合回路绕行一周,则在这个方向上电位升之和恒等于电位降之和。即

$$\sum U_升 = \sum U_降$$

如图 1-17 所示,在回路 1(即回路 abda)的方向上,结合欧姆定律可看出 a 到 b 电位降了 $I_1 R_1$,b 到 d 电位升了 $I_3 R_3$,d 到 a 电位升了 U_{S1},则可写出

$$U_{S1} + I_3 R_3 = I_1 R_1$$

移项后可得

$$I_1 R_1 - I_3 R_3 - U_{S1} = 0$$

即

$$\sum U = 0 \qquad\qquad (1-20)$$

则在任一瞬间,沿任一闭合回路的绕行方向,回路中各段电压的代数和恒等于零。习惯上电位降取正号,电位升取负号。

2. 定律的推广

基尔霍夫电压定律不仅适用于闭合电路,也可以推广应用于开口电路。如图 1-20 所示不是闭合电路,但在电路的开口端存在电压 U_{AB},可以假想它是一个闭合电路,如按顺时针方向绕行此开口电路一周,根据 KVL 则有

$$\sum U = U_1 + U_S - U_{AB} = 0$$

移项后

$$U_{AB} = U_1 + U_S = IR + U_S$$

说明 A、B 两端开口电路的电压等于 A、B 两端另一支路各段电压之和。它反映了电压与路径无关的性质。

例 1-5　试求图 1-21 所示电路中的电压及各元件的功率。

解:图 1-21 为串联电路,串联的各元件电流相同,均为 $I_S = 5\,\text{A}$。由 KVL 对回路列方程得

$$U_1 = 10 I_S + 5 I_S + U_S = (50 + 25 + 10)\,\text{V} = 85\,\text{V}$$

由 KVL 的推广应用可知

$$U_2 = U_S + 5 I_S = (10 + 5 \times 5)\,\text{V} = 35\,\text{V}$$

5 Ω 电阻的功率　　　$P_1 = I_S^2 R_1 = 5^2 \times 5\,\text{W} = 125\,\text{W}$

10 Ω 电阻的功率　　$P_2 = I_S^2 R_2 = 5^2 \times 10\,\text{W} = 250\,\text{W}$

理想电压源的功率　$P_{U_S} = U_S I_S = 10 \times 5\,\text{W} = 50\,\text{W}\,(吸收)$

理想电流源的功率　　$P_{I_S} = -U_1 I_S = -85 \times 5 \text{ W} = -425 \text{ W}(\text{发出})$

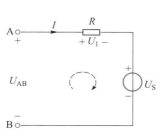

图 1-20　KVL 的推广应用

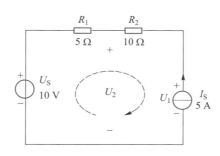

图 1-21　例 1-5 图

以上计算满足功率平衡式。

例 1-6　如图 1-22 所示电路,已知 $R_1 = 6 \text{ Ω}, R_2 = 40 \text{ Ω}, R_3 = 4 \text{ Ω}, U_s = 6 \text{ V}$,求电流 I_1。

解:图 1-22 电路中,用基尔霍夫定律列方程时,除列出必要的独立方程之外,还应当列出受控源与控制量之间的关系式,使电路中未知数的数目与独立方程式数吻合,这样才能将所需求解的未知数解出来。

对于节点 a 根据 KVL 有

$$I_1 = I_2 + I_3$$

左边网孔根据 KVL,有

图 1-22　例 1-6 图

$$R_1 I_1 + R_2 I_2 = U_s$$

受控电流源的电流与控制量 I_1 的关系式为

$$I_3 = 0.9 I_1$$

联立以上三式求解,得

$$I_1 = 0.6 \text{ A}$$

1.3.3　基尔霍夫定律的应用

1. 支路电流法

支路电流法是分析电路的基本方法。它是以支路电流为未知量,应用 KCL 和 KVL 列出方程,而后求解出各支路电流的方法。支路电流求出后,支路电压和电路功率就很容易得到。支路电流法的解题步骤如下:

(1) 确定支路数目,标出各支路电流的参考方向。若有 b 个未知支路电流,则需列出 b 个独立方程。

(2) 根据节点数目 n,利用 KCL 列出 $n-1$ 个独立的节点电流方程。第 n 个节点的电流方程可以从已列出的 $n-1$ 个方程求得,不是独立的。

(3) 利用 KVL 列出 $b-(n-1)$ 个独立回路方程。

(4) 联立解方程,求出各个支路电流。

讲义:支路电流法应用举例

例 1-7　试用支路电流法求解如图 1-23 所示电路中的各支路电流。

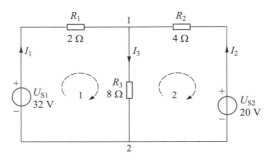

图 1-23　例 1-7 图

解:如图 1-23 所示电路,它有 3 个未知支路,2 个节点。为求 3 个支路电流,应列出 1 个独立电流方程和 2 个回路方程,即

节点 a $\qquad I_1+I_2-I_3=0$

回路 1 $\qquad I_1R_1+I_3R_3=U_{S1}$

回路 2 $\qquad I_2R_2+I_3R_3=U_{S2}$

代入数值联立求解,可得 $I_1=4\text{ A}$,$I_2=-1\text{ A}$,$I_3=3\text{ A}$。

2. 节点电压法

在电路中选定一个节点为参考节点,其余节点与参考节点之间的电压称为节点电压。

节点电压法是指以节点电压为未知量,对节点列 KCL 方程求解电路问题的方法。与支路电流法相比,这种方法一般情况下方程数减少,特别适用于多支路、少节点电路的分析求解。

假设电路的节点数为 n 个,选择了参考节点后,剩余的 $n-1$ 个节点都满足KCL,故节点电压方程数应为 $n-1$ 个。以图 1-24 电路为例,介绍节点电压法。电路有 1、2、3 三个节点。设 3 为参考节点,节点电压分别为 U_{13}、U_{23}。

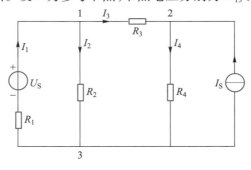

图 1-24　节点电压法

节点 1

$$I_1-I_2-I_3=0$$

由于

$$I_1 = \frac{U_S - U_{13}}{R_1}, \quad I_2 = \frac{U_{13}}{R_2}, \quad I_3 = \frac{U_{13} - U_{23}}{R_3}$$

将上述各式代入节点 1 的电流方程,得节点 1 的节点电压方程

$$\frac{U_S - U_{13}}{R_1} - \frac{U_{13}}{R_2} - \frac{U_{13} - U_{23}}{R_3} = 0 \tag{1-21}$$

节点 2

$$I_3 - I_4 + I_S = 0$$

由于

$$I_3 = \frac{U_{13} - U_{23}}{R_3}, \quad I_4 = \frac{U_{23}}{R_4}$$

将上述各式代入节点 2 的电流方程,得节点 2 的节点电压方程

$$\frac{U_{13} - U_{23}}{R_3} - \frac{U_{23}}{R_4} + I_S = 0 \tag{1-22}$$

将式(1-21)(1-22)整理后可得三节点的节点电压方程组

$$\begin{cases} \left(\frac{1}{R_1} + \frac{1}{R_2} + \frac{1}{R_3}\right) U_{13} - \frac{1}{R_3} U_{23} = \frac{U_S}{R_1} \\ -\frac{1}{R_3} U_{13} + \left(\frac{1}{R_3} + \frac{1}{R_4}\right) U_{23} = I_S \end{cases} \tag{1-23}$$

上述方程组又可以写成普遍式子

$$\begin{cases} \frac{1}{R_{11}} U_{13} - \frac{1}{R_{12}} U_{23} = \sum \frac{U_S}{R} \\ -\frac{1}{R_{21}} U_{13} + \frac{1}{R_{22}} U_{23} = \sum I_S \end{cases} \tag{1-24}$$

其中,$\frac{1}{R_{11}} = \frac{1}{R_1} + \frac{1}{R_2} + \frac{1}{R_3}$,$\frac{1}{R_{22}} = \frac{1}{R_3} + \frac{1}{R_4}$,$R_{11}$、$R_{22}$ 分别称为节点 1 和节点 2 的自电阻,是与相应节点连接的全部电阻倒数之和再取倒数,符号取“+”。$\frac{1}{R_{12}} = \frac{1}{R_{21}} = -\frac{1}{R_3}$,$R_{12}$、$R_{21}$ 称为节点 1 和节点 2 的互电阻,是连接节点 1 和节点 2 之间的所有电阻倒数和再取倒数,符号取“-”。$\frac{U_S}{R_1}$、I_S 是与该节点相连的电压源和电流源产生的电流代数和,其正负号规定为:当支路中电压源电压与相应节点电压的参考方向相同时取正,否则取负;当电流源电流流入该节点时取正号,相反时则取负号。

如果电路中只有两个节点,且含有纯电阻支路或电阻与电压源串联支路以及电流源支路,则节点电压的通式可表示为

$$U_{12} = \frac{\sum \frac{U_S}{R} + \sum I_S}{\sum \frac{1}{R}} \tag{1-25}$$

19

若两个节点之间只由电阻支路或电阻与电压源串联支路构成,则式(1-25)又可写成

$$U_{12} = \frac{\sum \dfrac{U_s}{R}}{\sum \dfrac{1}{R}} \tag{1-26}$$

式(1-26)又称为弥尔曼定理。

例 1-8　在如图 1-23 所示电路中,已知 $U_{S1} = 32$ V, $U_{S2} = 20$ V, $R_1 = 2$ Ω, $R_2 = 4$ Ω, $R_3 = 8$ Ω,试用节点电压法求各支路电流。

解:用式(1-26)可求出节点电压

$$U_{12} = \frac{\dfrac{U_{S1}}{R_1} + \dfrac{U_{S2}}{R_2}}{\dfrac{1}{R_1} + \dfrac{1}{R_2} + \dfrac{1}{R_3}} = \frac{\dfrac{32}{2} + \dfrac{20}{4}}{\dfrac{1}{2} + \dfrac{1}{4} + \dfrac{1}{8}} \text{ V} = 24 \text{ V}$$

将节点电压 U_{12} 的值代入各支路电流的算式

$$I_1 = \frac{U_{S1} - U_{12}}{R_1} = \frac{32 - 24}{2} \text{ A} = 4 \text{ A}$$

$$I_2 = \frac{U_{S2} - U_{12}}{R_2} = \frac{20 - 24}{4} \text{ A} = -1 \text{ A}$$

$$I_3 = \frac{U_{12}}{R_3} = \frac{24}{8} \text{ A} = 3 \text{ A}$$

例 1-9　试用支路电流法和节点电压法求如图 1-25 所示电路中各支路电流。

解:(1) 支路电流法

在图 1-25 所示电路中,因为含有理想电流源的支路电流 I_S 是已知的,只有 I_1 和 I_3 是未知的,故可少列 1 个方程,只需列出 2 个方程。即

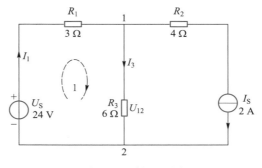

图 1-25　例 1-9 图

节点 1　　　　　　　　　　　　　　$I_1 - I_3 = I_S$

回路 1　　　　　　　　　　　　$I_1 R_1 + I_3 R_3 = U_S$

代入数值联立求解,可得 $I_1 = 4$ A, $I_3 = 2$ A。

（2）节点电压法

设 2 为参考节点,图 1-25 电路中有理想电流源支路,节点电压公式的分子中应增加理想电流源的代数和。在分母中,不应计及与理想电流源串联的电阻,因为理想电流源支路中不论串入任何元件都不影响理想电流值。图 1-25 的节点电压 U_{12} 为

$$U_{12} = \frac{\dfrac{U_S}{R_1} - I_S}{\dfrac{1}{R_1} + \dfrac{1}{R_3}} = \frac{\dfrac{24}{3} - 2}{\dfrac{1}{3} + \dfrac{1}{6}} \text{ V} = 12 \text{ V}$$

则各支路电流分别为

$$I_3 = \frac{U_{12}}{R_3} = \frac{12}{6} \text{ A} = 2 \text{ A}, \quad I_1 = \frac{U_S - U_{12}}{R_1} = \frac{24 - 12}{3} \text{ A} = 4 \text{ A}$$

比较上述两种解法可知:在支路数较少且电路中含有理想电流源支路时,应用支路电流法更显简单,而节点电压法对一些支路数较多而节点数较少的电路更适用。在今后的学习过程中,同学们可根据电路的不同特点,选择合适的方法分析解决问题。

【练习与思考】

1-3-1　试问如图 1-26 所示电路中的电流 I 是多少?

1-3-2　试求图 1-27 电路中电流源两端电压 U_{AB}。

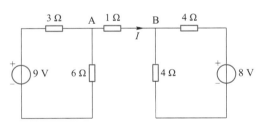

图 1-26　练习与思考 1-3-1 图

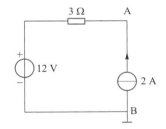

图 1-27　练习与思考 1-3-2 图

1-3-3　如图 1-23 所示的电路中共有三个回路,为了求出三个支路电流 I_1、I_2 和 I_3,如不列节点电流方程,只列出三个回路的电压方程联立求解,是否可以? 为什么?

1.4　电路中电位的概念及计算

在分析电子电路时,我们常指定电路中的某一点为参考点,并将参考点的电位规定为零。电路中任一点与参考点之间的电压便是该点的电位。在电力工程中规定大地为零电位的参考点,在电子电路中则常以与机壳连接的输入和输出的公共导线为参考点,称之为"地",用符号"⏚"表示。高于参考点的电位为正电位,其值为正;低于参考点的电位为负电位,其值为负。

21

图 1-28 所示电路选择 b 点为参考点,这时各点的电位分别是

$$U_a = U_{ab} = 60\text{ V}, \quad U_b = 0\text{ V}, \quad U_c = U_{cb} = 140\text{ V}, \quad U_d = U_{db} = 90\text{ V}$$

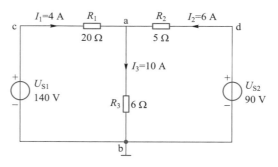

图 1-28　电路中的电位

原则上,参考点可以任意选择,但是参考点选得不同,各点的电位值就不同,只有参考点选定之后,电路中各点的电位值才能确定,例如图 1-28 所示电路,如果将参考点选定为 a 点,则各点的电位将是

$$U_a = 0\text{ V}, \quad U_b = -60\text{ V}, \quad U_c = 80\text{ V}, \quad U_d = 30\text{ V}$$

由以上计算结果,可得如下结论:

(1) 在电路图中不指明参考点而谈论某点的电位是没有意义的。

(2) 参考点选得不同,电路中各点的电位值随之改变。但是任意两点之间的电位差(如 $U_{ab} = U_a - U_b$)是不变的,与所选参考点无关,故电位是相对的,电压是绝对的。

在电子电路中,电源的一端通常都是接"地"的,为了作图简便和图面清晰,习惯上常常不画出电源,而在电源非接地的一端注明其电位的数值。例如图 1-29(a)(b) 就是图 1-28 的简化电路。

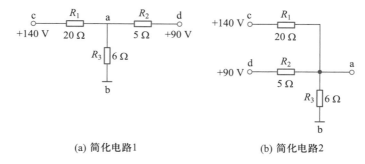

(a) 简化电路1　　　　　　　　(b) 简化电路2

图 1-29　图 1-28 的简化电路

例 1-10　试求如图 1-30 所示电路,在开关 S 断开和闭合两种情况下 A 点的电位 U_A。

解:(1) 当开关 S 断开时,三个电阻中的电流相同。因此可得

$$\frac{-18 - U_A}{(6+4)} = \frac{U_A - 12}{20}$$

求得 $U_A = -8$ V。

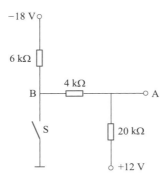

图 1-30　例 1-10 图

（2）当开关 S 闭合时，$U_B = 0$，4 kΩ 和 20 kΩ 电阻中的电流相同。因此可得

$$\frac{U_A}{4} = \frac{12 - U_A}{20}$$

求得 $U_A = 2$ V。

【练习与思考】

　　1-4-1　试求如图 1-31 所示电路中 A 点和 B 点的电位。如将 A、B 两点直接连接或接一电阻，对电路工作有无影响？

　　1-4-2　试问图 1-32 中 A 点的电位等于多少？

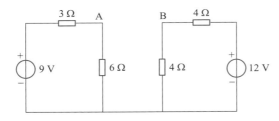

图 1-31　练习与思考 1-4-1 图

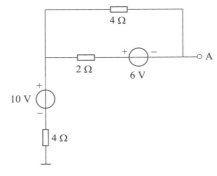

图 1-32　练习与思考 1-4-2 图

1.5　叠加定理

叠加定理是指在多个独立电源共同作用的线性电路中,任一支路的电流(或电压)等于各个独立电源单独作用时在该支路中产生的电流(或电压)的叠加(代数和)。

在叠加定理中,电源单独作用是指:电路中某一电源起作用,而其他电源置零(即不作用)。具体处理方法为:理想电压源短路,理想电流源开路。

下面通过例题说明应用叠加定理分析线性电路的步骤、方法以及注意点。

例 1-11　在如图 1-33(a)所示电路中,已知 $U_S = 9$ V, $I_S = 6$ A, $R_1 = 6$ Ω, $R_2 = 4$ Ω, $R_3 = 3$ Ω。试用叠加定理求各支路中的电流。

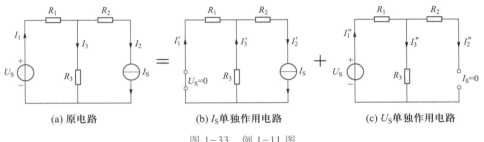

（a）原电路　　　　（b）I_S单独作用电路　　　　（c）U_S单独作用电路

图 1-33　例 1-11 图

解:(1) 首先根据原电路画出各个独立电源单独作用的电路,并标出各电路中各支路电流(或电压)的参考方向。如图 1-33(b)和(c)所示,画电路图时要注意去源的方法,理想电压源短路($U_S = 0$),理想电流源开路($I_S = 0$)。

(2) 按各电源单独作用时的电路图分别求出每条支路的电流(或电压)值。

由图 1-33(b)理想电流源 I_S 单独作用时

$$I_2' = I_S = 6 \text{ A}$$

$$I_1' = \frac{R_3}{R_1 + R_3} I_S = \frac{3}{6+3} \times 6 \text{ A} = 2 \text{ A}$$

$$I_3' = I_S - I_1' = (6-2) \text{ A} = 4 \text{ A}$$

由图 1-33(c)理想电压源 U_S 单独作用时

$$I_2'' = 0$$

$$I_1'' = I_3'' = \frac{U_S}{R_1 + R_3} = \frac{9}{6+3} \text{ A} = 1 \text{ A}$$

(3) 根据叠加定理求出原电路中各支路电流(或电压)值。即以原电路的电流(或电压)的参考方向为准,并以一致取正,相反取负的原则,求出各独立电源在支路中单独作用时电流(或电压)的代数和。

$$I_1 = I_1' + I_1'' = (2+1) \text{ A} = 3 \text{ A}$$

$$I_2 = I_2' + I_2'' = (6+0) \text{ A} = 6 \text{ A}$$

$$I_3 = -I_3' + I_3'' = (-4+1) \text{ A} = -3 \text{ A}$$

例 1-12　用叠加定理求如图 1-34(a)所示电路中电流 I_1。

解:先将图 1-34(a)的原电路简化成如图 1-34(b)和(c)所示的由独立电源单

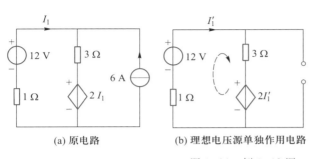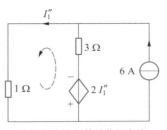

(a) 原电路　　　(b) 理想电压源单独作用电路　　　(c) 理想电流源单独作用电路

图 1-34　例 1-12 图

独作用的电路。要注意电流控制电压源 $2I_1$ 不能单独作用,它应始终保留在电路中。

当 12 V 理想电压源单独作用时,根据 KVL

$$(1+3)I_1'+2I_1' = 12$$

由此可得

$$I_1' = 2 \text{ A}$$

当 6 A 理想电流源单独作用时,在左边回路中根据 KVL

$$2I_1''+3(I_1''-6)+1I_1'' = 0$$

由此可得

$$I_1'' = 3 \text{ A}$$

叠加可得

$$I_1 = I_1'-I_1'' = (2-3) \text{ A} = -1 \text{ A}$$

这里要注意,受控源不能单独作用,各独立源单独作用时,受控源均应保留,并且控制量的参考方向改变时,受控源的电压或电流的参考方向也要相应改变,如图 1-34(c) 所示。

例 1-13　线性无源电阻网络,外接电源 U_S、I_S,如图 1-35 所示。已知当 $U_S = 1 \text{ V}$,$I_S = 2 \text{ A}$ 时,$I = 3 \text{ A}$;当 $U_S = 5 \text{ V}$,$I_S = 0 \text{ A}$ 时,$I = 5 \text{ A}$。当 $U_S = 10 \text{ V}$,$I_S = 5 \text{ A}$ 时,求 I。

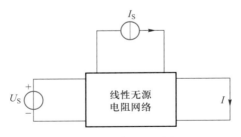

图 1-35　例 1-13 图

解:该网络为无源网络,故满足叠加定理。当两个独立电源分别作用时,该电源产生的响应与激励之间满足线性关系(齐次性)。

假设 U_S 单独作用时,响应 $I = k_1 U_S$;I_S 单独作用时,响应 $I = k_2 I_S$,其中 k_1、k_2 为未知系数,则两个独立电源同时作用时

$$I = k_1 U_\mathrm{S} + k_2 I_\mathrm{S}$$

代入已知条件,当 $U_\mathrm{S} = 1$ V, $I_\mathrm{S} = 2$ A 时, $I = 3$ A,得 $3 = k_1 + 2k_2$。当 $U_\mathrm{S} = 5$ V, $I_\mathrm{S} = 0$ A 时, $I = 5$ A,得 $5 = 5k_1$。联立上述两式得 $k_1 = 1$, $k_2 = 1$,由此可得响应 I 与激励的关系

$$I = U_\mathrm{S} + I_\mathrm{S}$$

因此,当 $U_\mathrm{S} = 10$ V, $I_\mathrm{S} = 5$ A 时, $I = 15$ A。

最后要强调的是:叠加定理只适用于线性电路中电流和电压的计算,若电路中含有非线性元件,叠加定理不再适用。除此之外,由于功率为电压或电流的二次函数,也不能用叠加定理计算。

【练习与思考】

1-5-1 叠加定理为什么不适用于非线性电路?

1-5-2 在线性电路中,叠加定理可以用来计算功率吗? 为什么?

1.6 等效电源定理

在图 1-36(a) 中,当我们只需计算 R_L 支路中的电流时,对负载电阻 R_L 而言,点画线方框内的线性电路(称为有源二端网络)不论其简繁程度如何,总可以用一个电源等效代替,如图 1-36(b) 中的框图所示,这就是等效电源定理。等效电源定理包括戴维南定理和诺顿定理。用电压源来等效代替有源二端网络的分析方法称戴维南定理;用电流源来代替有源二端网络的分析方法称诺顿定理。

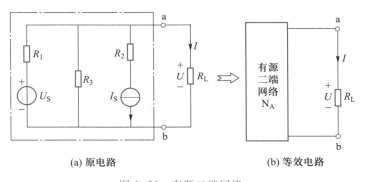

(a) 原电路　　　　　　　　(b) 等效电路

图 1-36　有源二端网络

1.6.1 戴维南定理

戴维南定理指出:任何一个线性有源二端网络[如图 1-37(a) 所示]总可以用一个电压源[如图 1-37(b) 所示]代替,其中电压源的电压 U_S 等于该有源二端网络端口的开路电压 U_OC[如图 1-37(c) 所示],电压源的内阻 R_0 等于该有源二端网络中所有独立电源不作用时对应的无源二端网络的等效电阻[如图 1-37(d) 所示]。独立电源不作用指去除电源,即理想电压源短路,理想电流源开路。图 1-37 为戴维南定理的图解表示。

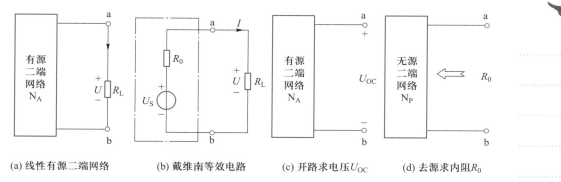

(a) 线性有源二端网络   (b) 戴维南等效电路   (c) 开路求电压U_{OC} (d) 去源求内阻R_0

图 1-37   戴维南定理的图解表示

戴维南定理可用叠加定理加以证明,本书从略。

下面通过例题说明应用戴维南定理计算某一支路电流的步骤与方法以及注意点。

例 1-14   试用戴维南定理求如图 1-38(a)所示电路中电流 I。

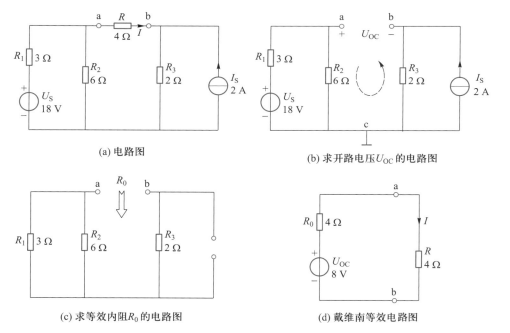

(a) 电路图

(b) 求开路电压U_{OC}的电路图

(c) 求等效内阻R_0的电路图

(d) 戴维南等效电路图

图 1-38   例 1-14 图

解:(1) 求开路电压 U_{OC}

将待求支路断开,求断开处 a、b 两端的开路电压 U_{OC},如图 1-38(b)所示,设 c 点为参考点,则

$$U_{OC} = U_{ab} = U_a - U_b = \frac{R_2}{R_1 + R_2} U_S - I_S R_3 = \left(\frac{6}{3+6} \times 18 - 2 \times 2 \right) \text{ V} = 8 \text{ V}$$

（2）求等效内阻 R_0

将图 1-38（b）中的理想电压源 U_S、理想电流源 I_S 去除，画出求等效内阻 R_0 的电路图 1-38（c），即无源二端网络，则等效电阻

$$R_0 = (R_1 /\!/ R_2) + R_3 = \left(\frac{3 \times 6}{3+6} + 2\right) \ \Omega = 4 \ \Omega$$

（3）求电流 I

画出图 1-38（d）戴维南等效电路图，从 a、b 两端接入待求支路，可得

$$I = \frac{U_{OC}}{R_0 + R} = \frac{8}{4+4} \ A = 1 \ A$$

从以上例题可看出，用戴维南定理求某一支路电流时，可分为三步，即：负载开路求电压，去源求内阻，用欧姆定律求电流，步步要配图。

值得注意的是，戴维南定理讨论的是线性有源二端网络的简化问题，定理使用时对网络外部的电路是否是线性的并没有做特殊要求，换句话说，外部电路是线性的还是非线性的都可以使用这个定理。

1.6.2　诺顿定理

诺顿定理指出：任何一个线性有源二端网络［如图 1-39（a）所示］总可以用一个电流源［如图 1-39（b）所示］代替。其中电流源的电流 I_{SC} 等于该有源二端网络端口的短路电流［如图 1-39（c）所示］，电流源内阻 R_0 等于该有源二端网络中所有独立电源不作用时对应的无源二端网络的等效电阻［如图 1-39（d）所示］。独立电源不作用指去除电源，即理想电压源短路，理想电流源开路。图 1-39 为诺顿定理的图解表示。

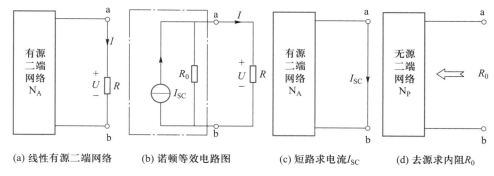

(a) 线性有源二端网络　　(b) 诺顿等效电路图　　(c) 短路求电流I_{SC}　　(d) 去源求内阻R_0

图 1-39　诺顿定理的图解表示

例 1-15　图 1-40（a）是一电桥电路，已知电路中各元件的参数，应用诺顿定理求 I_G 的表达式及电桥平衡条件。

解：电桥是一种用来测量电阻等参数的精密仪器。图 1-40（a）电桥的 4 个臂由电阻 R_1、R_2、R_3、R_4 组成。检流计 G 为电桥的输出端，R_G 为检流计的内阻。电桥平衡是指流过检流计的电流 $I_G = 0$ 时的工作状态。

28

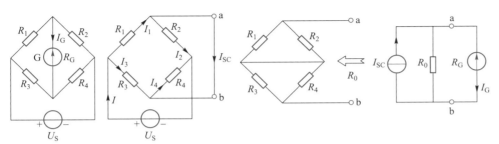

(a) 电桥电路　　　(b) 短路求电流 I_{SC}　　　(c) 去源求等效内阻 R_0　　　(d) 诺顿等效电路图

图 1-40　例 1-15 图

（1）求短路电流 I_{SC}

将待求支路短路，求短路处 a、b 流过的短路电流 I_{SC}，如图 1-40（b）所示。

$$I_1 = \frac{R_3}{R_1+R_3}I, \quad I_2 = \frac{R_4}{R_2+R_4}I, \quad I = \frac{U_S}{(R_1 /\!/ R_3)+(R_2 /\!/ R_4)}$$

则

$$I_{SC} = I_1 - I_2 = \left(\frac{R_3}{R_1+R_3} - \frac{R_4}{R_2+R_4} \right) I$$

（2）求等效内阻 R_0

将图 1-40（a）中的理想电压源 U_S 去除，画出求等效内阻 R_0 的电路如图 1-40（c）所示，即无源二端网络，则等效电阻

$$R_0 = (R_1 /\!/ R_2)+(R_3 /\!/ R_4) = \frac{R_1 R_2}{R_1+R_2} + \frac{R_3 R_4}{R_3+R_4}$$

（3）求电流 I_G

画出图 1-40（d）诺顿等效电路图，从 a、b 两端接入待求支路，可得

$$I_G = \frac{R_0}{R_0+R_G}I_{SC} = \frac{R_0}{R_0+R_G}\left(\frac{R_3}{R_1+R_3} - \frac{R_4}{R_2+R_4} \right) I$$

$$I_G = \frac{R_0}{R_0+R_G}\left[\frac{R_2 R_3 - R_1 R_4}{R_1 R_3 (R_2+R_4)+R_2 R_4 (R_1+R_3)} \right] U_S$$

令 $I_G = 0$，得电桥平衡条件

$$R_2 R_3 - R_1 R_4 = 0$$
$$R_2 R_3 = R_1 R_4$$

1.6.3　等效电阻 R_0 的求解方法

如果对有源二端网络的内部电路不了解，或不能直接用电阻串、并联的方法求解时，戴维南（诺顿）等效电阻 R_0 可按下述两种方法求解。

1. 测量法

（1）测量开路电压和短路电流可以计算得出内阻值。实验电路如图 1-41 所示。

图 1-41（a）用电压表测出开路电压 U_{OC}，图 1-41（b）用电流表测出短路电流

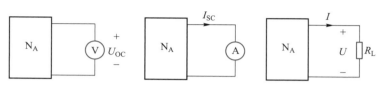

(a) 电压表测开路电压   (b) 电流表测短路电流   (c) 接入负载电阻测电压

图 1-41 用实验方法求戴维南等效电路的 U_{OC} 及 R_0

I_{SC},就可计算出等效电压源模型的内阻

$$R_0 = \frac{U_{OC}}{I_{SC}} \tag{1-27}$$

（2）如果有源二端网络不允许直接短接,则可先测出开路电压 U_{OC},再在网络输出端接入适当的负载电阻 R_L,如图 1-41（c）所示。测量 R_L 两端的电压 U,则有

$$R_0 = \frac{U_{OC} - U}{U} R_L = \left(\frac{U_{OC}}{U} - 1 \right) R_L \tag{1-28}$$

例 1-16 应用戴维南定理,求图 1-22 所示电路中的电流 I_2。

解:（1）求开路电压 U_{OC}

由图 1-42（a）可知 $I_1' = 0.9I_1'$,所以 $I_1' = 0$。在左边回路中根据 KVL 得

$$U_{OC} = U_S = 6 \text{ V}$$

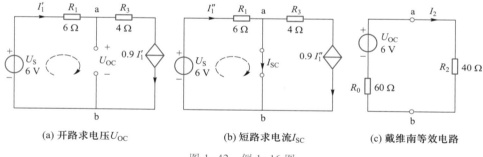

(a) 开路求电压 U_{OC} (b) 短路求电流 I_{SC} (c) 戴维南等效电路

图 1-42 例 1-16 图

（2）求短路电流 I_{SC}

由图 1-42(b)根据欧姆定律

$$I_1'' = \frac{U_S}{R_1} = \frac{6}{6} \text{ A} = 1 \text{ A}$$

在节点 a 根据 KCL

$$I_{SC} = I_1'' - 0.9I_1'' = 0.1I_1'' = 0.1 \text{ A}$$

（3）求等效电源的内阻 R_0

$$R_0 = \frac{U_{OC}}{I_{SC}} = \frac{6}{0.1} \text{ Ω} = 60 \text{ Ω}$$

（4）求电流 I_2

由图 1-42（c）可得

$$I_2 = \frac{U_{OC}}{R_0 + R_2} = \frac{6}{60 + 40} \text{ A} = 0.06 \text{ A}$$

这里要注意，含受控源的电路用等效电源定理进行分析时，不能将受控源和它的控制量分割在两个网络中，二者必须在同一个网络内。

在实际工程中，经常会遇到如图 1-37（a）所示有源二端网络与负载 R_L 相连接的电路，在有源二端网络内部的电路参数保持不变的前提下，经常需要计算负载电阻 R_L 为何值时可以获得最大功率。这类问题并不是 R_L 越大，获取功率就越大。将该有源二端网络用其戴维南等效电路等效，如图 1-37（b）所示，经推导可知，当负载电阻等于有源二端网络的等效电阻时，负载可以获得最大功率，此最大功率值是电源提供功率的一半，即

$$R_L = R_0, \qquad P_{L\max} = \frac{U_S^2}{4R_0} \tag{1-29}$$

这就是最大功率传输定理。最大功率传输定理只适用于负载参数可调，但电源参数不可改变的情况。若电源参数可调，最大功率传输定理不再适用。

由式（1-29）可见，当调整负载使电路达到最大功率匹配时，电源的输出功率只有一半被负载利用，其余的都被内部消耗掉了，即电源的传输效率仅达到 50%。因此电力系统中电路一般不工作在最大功率匹配状态，以免造成能源的浪费。而在控制、通信等系统中，通常要求信号的功率尽可能大，因此常以牺牲电源的传输效率换取大的传输功率。

2. 定义法（外加电压法）

根据等效电阻的定义，将含源二端网络内部的独立源去掉，外加电压为 U 的电压源，求端口上电压与电流比值 $R_0 = \dfrac{U}{I}$，R_0 即为所求的等效电阻，如图 1-43 所示。

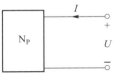

图 1-43　定义法求
等效电路的 R_0

例 1-17　试求图 1-44（a）所示电路的戴维南等效电路。

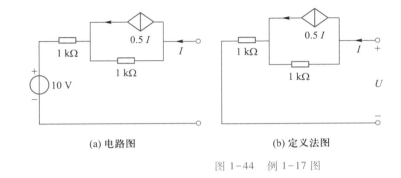

(a) 电路图　　　(b) 定义法图　　　(c) 戴维南等效电路图

图 1-44　例 1-17 图

解：（1）首先求开路电压 U_{OC}

由图 1-44（a）可知，当端口处开路时，其端口开路电压 $U_{OC}=10\ \text{V}$。

（2）求端口处等效电阻 R_0

利用定义法。将图 1-44（a）中电压源去掉得图 1-44（b），在端口处外加电压 U，利用 KVL 可得

$$U=(I-0.5I)\times1000+I\times1000$$

整理得等效电阻

$$R_0=\frac{U}{I}=1500\ \Omega$$

由此可得其戴维南等效电路图如图 1-44（c）所示。

【练习与思考】

1-6-1　戴维南定理适用范围是线性含源二端网络，那么，被划出的支路是否也必须是线性的呢？

1-6-2　电路如图 1-45 所示。当开关闭合时，电流表读数为 0.6 A，电压表读数为 6 V；当开关断开时，电压表读数为 6.4 V。试问图中 U_S、R_0、R_L 是多少？

1-6-3　在图 1-46 中，当 $R_L=5\ \Omega$ 时，$I_L=1\ \text{A}$，若将 R_L 增加为 $15\ \Omega$ 时，I_L 为多少？

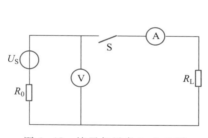

图 1-45　练习与思考 1-6-2 图

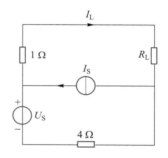

图 1-46　练习与思考 1-6-3 图

习题

1.2.1　试用实际电源两种模型的等效变换计算题 1.2.1 图中 2 Ω 电阻上的电流 I。

1.3.1　试用支路电流法和节点电压法计算题 1.3.1 图中各支路电流。

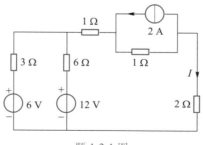

题 1.2.1 图

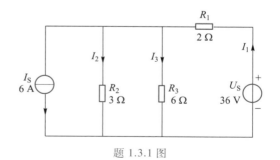

题 1.3.1 图

1.3.2 在题 1.3.2 图中,已知 $U_1 = 10\ \text{V}$,$U_{S1} = 4\ \text{V}$,$U_{S2} = 2\ \text{V}$,$R_1 = 4\ \Omega$,$R_2 = 2\ \Omega$,$R_3 = 5\ \Omega$,试问开路电压 U_2 等于多少?

1.3.3 使用节点电压法求题 1.3.3 图所示电路中的电流 I_s。

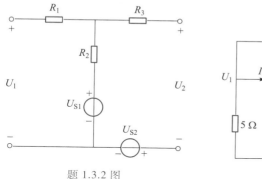

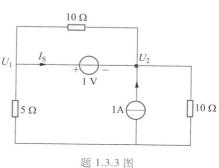

题 1.3.2 图 　　　　　　　　　　题 1.3.3 图

1.4.1 试求题 1.4.1 图中 A 点的电位。

1.4.2 在题 1.4.2 图所示电路中,如果 15 Ω 电阻上的电压降为 30 V,其极性如图所示,试求电阻 R 及电位 U_B。

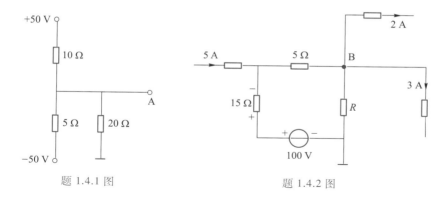

題 1.4.1 图 　　　　　　　　　　題 1.4.2 图

1.5.1 试用叠加定理求题 1.5.1 图所示电路中的电流 I。

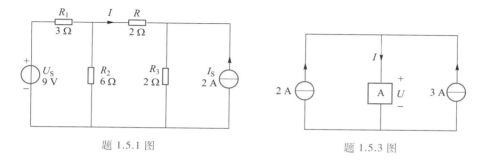

题 1.5.1 图 　　　　　　　　　　题 1.5.3 图

1.5.2 试用叠加定理计算题 1.3.3 图所示电路中的电流 I_s。

1.5.3 如题 1.5.3 图所示,已知网络 A 的伏安关系为 $U = 2I^3$,(1) 2 A 理想电流源单独作用时,求电压 U;(2) 3 A 理想电流源单独作用时,求电压 U;(3) 两个理想电流源同时作用时,求电压 U;(4) 叠加定理是否可以用于此题? 为什么?

1.6.1　试用戴维南定理将题 1.6.1 图所示的各电路化为等效电压源模型。

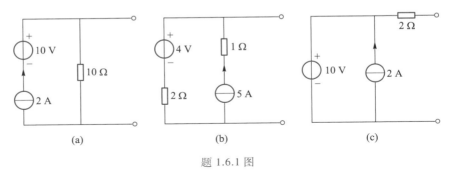

题 1.6.1 图

1.6.2　试用戴维南定理计算题 1.6.2 图所示电路中的电流 I。

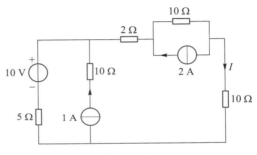

题 1.6.2 图

1.6.3　试用戴维南定理计算题 1.6.3 图所示电路中 4 Ω 电阻的电流 I。

1.6.4　试用诺顿定理计算题 1.6.4 图所示电路中的电流 I。

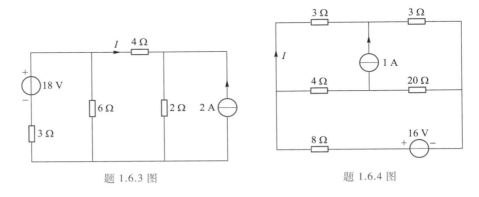

题 1.6.3 图　　　　　　　　　　题 1.6.4 图

1.6.5　试求题 1.6.5 图所示电路中的电流 I 及理想电流源 I_S 的功率。

1.6.6　题 1.6.6 图所示电路,通过调整负载 R_L 获得最大功率时,10 V 理想电压源的功率传输效率为多少?

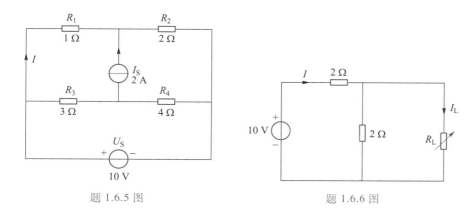

题 1.6.5 图　　　　　　　　　　　　题 1.6.6 图

1.6.7　试求题 1.6.7 图所示电路中各支路的电流。

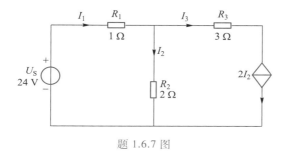

题 1.6.7 图

1.6.8　试求题 1.6.8 图所示电路中电压 U_2 及各支路的电流。

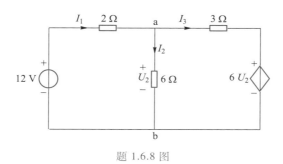

题 1.6.8 图

第2章 动态电路的瞬态分析

电路的瞬态分析是对电路从一个稳定状态变化到另一个稳定状态时所经历的过渡状态的分析。瞬态过程在电工电子领域具有广泛应用,比如大功率脉冲电源、信号波形发生器、电子继电器等。

本章在讨论动态元件和换路定则的基础上,讨论了 RC、RL 瞬态电路的分析过程,并对瞬态分析的应用进行了阐述。

2.1 动态元件

2.1.1 电感元件

电感元件是用来反映存储磁场能量的理想元件,电路符号如图 2-1 所示。当电感元件通有电流后,N 匝线圈产生的磁链 $\Psi(N\Phi)$ 与电流 i 的比值定义为电感 L,即

$$L = \frac{\Psi}{i} = \frac{N\Phi}{i} \tag{2-1}$$

线圈匝数 N 越大,其电感 L 越大;线圈中单位电流产生的磁通 Φ/i 越大,电感 L 也越大。磁链 Ψ 和磁通 Φ 的单位为韦[伯](Wb),电感 L 的单位为亨[利](H)。如果不考虑电感线圈的形变、材料属性、温度等参数随时间变化的情况,则可以把电感元件近似为线性元件,其电感 L 为常数;非线性电感元件的磁链 Ψ 与电流 i 不是线性关系,称为非线性电感。

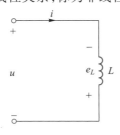
图 2-1 电感元件

当通过电感元件的磁链 Ψ 随时间变化时,会产生自感电动势 e_L,若电感电压 u、自感电动势 e_L 以及电感电流 i 的参考方向如图 2-1 所示,根据基尔霍夫电压定律有 $u+e_L=0$,且 L 为线性电感元件,则有

$$u = -e_L = \frac{\mathrm{d}\Psi}{\mathrm{d}t} = L\frac{\mathrm{d}i}{\mathrm{d}t} \tag{2-2}$$

上式表明,电感元件两端电压 u_L 与所通过的电流 i 随时间变化成正比,因此电感元件是一个动态元件。一般电感元件两端电压不可能达到无穷大,电感元件上通过的电流总是连续变化的,即电感元件通过的电流不会突变。在直流电路中,电流不随时间变化,由式(2-2)可知,电感元件两端的电压为零,所以直流电路中电感元件相当于短路。

电感元件的电路模型也可从能量角度分析。当通过电感元件的电流为 i 时,磁

链为 $\Psi = Li$,电感储能随时间的变化率即为瞬时功率,可表示为

$$\frac{\mathrm{d}W_L}{\mathrm{d}t} = p = ui = i\frac{\mathrm{d}\Psi}{\mathrm{d}t} = iL\frac{\mathrm{d}i}{\mathrm{d}t} = \frac{1}{2}L\frac{\mathrm{d}i^2}{\mathrm{d}t} \qquad (2\text{-}3)$$

若电感元件的初始电流为零(或电感元件的初始储能为零),式(2-3)对时间 t 积分,可得到电感元件的储能公式

$$W_L = \frac{1}{2}Li^2 \qquad (2\text{-}4)$$

上式表明电感元件将电能转换为磁场能,即电感元件从电路中获得能量。当电流减小时,电感元件将磁场能又转换为电能,即电感元件向电路释放能量。任意时刻电感元件的储能只取决于该时刻的电流值,而与电流的变化过程无关。

线性电感元件的电压与电流满足线性叠加关系,当 N 个电感元件以一定方式串联且无互感效应时,可用一个等效电感 L 表示为

$$L = L_1 + L_2 + \cdots + L_N \qquad (2\text{-}5)$$

当 N 个电感元件并联且无互感效应时,也可用一个等效电感 L 表示为

$$\frac{1}{L} = \frac{1}{L_1} + \frac{1}{L_2} + \cdots + \frac{1}{L_N} \qquad (2\text{-}6)$$

除非特别说明,本书"电感"一词均指线性电感元件。

2.1.2 电容元件

电容元件是反映物体存储电荷能力的理想元件,是实际电容器或电路中具有电容效应元件的理想模型。电容的电路符号如图 2-2 所示。电容元件极板上的电荷 q 与极板间电压 u 之比为电容元件的电容,表示为

$$C = \frac{q}{u} \qquad (2\text{-}7)$$

式中电容 C 的单位是法[拉](F)。由于法的单位太大,工程上多采用微法(μF)或皮法(pF),$1\ \mu\text{F} = 10^{-6}\ \text{F}$,$1\ \text{pF} = 10^{-12}\ \text{F}$。与线性电感定义类似,线性电容元件的电容 C 也是常数。

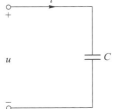

当电容元件两端的电压 u 随时间变化时,极板上存储的电荷也随之变化,在电路中就会产生电流 i。如果 u、i 的参考方向为如图 2-2 所示的关联参考方向时,则

$$i = \frac{\mathrm{d}q}{\mathrm{d}t} = C\frac{\mathrm{d}u}{\mathrm{d}t} \qquad (2\text{-}8)$$

图 2-2　电容元件

上式表明,电容元件上的电压 u 与电流 i 具有随时间变化的动态关系,因此电容元件是一个动态元件。在直流电路中,电压不随时间变化,由式(2-8)可知,电容元件通过的电流为零,此时电容元件相当于开路。

电容储能的变化量即为功率,则有

$$\frac{\mathrm{d}W_C}{\mathrm{d}t}=p=ui=u\frac{\mathrm{d}q}{\mathrm{d}t}=\frac{1}{2}C\frac{\mathrm{d}u^2}{\mathrm{d}t} \tag{2-9}$$

式(2-9)用到了电流的定义式 $i=\mathrm{d}q/\mathrm{d}t$ 和电容 C 的定义式 $C=q/U$。当电容元件的初始电压为零(或电容元件的初始储能为零)时,式(2-9)两边对时间 t 积分,可得电容元件在 t 时刻的储能为

$$W_C=\frac{1}{2}Cu^2 \tag{2-10}$$

任意时刻电容元件的储能只取决于该时刻的电压值,而与电压的变化进程无关。

线性电容元件上的电压与电流也满足线性叠加关系,当 N 个电容元件并联时可用一个等效电容 C 等效,即

$$C=C_1+C_2+\cdots+C_N \tag{2-11}$$

当 N 个电容元件串联时也可用一个等效电容 C 等效,即

$$\frac{1}{C}=\frac{1}{C_1}+\frac{1}{C_2}+\cdots+\frac{1}{C_N} \tag{2-12}$$

除非特别说明,本书"电容"一词均指线性电容元件。

2.2 动态电路与换路定则

由于电感和电容是动态储能元件,含有动态元件的电路又称为动态电路。这类动态电路可用含有电压、电流的时间微分、积分形式的数学模型来表示。

2.2.1 动态电路中瞬态发生原因

当电路元件的参数、电路的连接关系或激励信号发生突变时,称电路发生了换路,如图 2-3 所示。在图 2-3(a)电容电路中,开关闭合前,电路中电流 i_C、电容电压 u_C 均为零;开关闭合后,电源对电容充电。由式(2-8)可知:若 u_C 能跃变,则在开关闭合的瞬间,充电电流 i_C 将趋于无穷大。同时 $i_C=\dfrac{U-u_C}{R}$ 要受到电阻 R 的约束,除非 R 为零,否则 i_C 不可能为无穷大。因此电容两端的电压一般不能跃变。以此类推 RL 电路,电感所通过的电流 i_L 一般不能跃变,否则电感两端的电压 $u_L=L\dfrac{\mathrm{d}i_L}{\mathrm{d}t}$

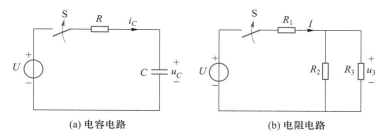

(a) 电容电路 (b) 电阻电路

图 2-3 瞬态发生的原因

也将趋于无穷大。由于电容两端电压不能突变,在如图 2-3(a)所示的电容电路中,u_C 将由零逐渐增加到电源电压 U。这种由于换路使电路由一种稳态向另一种稳态过渡的过程称为瞬态。在图 2-3(b)所示的电阻电路中,开关闭合前,电路中电流、电压均为零;开关闭合后,电流发生跃变,故电路不存在瞬态过程。

由此可见,含有动态元件的电路发生换路时,电路中的能量将发生变化,但能量不能跃变,否则将使得瞬时功率 $p = \dfrac{\mathrm{d}W}{\mathrm{d}t}$ 可能达到无穷大。由于电感储能 $\dfrac{1}{2}Li_L^2$ 不能跃变,则电感电流 i_L 不能跃变;同理电容储能 $\dfrac{1}{2}Cu_C^2$ 不能跃变,则电容电压 u_C 也不能跃变。所以,瞬态发生必须具备两个条件:首先电路中含有动态元件,其次电路发生换路。

电路的瞬态过程在工程应用领域颇为重要。一方面,在电子技术中常利用 RC 电路的瞬态过程来产生振荡信号,进行波形的变换或产生延时做成电子继电器等。另一方面,电路在瞬态过程中也会出现过电压或过电流而损坏电气设备。因此研究瞬态过程的变化规律有重要的实际意义。

2.2.2 换路定则

设 $t = 0$ 为电路的换路时间,$t = 0_-$ 表示换路前的最终时刻,$t = 0_+$ 表示换路后的最初时刻。从 $t = 0_-$ 到 $t = 0_+$,电容元件的电压和电感元件的电流是不能突变的。即

$$u_C(0_+) = u_C(0_-)$$
$$i_L(0_+) = i_L(0_-) \qquad (2-13)$$

这就是换路定则。换路定则仅适用于换路瞬间,可以通过它来计算 $t = 0_+$ 时刻电路的初始值。

讲义:换路定则不适用情况举例

2.2.3 初始值和稳态值的确定

本章重点讨论的是瞬态过程中电压、电流随时间变化的规律,为方便地描述此瞬态过程,需掌握两个要素,即换路后的初始值和达到稳定状态时的稳态值。

1. 初始值的确定

初始值是指电路的各个分量在 $t = 0_+$ 时的值。一般方法是,先由 $t = 0_-$ 的电路求出 $u_C(0_-)$ 或 $i_L(0_-)$,而后根据换路定则,在 $t = 0_+$ 的电路中由已知的 $u_C(0_+)$ 或 $i_L(0_+)$ 求电路中其他电压和电流的初始值。

需强调的是,在 $t = 0_+$ 的电路中,动态元件要用等效模型代替。对电容而言,如果 $u_C(0_+) = 0$,则视为短路,如果 $u_C(0_+) \neq 0$,则视为大小为 $u_C(0_+)$ 的理想电压源;对电感而言,如果 $i_L(0_+) = 0$,则视为开路,如果 $i_L(0_+) \neq 0$,则视为大小为 $i_L(0_+)$ 的理想电流源。

例 2-1 确定图 2-4(a)所示电路中各电流和电压的初始值。设开关 S 闭合前电感元件和电容元件均未储能。

解:由换路前的电路(电路在 $t = 0_-$ 时刻),即图 2-4(a)所示的开关 S 未闭合的

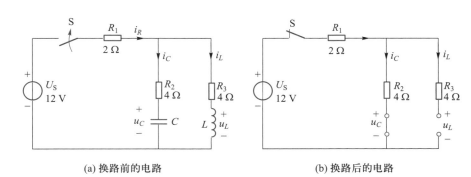

(a) 换路前的电路　　　　　　　　(b) 换路后的电路

图 2-4　例 2-1 图

电路可知

$$u_c(0_+) = u_c(0_-) = 0$$
$$i_L(0_+) = i_L(0_-) = 0$$

在图 2-4(b)所示换路后的电路(电路在 $t = 0_+$ 时刻)中,由于电容电压和电感电流的初始值为零,所以将电容元件视为短路,将电感元件视为开路,于是得出其他各个初始值

$$i_R(0_+) = i_C(0_+) = \frac{U_S}{R_1 + R_2} = \frac{12}{2+4}\text{ A} = 2\text{ A}$$
$$u_L(0_+) = i_C(0_+)R_2 = 2 \times 4\text{ V} = 8\text{ V}$$

2. 稳态值的确定

当电路的瞬态过程结束后,电路进入了新的稳定状态,这时各元件电压和电流的值称为稳态值(或终值),一般也称为 $t = \infty$ 时的值。稳态值的确定方法是画出 $t = \infty$ 时的电路,并用等效模型代替动态元件,然后求解稳态值。

在直流激励作用下,电路达到稳态时,电感元件应视为短路,电容元件应视为开路。

例 2-2　试求图 2-5(a)所示电路在瞬态过程结束后,电路中各电压和电流的稳态值。

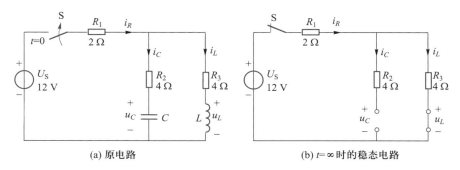

(a) 原电路　　　　　　　　　(b) $t = \infty$ 时的稳态电路

图 2-5　例 2-2 图

40

解:在图 2-5(b)所示 $t=\infty$ 时刻的稳态电路中,由于电容电流和电感电压的稳态值为零,所以将电容元件视为开路,电感元件视为短路,于是得出各个稳态值

$$i_C(\infty)=0$$

$$u_L(\infty)=0$$

$$i_R(\infty)=i_L(\infty)=\frac{U_s}{R_1+R_3}=\frac{12}{2+4}\ \text{A}=2\ \text{A}$$

$$u_C(\infty)=i_L(\infty)R_3=2\times4\ \text{V}=8\ \text{V}$$

例 2-3 确定图 2-6(a)所示电路在换路后(S 闭合)各电流和电压的初始值。设换路前电路已处于稳态。

解:作 $t=0_-$ 时刻的电路,如图 2-6(b)所示。在 $t=0_-$ 时,电路处于前一稳态终了时刻,而直流稳态电路中,电容元件视为开路,电感元件视为短路。所以由换路定则

$$i_L(0_+)=i_L(0_-)=\frac{1}{2}I_s=5\ \text{mA}$$

$$u_C(0_+)=u_C(0_-)=i_L(0_-)R_3=5\times2\ \text{V}=10\ \text{V}$$

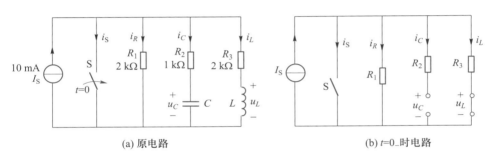

(a) 原电路　　　　　　　　　　　　(b) $t=0_-$时电路

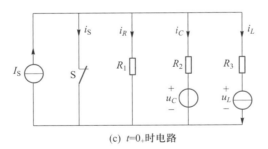

(c) $t=0_+$时电路

图 2-6　例 2-3 图

作 $t=0_+$ 时刻电路,如图 2-6(c)所示。可计算其他初始值

$$i_R(0_+)=0$$

$$u_{R_1}(0_+)=0$$

$$i_C(0_+)=-\frac{u_C(0_+)}{R_2}=-\frac{10}{1}\ \text{mA}=-10\ \text{mA}$$

$$i_S(0_+)=I_s-i_R(0_+)-i_C(0_+)-i_L(0_+)=[10-0-(-10)-5]\ \text{mA}=15\ \text{mA}$$

$$u_L(0_+) = -i_L(0_+)R_3 = -5 \times 2 \text{ V} = -10 \text{ V}$$

由上例可见,计算 $t=0_+$ 时电压和电流的初始值,需计算 $t=0_-$ 时的 i_L 和 u_c,因为它们不能突变,是连续的。而 $t=0_-$ 时其他电压和电流与初始值无关,不必去求,只能在 $t=0_+$ 时刻电路中计算。

【练习与思考】

2-2-1　什么叫瞬态过程?产生瞬态过程的原因和条件是什么?

2-2-2　含电容或电感的电路在换路时是否一定产生瞬态过程?

2-2-3　什么叫换路定则?它的理论基础是什么?它有什么用途?什么叫初始值?什么叫稳态值?在电路中如何确定初始值及稳态值?

2-2-4　除电容电压 $u_c(0_+)$ 和电感电流 $i_L(0_+)$,电路中其他电压和电流的初始值应在什么电路中确定,在 $t=0_+$ 电路中,电容元件和电感元件有什么特点?

2.3　RC 电路的瞬态分析

在电路分析中,通常将电路在外部输入(常称为激励)或内部储能作用下所产生的电压或电流称为响应。响应分为频域响应和时域响应,频域响应是指电路中的电压与电流随频率变化的规律;本节讨论的是换路后电路中电压或电流随时间变化的规律,称为时域响应。对于一阶电路瞬态过程的响应,可以分成三种类型,分别为全响应、零状态响应、零输入响应,下面分别讨论。

2.3.1　RC 电路的响应

图 2-7(a)是一个简单的 RC 电路,在 $t=0$ 时刻前电容电压 $u_c(0_+)=U_0$,设在 $t=0$ 时开关 S 闭合,这种既有外部激励,且初始储能又不为零的电路响应称为全响应。

讲义:RC 瞬态电路在脉冲分压器中的应用

讲义:含有多个电容元件的瞬态电路

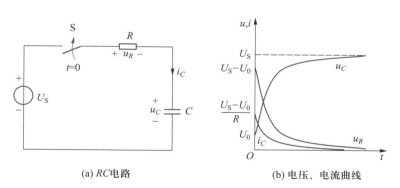

(a) RC电路　　(b) 电压、电流曲线

图 2-7　RC 电路的全响应

根据 KVL 可列出回路电压方程

$$i_c R + u_c = U_s$$

由于 $i_c = C\dfrac{\mathrm{d}u_c}{\mathrm{d}t}$,所以有

$$RC\frac{\mathrm{d}u_C}{\mathrm{d}t}+u_C=U_\mathrm{S} \tag{2-14}$$

该式是一阶常系数非齐次线性微分方程,该方程的解由特解 u_C' 和通解 u_C'' 两部分组成,即 $u_C(t)=u_C'+u_C''$。

特解 u_C' 即电路经过瞬态达到新的稳态时的解 $u_C(\infty)$。令 $u_C'=U_\mathrm{S}$,代入式 (2-14),U_S 即为该电路稳态值,也称稳态分量,故 $u_C'=U_\mathrm{S}=u_C(t)\big|_{t\to\infty}$。$u_C''$ 为原方程对应的齐次方程式的通解。*RC* 电路的齐次微分方程为

$$RC\frac{\mathrm{d}u_C}{\mathrm{d}t}+u_C=0 \tag{2-15}$$

得出该微分方程的特征方程为 $RCp+1=0$,特征根 $p=-\dfrac{1}{RC}$。通解 u_C'' 的形式为

$$u_C''=A\mathrm{e}^{pt}=A\mathrm{e}^{\frac{-t}{RC}}=A\mathrm{e}^{\frac{-t}{\tau}} \tag{2-16}$$

u_C'' 随时间 t 按指数规律衰减,它只出现在瞬态过程中,通常称 u_C'' 为瞬态分量。

上式中 $\tau=RC$,具有时间量纲,称为 *RC* 电路的时间常数。当电阻 R 的单位是欧[姆](Ω),电容 C 的单位是法[拉](F)时,时间常数 τ 的单位是秒(s),τ 的大小反映了瞬态过程进行的快慢。τ 越大,曲线变化越慢,瞬态过程所需时间越长;反之,则曲线变化越陡,瞬态过程所需时间越短。

瞬态过程中的 $\mathrm{e}^{-t/\tau}$ 随时间的衰减见表 2-1,实际应用中时间取 $3\tau\sim5\tau$,就认为瞬态电路已经达到新的稳态。放电过程中,在 $t=5\tau$ 时,响应已降为原来的 0.7%;对于充电过程,在 $t=5\tau$ 时,响应已达到饱和状态的 99.3%;

表 2-1 $\mathrm{e}^{-t/\tau}$ 随时间的衰减

瞬态时间 t	τ	2τ	3τ	4τ	5τ	6τ
$\mathrm{e}^{-t/\tau}$	e^{-1}	e^{-2}	e^{-3}	e^{-4}	e^{-5}	e^{-6}
对应数值	0.368	0.135	0.050	0.018	0.007	0.002

由上述分析可知,方程式(2-14)的全解为稳态分量加瞬态分量,即

$$u_C(t)=U_\mathrm{S}+A\mathrm{e}^{\frac{-t}{\tau}} \tag{2-17}$$

式中常数 A 可由初始条件确定。开关 S 闭合后的瞬间为 $t=0_+$,此时电容的初始电压(即初始条件)为 $u_C(0_+)$,则在 $t=0_+$ 时有

$$u_C(0_+)=U_\mathrm{S}+A$$

故

$$A=u_C(0_+)-U_\mathrm{S}=U_0-U_\mathrm{S}$$

将参数 A 代入式(2-17),可得

$$u_C(t)=U_\mathrm{S}+[U_0-U_\mathrm{S}]\mathrm{e}^{-\frac{t}{\tau}},\quad t\geqslant0 \tag{2-18}$$

充电电流为

$$i_C=C\frac{\mathrm{d}u_C}{\mathrm{d}t}=\frac{U_\mathrm{S}-U_0}{R}\mathrm{e}^{-\frac{t}{\tau}},\quad t\geqslant0 \tag{2-19}$$

图 2-7(b)中给出了初始状态为 U_0,且 $U_0<U_S$ 时 RC 电路的电压、电流曲线。

图 2-7(a)电路中,若换路后电路中无电源输入,即 $U_S=0$,仅由电容的初始储能所引起的电路响应称为零输入响应。由式(2-18)可得

$$u_C(t)=U_0\mathrm{e}^{-\frac{t}{\tau}}, \quad t\geqslant 0 \tag{2-20}$$

其电压、电流变化曲线如图 2-8 所示。

图 2-7(a)电路中,如果电容的初始储能为零,即 $U_0=0$,电路仅由电源激励所产生的电路响应称为零状态响应。将零初始值代入式(2-18)可得

$$u_C(t)=U_S(1-\mathrm{e}^{-\frac{t}{\tau}}), \quad t\geqslant 0 \tag{2-21}$$

u_C、u_R 和 i 随时间变化的曲线如图 2-9 所示。

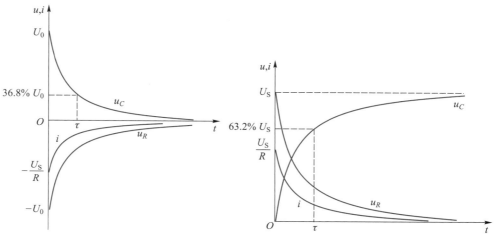

图 2-8　RC 电路零输入响应变化曲线　　　　图 2-9　RC 电路零状态响应变化曲线

由以上分析可知:全响应为零输入响应和零状态响应两者的叠加。

2.3.2　一阶电路的三要素法

只含有一个动态元件或可等效成一个动态元件的线性电路,不论其电路复杂与否,最终都可用一阶线性微分方程表示[如式(2-14)所示],这类电路称为一阶线性电路。线性电路中只含有线性元件,其数学模型为线性常微分方程。前面分析的 RC 电路就是一阶线性电路,电路的响应可由稳态分量和瞬态分量的叠加得出,一般表示为

$$f(t)=f'(t)+f''(t)=f(\infty)+A\mathrm{e}^{-\frac{t}{\tau}} \tag{2-22}$$

上式中,$f(t)$ 表示电路中任意支路的电压或电流;$f(\infty)$ 表示电压或电流的稳态分量;$A\mathrm{e}^{-\frac{t}{\tau}}$ 表示瞬态分量,若初始值为 $f(0_+)$,则 $A=f(0_+)-f(\infty)$。式(2-22)又可改写为

$$f(t)=f(\infty)+[f(0_+)-f(\infty)]\mathrm{e}^{-\frac{t}{\tau}} \tag{2-23}$$

上式是分析一阶线性电路瞬态过程中任意变量的一般公式。只要求出初始值 $f(0_+)$、稳态值 $f(\infty)$ 和时间常数 τ 这三个要素,代入三要素公式(2-23),就可以求出电路的响应,这种方法称为一阶线性电路的三要素法。

由上式可知,全响应可看作是稳态分量和瞬态分量的叠加。

对三要素公式(2-23)进行简单变换,可表示为

$$f(t) = f(\infty)(1 - e^{-t/\tau}) + f(0_+)e^{-\frac{t}{\tau}} \qquad (2-24)$$

当一个非零状态的一阶电路受到外部激励时,电路的响应称为一阶电路全响应。式(2-24)是全响应的一般公式,其等号右边第一项为零状态响应数学形式

$$f(t) = f(\infty)(1 - e^{-t/\tau}) \qquad (2-25)$$

式(2-24)中等号右边最后一项为零输入响应数学形式

$$f(t) = f(0_+)e^{-t/\tau} \qquad (2-26)$$

因此全响应可以表示为零状态响应和零输入响应的叠加。

全响应电路也可按叠加定理,分解为零状态响应电路和零输入响应电路。*RC* 电路的全响应分解电路如图 2-10 所示。

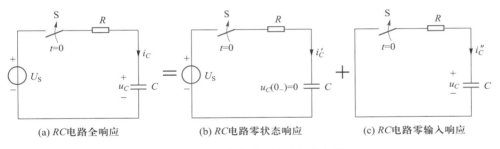

(a) *RC*电路全响应   (b) *RC*电路零状态响应   (c) *RC*电路零输入响应

图 2-10 *RC* 电路的全响应分解电路

无论把全响应分解为零状态响应和零输入响应,还是分解为稳态分量和瞬态分量,都是从不同角度来考虑问题的。在一般情况下,一阶 *RC* 电路中包含多个电阻,求解时间常数 τ 时,其中的电阻 R 是等效电容元件两端的等效电阻。等效电阻 R 的求解方法与第 1 章的戴维南定理求解等效电阻方法完全相同。

下面举例说明三要素法的应用。

例 2-4 图 2-11(a)所示电路原处于稳态,在 $t = 0$ 时将开关 S 闭合,试求换路后电路中的电压和电流,并画出其变化曲线。

解: 用三要素法求解 $u_C(t)$。

(1) 求 $u_C(0_+)$。由图 2-11(b)可得

$$u_C(0_+) = u_C(0_-) = U_S = 12\ \text{V}$$

(2) 求 $u_C(\infty)$。由图 2-11(c)可得

$$u_C(\infty) = \frac{R_2}{R_1 + R_2}U_S = \frac{6}{3+6} \times 12\ \text{V} = 8\ \text{V}$$

(3) 求 τ。R 应为换路后电容两端的去掉电源后电路的等效电阻,由图 2-11(d)可得

 注意:

三要素法只适用于一阶线性电路的计算,且电容、电感和电阻元件必须是线性元件。

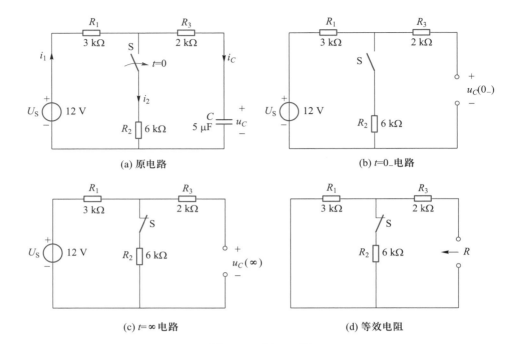

图 2-11　例 2-4 图

$$R = (R_1 // R_2) + R_3 = \left(\frac{3 \times 6}{3 + 6} + 2\right) \text{k}\Omega = 4 \text{ k}\Omega$$

$$\tau = RC = 4 \times 10^3 \times 5 \times 10^{-6} \text{ s} = 2 \times 10^{-2} \text{ s}$$

电容电压

$$u_C(t) = u_C(\infty) + [u_C(0_+) - u_C(\infty)] e^{-\frac{t}{\tau}} = (8 + 4e^{-50t}) \text{ V}$$

由 $i_C(t) = C \dfrac{\mathrm{d}u_C}{\mathrm{d}t}$ 求得

$$i_C(t) = C \frac{\mathrm{d}u_C}{\mathrm{d}t} = -e^{-50t} \text{ mA}$$

由图 2-11(a)可得

$$i_2(t) = \frac{i_C R_3 + u_C}{R_2} = \frac{-e^{-50t} \times 2 + 8 + 4e^{-50t}}{6} \text{ mA} = \left(\frac{4}{3} + \frac{1}{3} e^{-50t}\right) \text{ mA}$$

$$i_1(t) = i_2 + i_C = \left(\frac{4}{3} + \frac{1}{3} e^{-50t} - e^{-50t}\right) \text{ mA} = \left(\frac{4}{3} - \frac{2}{3} e^{-50t}\right) \text{ mA}$$

$u_C(t)$、$i_C(t)$、$i_1(t)$ 和 $i_2(t)$ 的变化曲线如图 2-12 所示。$i_C(t)$、$i_1(t)$ 和 $i_2(t)$ 还可用三要素法求解,读者可自行尝试。

　　例 2-5　电路如图 2-13(a)所示,$t=0$ 时合上开关 S,开关 S 闭合前电路已处于稳态。试求电容电压 $u_C(t)$ 和电流 $i_C(t)$、$i_2(t)$。

　　解:利用三要素法求 $u_C(t)$。

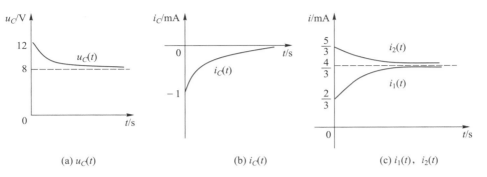

(a) $u_C(t)$ (b) $i_C(t)$ (c) $i_1(t)$, $i_2(t)$

图 2-12 例 2-4 RC 电路的电压和电流变化曲线

（1）求 $u_C(0_+)$。由图 2-13(b)可得

$$u_C(0_+) = u_C(0_-) = I_S R_1 = 54 \text{ V}$$

（2）求 $u_C(\infty)$。由图 2-13(c)可得

$$u_C(\infty) = \frac{R_2}{R_1 + R_2} I_S R_1 = \frac{3}{6+3} \times 9 \times 6 \text{ V} = 18 \text{ V}$$

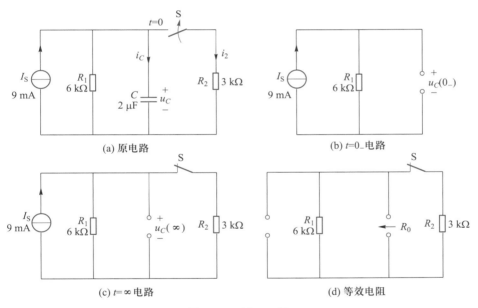

(a) 原电路   (b) $t=0_-$电路

(c) $t=\infty$电路   (d) 等效电阻

图 2-13 例 2-5 图

（3）求 τ。等效电阻 R 应为换路后电容 C 两端的戴维南等效电阻，由图 2-13
(d)可得

$$R = R_1 /\!/ R_2 = \frac{6 \times 3}{6+3} \text{ k}\Omega = 2 \text{ k}\Omega$$

$$\tau = RC = 2 \times 10^3 \times 2 \times 10^{-6} \text{ s} = 4 \times 10^{-3} \text{ s}$$

$$u_C(t) = u_C(\infty) + [u_C(0_+) - u_C(\infty)] e^{-\frac{t}{\tau}} = (18 + 36e^{-250t}) \text{ V}$$

（4）求 $i_C(t)$、$i_2(t)$。

$$i_C(t) = C\frac{\mathrm{d}u_C}{\mathrm{d}t} = 2\times10^{-6}\times36\times(-250)\mathrm{e}^{-250t}\text{ mA} = -18\mathrm{e}^{-250t}\text{ mA}$$

$$i_2(t) = \frac{u_C}{R_2} = \frac{18+36\mathrm{e}^{-250t}}{3}\text{ mA} = (6+12\mathrm{e}^{-250t})\text{ mA}$$

【练习与思考】

2-3-1　什么叫一阶电路？分析一阶电路的简便方法是什么？一阶电路的三要素公式中的三要素指什么？

2-3-2　在 RC 电路中，如果串联了电流表，换路前最好将电流表短接，这是为什么？

2-3-3　在 RC 串联的电路中，欲使瞬态过程进行的速度不变而又要初始电流小些，电容和电阻应该怎样选择？

2.4　RL 电路的瞬态分析

如图 2-14 所示为一个 RL 电路。设 $i_L(0_-)=I_0$，$t=0$ 时开关 S 闭合，则 $t\geqslant0$ 时电路的回路方程为

$$u_R+u_L=U_\mathrm{s}$$
$$i_LR+L\frac{\mathrm{d}i_L}{\mathrm{d}t}=U_\mathrm{s}$$

进一步可写为

$$\frac{L}{R}\frac{\mathrm{d}i_L}{\mathrm{d}t}+i_L=\frac{U_\mathrm{s}}{R} \qquad (2-27)$$

对应齐次方程的特征方程为

$$\frac{L}{R}p+1=0$$

特征根为

$$p=-\frac{1}{L/R}$$

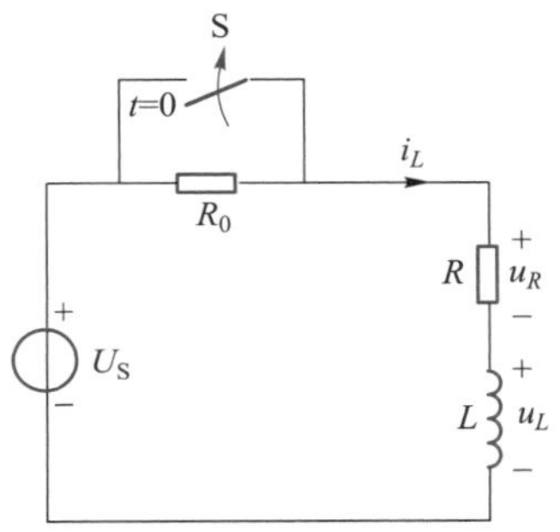

图 2-14　RL 电路

同式（2-16）相比，可知电路时间常数为 $\tau=L/R$，且三要素法也同样适用于一阶 RL 线性电路。值得注意的是，对于一般的一阶 RL 线性电路，求解时间常数 τ 时，其中 R 是电路中等效电感元件两端的戴维南等效电阻。

例 2-6　在图 2-15 所示电路中，已知 $U_\mathrm{s}=10\text{ V}$，$L=1\text{ mH}$，$R=10\ \Omega$，电压表的量程为 30 V，内阻 $R_\mathrm{V}=1.5\text{ k}\Omega$，在 $t=0$ 时开关 S 断开，断开前电路已处于稳态。试求开关 S 断开后电压表两端电压的初始值。

解：换路前通过 RL 串联支路的电流为

$$i(0_-)=\frac{U_\mathrm{s}}{R}=\frac{10}{10}\text{ A}=1\text{ A}$$

根据换路定则有：$i_L(0_+)=i_L(0_-)=1\text{ A}$。开关断开强迫该电流必须流经电压表，所

以电压表两端的初始电压值为
$$U_{ab}(0_+) = -i(0_+)R_V = -1 \times 1500 \text{ V} = -1500 \text{ V}$$
其极性为下正上负。电路的时间常数 τ 为
$$\tau = \frac{L}{R+R_V} = \frac{10^{-3}}{10+1500} \text{ s} = 0.66 \times 10^{-6} \text{ s}$$

以上计算可以看出,在换路的瞬间,电压表两端出现了 1500 V 的高电压,尽管时间常数很小(微秒级),瞬态过程很短暂,也可能使电压表击穿或把电压表的表针打弯,故在开关断开前必须将它去掉。但电压表移去后,电流变化率趋近无穷大,线圈两端将感应高电压,导致开关处的气隙被击穿而产生电弧,使开关的触头和线圈本身的绝缘受到损伤。

为了防止上述危害,除了采用能够灭弧的开关外,还可从电路上采取某些措施。如在电感线圈两端反向并联二极管(续流二极管),如图 2-16 所示。利用它的单向导电性,给电感线圈提供放电回路,从而避免了过电压现象。

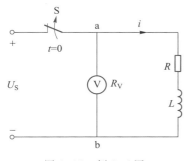

图 2-15　例 2-6 图

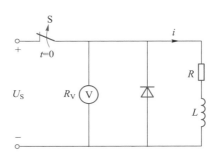

图 2-16　含有续流二极管的保护电路

例 2-7　电路如图 2-17(a)所示,开关闭合前电路已达稳态。试求 $t \geq 0$ 时的 $i_L(t)$、$u_L(t)$,并画出其变化曲线。

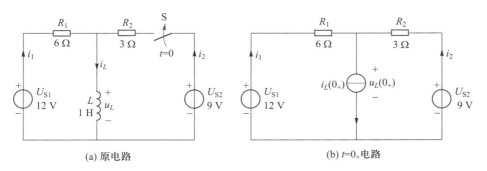

(a) 原电路　　　　　　　　　　(b) $t=0_+$ 电路

图 2-17　例 2-7 图

解:用三要素法求 $i_L(t)$。

初始值　　　　　$$i_L(0_+) = i_L(0_-) = \frac{U_{S1}}{R_1} = \frac{12}{6} \text{ A} = 2 \text{ A}$$

稳态值
$$i_L(\infty) = \frac{U_{S1}}{R_1} + \frac{U_{S2}}{R_2} = \left(\frac{12}{6} + \frac{9}{3}\right) A = 5\ A$$

时间常数
$$\tau = \frac{L}{R_1 /\!/ R_2} = \frac{1}{\dfrac{6\times3}{6+3}}\ s = \frac{1}{2}\ s$$

所以
$$i_L(t) = i_L(\infty) + [i_L(0_+) - i_L(\infty)]e^{-\frac{t}{\tau}} = (5 - 3e^{-2t})\ A$$

由 $u_L = L\dfrac{di_L}{dt}$，可得

$$u_L(t) = 6e^{-2t}\ V$$

也可用三要素法求 $u_L(t)$。由图 2-17(b) 可求得初始值为

$$u_L(0_+) = \frac{\dfrac{U_{S1}}{R_1} + \dfrac{U_{S2}}{R_2} - i_L(0_+)}{\dfrac{1}{R_1} + \dfrac{1}{R_2}} = 6\ V$$

稳态值 $u_L(\infty) = 0$。所以 $u_L(t) = 6e^{-2t}\ V$。$i_L(t)$、$u_L(t)$ 的变化曲线如图 2-18 所示。

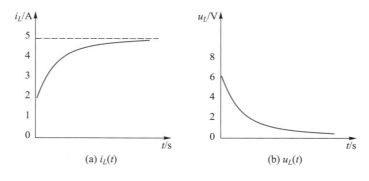

(a) $i_L(t)$　　　　　(b) $u_L(t)$

图 2-18　例 2-7 RL 电路的电压和电流变化曲线

【练习与思考】

2-4-1　RL 串联与直流电压源接通时，为使瞬态过程加快，应采取什么办法？

2-4-2　试比较 RC 和 RL 瞬态电路有何不同，并说明它们是如何统一的。

2.5　瞬态电路的应用

微分电路和积分电路实质上是 RC 电路在周期性矩形脉冲信号（脉冲序列信号）作用下的一种常见充、放电电路，下面对这两种电路进行分析。

2.5.1　微分电路

把 RC 连成如图 2-19(a) 所示电路，输入信号 u_1 是占空比为 50% 的脉冲序列

信号。所谓占空比是指 t_w/T 的比值，其中 t_w 是脉冲持续时间（脉冲宽度），T 是周期。u_1 的脉冲幅度为 U，电路的输入波形如图 2-19(b) 所示。在 $0 \leqslant t < t_w$ 时，电路相当于接入阶跃电压。该电容初始储能为零，由 RC 电路的零状态响应可知其输出电压为

$$u_o = U e^{-\frac{t}{\tau}}, \qquad 0 \leqslant t < t_w \tag{2-28}$$

当时间常数 $\tau \ll t_w$ 时（一般取 $\tau < 0.2t_w$），电容的充电过程很快完成，输出电压也随之很快衰减到零，因而输出电压 u_o 是一个峰值为 U 的正尖脉冲，波形如图2-19(b) 所示。

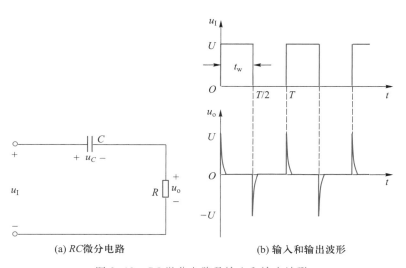

(a) RC 微分电路　　　　　　　(b) 输入和输出波形

图 2-19　RC 微分电路及输入和输出波形

在 $t_w \leqslant t < T$ 时，输入信号 u_1 为零，输入端短路，电路相当于电容初始电压值为 U 的零输入响应，其输出电压为

$$u_o = -U e^{-\frac{t-t_w}{\tau}}, \qquad t_w \leqslant t < T \tag{2-29}$$

当时间常数 $\tau \ll t_w$ 时，电容的放电过程很快完成，输出 u_o 是一个峰值为 $-U$ 的负尖脉冲，波形如图 2-19(b) 所示。由上可知，因为 $\tau \ll t_w$，所以 $u_1 = u_C + u_o \approx u_C$，故

$$u_o = iR = RC \frac{\mathrm{d}u_C}{\mathrm{d}t} \approx RC \frac{\mathrm{d}u_1}{\mathrm{d}t} \tag{2-30}$$

上式表明，输出电压 u_o 近似与输入电压 u_1 的微分成正比，因此习惯上称这种电路为微分电路。在电子技术中，常用微分电路把矩形波变换成尖脉冲，作为触发器的触发信号，或用来触发晶闸管，其用途非常广泛。

应该注意的是，在输入的周期性矩形脉冲信号作用下，RC 微分电路必须满足两个条件：① RC 电路时间常数 τ 远小于周期性矩形脉冲信号宽度，即 $\tau \ll t_w$；② 从电阻两端取输出电压 u_o，这样才能把矩形波变换成尖脉冲。

2.5.2　积分电路

如果把 RC 连成如图 2-20(a)所示电路,而电路的时间常数 $\tau \gg t_w$,则此 RC 电路在脉冲序列信号作用下,电路的输出 u_O 将是和时间 t 基本上成直线关系的三角波电压,如图 2-20(b)所示。由于 $\tau \gg t_w$,因此在整个脉冲持续时间内(脉冲宽度 t_w 时间内),电容两端电压 $u_C = u_O$ 缓慢增长。当 u_C 还远未增长到稳态值,而脉冲已消失 $(t = t_w = T/2)$。然后电容缓慢放电,输出电压 u_O(即电容电压 u_C)缓慢衰减。u_C 的增长和衰减虽仍按指数规律变化,由于 $\tau \gg t_w$,其变化曲线尚处于指数曲线的初始阶段,近似为直线段。所以输出 u_O 为三角波电压。

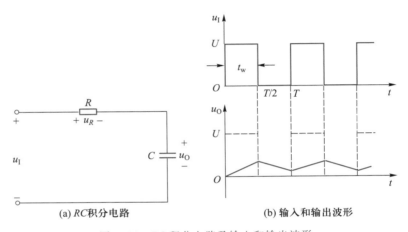

(a) RC 积分电路　　　　　　　(b) 输入和输出波形

图 2-20　RC 积分电路及输入和输出波形

因为充放电过程非常缓慢,所以有

$$u_O = u_C \ll u_R$$

$$u_I = u_R + u_O \approx u_R = iR$$

$$i = \frac{u_R}{R} \approx \frac{u_I}{R} \qquad (2\text{-}31)$$

$$u_O = u_C = \frac{1}{C} \int i \mathrm{d}t \approx \frac{1}{RC} \int u_I \mathrm{d}t \qquad (2\text{-}32)$$

上式表明,输出电压 u_O 近似地与输入电压 u_I 对时间的积分成正比,因此称为 RC 积分电路。积分电路在电子技术中也被广泛应用。

应该注意的是,在输入的周期性矩形脉冲信号作用下,RC 积分电路必须满足两个条件:① RC 电路时间常数 τ 远大于周期性脉冲信号宽度 t_w,即 $\tau \gg t_w$;② 从电容两端取输出电压 u_O,这样才能把矩形波变换成三角波。

习题

2.2.1　电路如题 2.2.1 图(a)(b)所示,原处于稳态。试确定换路瞬间所示电压和电流的初始值和电路达到稳态时的各稳态值。

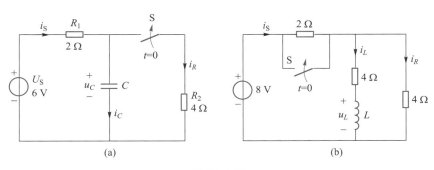

题 2.2.1 图

2.3.1 在题 2.3.1 图所示电路中,已知 $E = 20\text{ V}$, $R = 5\text{ k}\Omega$, $C = 100\text{ μF}$, 设电容初始储能为零。试求:

(1)电路的时间常数 τ;

(2)开关 S 闭合后的电流 i、电压 u_C 和 u_R, 并作出它们的变化曲线;

(3)经过一个时间常数后的电容电压值。

2.3.2 在题 2.3.2 图所示电路中,$E = 40\text{ V}$, $R_1 = R_2 = 2\text{ k}\Omega$, $C_1 = C_2 = 10\text{ μF}$, 电容元件原先均未储能。试求开关 S 闭合后电容元件两端的电压 $u_C(t)$。

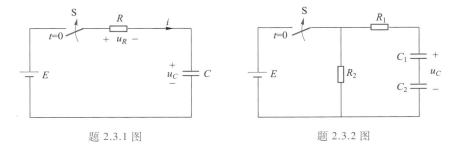

题 2.3.1 图　　　　　　　　题 2.3.2 图

2.3.3 在题 2.3.3 图所示电路中,电容的初始储能为零。在 $t = 0$ 时将开关 S 闭合,试求开关 S 闭合后电容元件两端的电压 $u_C(t)$。

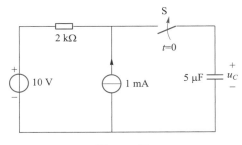

题 2.3.3 图

2.3.4 在题 2.3.4 图所示电路中,电容的初始储能为零。在 $t = 0$ 时将开关 S 闭合,试求开关 S 闭合后电容元件两端的电压 $u_C(t)$。

2.3.5 题 2.3.5 图所示电路原处于稳态。已知 $R_1 = 3\text{ k}\Omega$, $R_2 = 6\text{ k}\Omega$, $I_S = 3\text{ mA}$, $C = 5\text{ μF}$, 在 $t =$

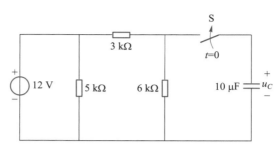

题 2.3.4 图

0 时将开关 S 闭合。试求开关 S 闭合后电容的电压 $u_C(t)$ 及各支路电流。

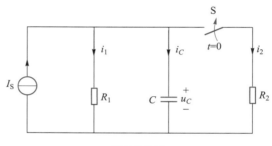

题 2.3.5 图

2.3.6　题 2.3.6 图所示电路原处于稳态。在 $t=0$ 时将开关 S 闭合,试求开关 S 闭合后电感和电容的电流和其两端电压,并画出其变化曲线(已知 $L=0.1\,H,C=0.25\,F$)。

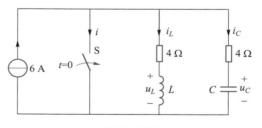

题 2.3.6 图

2.4.1　题 2.4.1 图所示电路原处于稳态。在 $t=0$ 时将开关 S 打开,试求开关 S 打开后电感元件的电流 $i_L(t)$ 及电压 $u_L(t)$。

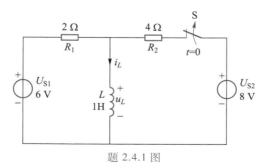

题 2.4.1 图

2.5.1 用 Multisim 仿真软件的瞬态分析,仿真题 2.5.1 图所示 *RC* 微分电路的输出波形。

2.5.2 用 Multisim 仿真软件的瞬态分析,仿真题 2.5.2 图所示 *RC* 积分电路的输出波形。

扫描二维码,
购买第 2 章习
题解答电子版

注:
扫描本书封面
后勒口处二维码,可
优惠购买全书习题
解答促销包。

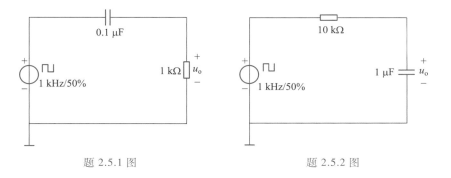

题 2.5.1 图   题 2.5.2 图

第 3 章　正弦交流电路

正弦交流电路是指在正弦电源的激励下,电路中的电流、电压均随时间按正弦规律变化的电路。由于正弦交流电容易产生和传输,且变动平滑,稳定运行时不容易产生危险的尖峰值,在实际工程和日常生活中得到广泛应用。例如电力系统中的发电、输配电及用电等环节大量采用正弦交流电,后面将要学习的电子技术、变压器以及交流电机都以交流电路作为研究对象。因此,研究正弦交流电具有理论和实际应用意义。

本章主要介绍正弦交流电路的基本概念和基本分析方法,明确正弦电路的基本概念、各物理量的含义和适用场合;注意与直流电路的区别,在交流电路的计算中,不仅要考虑电压、电流的大小,还要注意它们的相位及相位差;注意不同表达式的含义与书写格式,不要混淆;对电路中的一些特殊现象,主要掌握它们的特点。

3.1　正弦交流电的基本概念

在正弦交流电路中,随时间按正弦规律变化的电压、电流称为正弦量。其瞬时表达式为

$$u = U_m \sin(\omega t + \psi_u)$$
$$i = I_m \sin(\omega t + \psi_i)$$

其中 $U_m(I_m)$、ω、$\psi_u(\psi_i)$ 这三个参数称为正弦量的三要素。从数学的角度讲,在高中已经介绍了正弦量的三要素,以下结合电路的特点加以介绍。

3.1.1　瞬时值、幅值和有效值

交流电在任意瞬间所对应的值称为瞬时值,一般用小写字母表示,如分别用 u、i 表示交流电压、电流的瞬时值。瞬时值中的最大值称为幅值或峰值,一般用大写字母加下标 m 表示,如分别用 U_m、I_m 表示交流电压、电流的最大值。

在工程应用中,通常谈到交流电压的高低、电流的大小或电器上的标称电压和电流均指的是有效值。有效值是根据电流的热效应来定义的,即:某一周期电流 i 通过电阻 R 在一个周期 T 内产生的热量与直流电流 I 通过同样大小的电阻 R 在相同时间 T 内产生的热量相等时,这个直流电流 I 的数值称为周期性变化电流 i 的有效值。数学表达式为

$$I^2 RT = \int_0^T i^2 R \mathrm{d}t$$

则有效值表达式为

$$I = \sqrt{\frac{1}{T}\int_0^T i^2 \mathrm{d}t} \qquad (3-1)$$

显然有效值是瞬时值的方均根值,且该结论适用于任意周期量。

当周期电流为正弦量时,即 $i = I_{\mathrm{m}}\sin \omega t$,则

$$I = \sqrt{\frac{1}{T}\int_0^T I_{\mathrm{m}}^2 \sin^2 \omega t\,\mathrm{d}t} = \frac{I_{\mathrm{m}}}{\sqrt{2}} \qquad (3-2)$$

如将上式中的电流换为电压或电动势必有

$$U = \frac{U_{\mathrm{m}}}{\sqrt{2}} \quad 或 \quad E = \frac{E_{\mathrm{m}}}{\sqrt{2}}$$

即正弦交流量的最大值是有效值的 $\sqrt{2}$ 倍。

图 3-1 所示电阻电路的电压为 $u = U_{\mathrm{m}}\sin \omega t$ 时,电流 $i = u/R = (U_{\mathrm{m}}/R)\sin \omega t = I_{\mathrm{m}}\sin \omega t$,电路的瞬时功率为 $p = ui = U_{\mathrm{m}}I_{\mathrm{m}}\sin^2 \omega t$,一个周期内电阻消耗的平均功率为

$$P = \frac{1}{T}\int_0^T p\,\mathrm{d}t = \frac{1}{T}\int_0^T U_{\mathrm{m}}I_{\mathrm{m}}\sin^2 \omega t\,\mathrm{d}t = \frac{U_{\mathrm{m}}I_{\mathrm{m}}}{2} = \frac{U_{\mathrm{m}}I_{\mathrm{m}}}{\sqrt{2}\sqrt{2}} = UI = I^2R = \frac{U^2}{R} \qquad (3-3)$$

平均功率亦称有功功率,单位是瓦[特](W)。电路在一段时间 T 内由电源供出或负载消耗的能量是功率与时间的乘积,即

$$W = PT \qquad (3-4)$$

由上可知,最大值为 311 V 的交流电,从做功的角度等效地看就相当于 220 V 的直流电。

电阻元件的电压、电流及功率波形如图 3-2 所示。

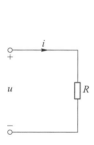
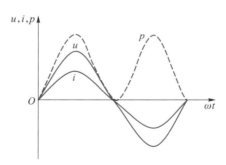

图 3-1 电阻电路 　　图 3-2 电阻元件的电压、电流及功率波形

例 3-1 有一个 6 层建筑,每层的走廊内需要装 220 V、40 W 的白炽灯 20 盏,每天使用 5 个小时。问改用 11 W 的节能灯后,每月(按 30 天计算)可节省多少电能?

解:使用白炽灯时,每月消耗电能

$$W_1 = \frac{40\times20\times5\times6}{1000}\times30\ \mathrm{kW\cdot h} = 720\ \mathrm{kW\cdot h}$$

57

改用节能灯后

$$W_2 = \frac{11 \times 20 \times 5 \times 6}{1000} \times 30 \text{ kW} \cdot \text{h} = 198 \text{ kW} \cdot \text{h}$$

每月节约电能

$$\Delta W = W_1 - W_2 = 522 \text{ kW} \cdot \text{h}$$

讲义：历史人物介绍——赫兹

3.1.2　周期、频率和角频率

正弦量的第二个要素是角频率,用 ω 表示,单位是弧度/秒(rad/s),反映交流电变化的快慢。在实际工程中常用频率 f 或周期 T 表示,交流电交变一次所需的时间称为周期(如图 3-3 所示),单位为秒(s),每秒钟变化的次数称为频率,单位为赫[兹](Hz);三者的关系为

$$\omega = \frac{2\pi}{T} = 2\pi f \qquad (3\text{-}5)$$

目前世界各国电力系统的供电频率有 50 Hz 和 60 Hz 两种,这两种频率称为工业频率,简称工频。不同技术领域中的频率要

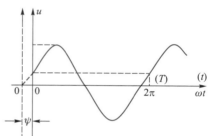

图 3-3　周期与初相位的示意图

求是不一样的,如无线电波频率范围是 10 kHz ~ 300 GHz,光通信频率则更高。

交流电变化的快慢一般情况下对电阻没有影响,但是对电路中的另外两个常用元件电容和电感有什么影响呢?下面来分析。

如图 3-4 所示,设加在电容元件 C 上的电压为 $u = U_m \sin \omega t$,则

$$i = C \frac{\mathrm{d}u}{\mathrm{d}t} = \omega C U_m \cos \omega t = \frac{U_m}{X_C} \sin(\omega t + 90°) = I_m \sin(\omega t + 90°) \qquad (3\text{-}6)$$

其中

$$X_C = \frac{1}{\omega C} = \frac{1}{2\pi f C} \qquad (3\text{-}7)$$

称为容抗,单位为欧[姆](Ω),表示电容对电流的阻碍作用。容抗与频率成反比,频率越高,其数值越小,对电流的阻碍作用就越小。特殊情况下,当 $f \to \infty$ 时,$X_C \to 0$,此时电容相当于短路;当 $f = 0$ 时(直流),$X_C = \infty$,此时电容相当于开路。由此可见,电容具有通交隔直、通高频阻低频的作用。

在图 3-5 所示的线性电感元件电路中,若设 $i = I_m \sin \omega t$,则

$$u = L \frac{\mathrm{d}i}{\mathrm{d}t} = \omega L I_m \cos \omega t = X_L I_m \cos \omega t = U_m \sin(\omega t + 90°) \qquad (3\text{-}8)$$

其中

$$X_L = \omega L = 2\pi f L \qquad (3\text{-}9)$$

称为感抗,单位为欧[姆](Ω),反映电感对交流电的阻碍作用。感抗与频率成正比,频率越高,其数值越大,对电流的阻碍作用就越大。特殊情况下,当 $f \to \infty$ 时,

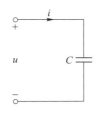

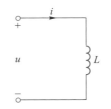

图 3-4　线性电容元件电路　　　　图 3-5　线性电感元件电路

$X_L \rightarrow \infty$，此时电感相当于开路；当 $f = 0$ 时（直流），$X_L = 0$，此时电感相当于短路。因此电感具有通直隔交、通低频阻高频的作用。

3.1.3 相位、初相位和相位差

正弦量在任一瞬时的角度 $\omega t + \psi$ 称为它的相角或相位，它与交流量的瞬时值相联系，反映正弦量变化进程。$t = 0$ 时的相角 ψ 叫初相位，它是正弦量初始值大小的标志。

事实上，初相位的大小与讨论它时所取的计时起点有关，如果将图 3-3 中的计时起点左移到图中虚线处，则初相 $\psi_u = 0$。当然，初相位不同，其起始值也就不同。规定初相位 $|\psi| \leqslant \pi$。

在分析交流电路时，两个同频率的正弦信号在任意瞬时的相位之差称为相位差。如

$$u = U_m \sin (\omega t + \psi_u)$$
$$i = I_m \sin (\omega t + \psi_i)$$

则它们的相位差为

$$\varphi = (\omega t + \psi_u) - (\omega t + \psi_i) = \psi_u - \psi_i \qquad (3-10)$$

可见，相位差也就是其初相位之差，在任何瞬间均为一常数。相位差描述了正弦量之间随时间变化的先后关系，下面分三种情况讨论。

1. $\varphi = \psi_u - \psi_i > 0$（小于 180°）即 $\psi_u > \psi_i$，u 超前 i，如图 3-6（a）所示。如纯电感元件的交流电路中，$\varphi = 90°$，即电感电压在相位上超前电流 90°。反之，若 $\varphi = \psi_u - \psi_i < 0$（大于 -180°）即 $\psi_i > \psi_u$，则为 i 超前 u。如纯电容交流电路中，$\varphi = -90°$，即电容电流在相位上超前电压 90°。

2. $\varphi = \psi_u - \psi_i = 0$ 即 $\psi_u = \psi_i$，称为同相位，同相位时两个正弦量同时增减，同时达到最大值或过零值，如图 3-6（b）所示。如纯电阻元件的交流电路中 $\varphi = 0°$，即电阻两端电压与其电流同相位。

3. $\varphi = \psi_u - \psi_i = \pm\pi$ 称为反相位，如图 3-6（c）所示。

交流电路区别于直流电路的一个主要特点就是计算时要考虑电量之间的相位差。如图 3-13 所示交流电路中，由电流表测出图中各元件的电流分别是 $I_R = 3$ A，$I_L = 8$ A，$I_C = 4$ A，如果按照前面直流电路的分析方法，其总电流为 $I = 15$ A，但这个答案是错误的，究其原因是没有考虑三个电流之间的相位差，实际上总电流应为 5 A。

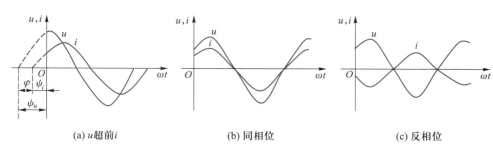

(a) u超前i　　　　　　　(b) 同相位　　　　　　　(c) 反相位

图 3-6　同频正弦量的相位差

由此可见,对交流电路进行分析时一定要建立相位和相位差的概念。

例 3-2　如图 3-7 所示的无源二端网络,已知 $i=I_m\sin \omega t$,电压 u 如图 3-8 所示,有三种情况,试分析与该网络对应的等效元件。

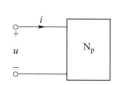

图 3-7　例 3-2 图

解:由图 3-8(a)可知,u 与 i 同相位,故该网络的等效元件应为电阻 R。

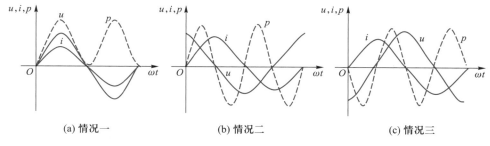

(a) 情况一　　　　　　　(b) 情况二　　　　　　　(c) 情况三

图 3-8　元件的正弦波形与相位关系

由图 3-8(b)可知 u 超前 i 90°,该网络的等效元件应为电感 L。

由图 3-8(c)可知 u 滞后 i 90°,故该网络的等效元件应为电容 C。

在图 3-8(a)中,由虚线所示的功率曲线可看出:电阻元件在一个周期内的瞬时功率 $p\geqslant 0$,即电阻元件总是消耗电能的。而电感 L 和电容 C 在一个周期内的功率与能量问题又如何呢? 下面讨论这一问题。

由图 3-8(b)和 3-8(c)虚线所示的功率曲线可知,电感的瞬时功率和电容的瞬时功率分别为

$$p_L=ui=U_m\sin(\omega t+90°)I_m\sin \omega t=U_mI_m\sin \omega t\cos \omega t=UI\sin 2\omega t$$

$$p_C=ui=U_m\sin(\omega t-90°)I_m\sin \omega t=-U_mI_m\sin \omega t\cos \omega t=-UI\sin 2\omega t$$

两者相同的是一个周期内与电源进行两次能量交换,其间并不消耗能量,即平均功率 $P=0$。不同的是电容吸收能量时,电感释放能量;电容释放能量时,电感吸收能量。而当电路中同时存在 L 与 C 时,与电源交换的能量只是两者之差。

两者尽管不消耗能量,但与电源交换能量时,会引起线路损耗和增加电源负

担。为了衡量它们与电源交换能量的规模,引入无功功率的概念,定义为瞬时功率的幅值,即电感元件的无功功率为

$$Q_L = UI = I^2 X_L = \frac{U^2}{X_L} \tag{3-11}$$

电容元件的无功功率为

$$Q_C = UI = I^2 X_C = \frac{U^2}{X_C} \tag{3-12}$$

为了区别于平均功率,无功功率的单位用乏(var)或千乏(kvar)表示,对应地,电阻消耗的平均功率又称为有功功率。

讲义:无功功率在忙什么?

【练习与思考】

3-1-1　指出 $u = 110\sqrt{2}\sin(314t - 60°)$ V 的幅值、有效值、周期、频率、角频率及初相位。

3-1-2　$u = 110\sqrt{2}\sin(314t - 40°)$ V 与 $i = 10\sqrt{2}\cos(314t - 40°)$ A 之间的相位差为多少?

3-1-3　交流电的幅值是否为其有效值的 $\sqrt{2}$ 倍?

3-1-4　某正弦电压有效值为 380 V,频率为 50 Hz,在 $t = 0$ 时的值为 $u(0) = 380$ V,写出该正弦电压的瞬时表达式。

3.2　正弦交流电的相量分析法

在正弦交流电路中,常常会根据 KCL 或 KVL 计算正弦电流或电压的代数和,若直接用三角函数计算,很不方便。本节将介绍一种简洁、有效的相量法用于表示并计算正弦量。由于相量表示法的基础是复数,所以下面先对复数的概念及基本运算做一回顾。

3.2.1　复数的表示形式

设 A 为一复数,用代数形式表示为

$$A = a + jb \tag{3-13}$$

其在复平面上可用一有向线段表示,如图 3-9。其中 r 是复数的模,φ 是复数的辐角。

$$r = \sqrt{a^2 + b^2}$$

$$\varphi = \arctan \frac{b}{a}$$

$$a = r\cos\varphi, \quad b = r\sin\varphi$$

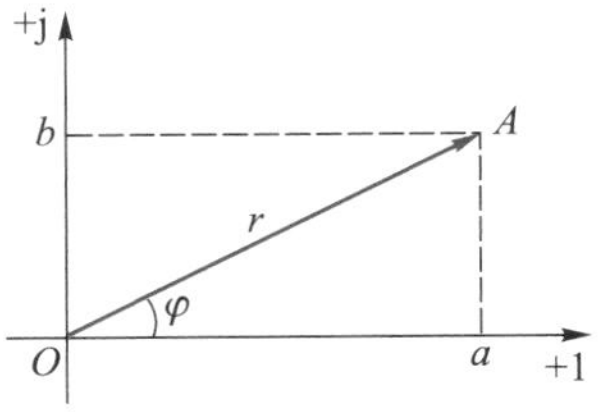

图 3-9　复数的表示形式

则代数形式又可表示为三角函数形式

$$A = a + jb = r\cos\varphi + jr\sin\varphi \tag{3-14}$$

式(3-13)(3-14)又称为直角坐标形式。

由欧拉公式 $e^{j\varphi} = \cos\varphi + j\sin\varphi$,得复数的指数形式

$$A = re^{j\varphi}, \tag{3-15}$$

在电路与电工类书籍中复数还可表示成极坐标形式

$$A = r \underline{/\varphi} \qquad\qquad (3-16)$$

3.2.2　复数的基本运算

复数的加减运算一般用直角坐标形式进行,例如

$$A = a_1 + jb_1, \quad B = a_2 + jb_2$$

则

$$A \pm B = (a_1 \pm a_2) + j(b_1 \pm b_2)$$

复数的乘除运算常用极坐标形式进行,例如

$$A = r_1 \underline{/\varphi_1}, \quad B = r_2 \underline{/\varphi_2}$$

则

$$A \cdot B = r_1 r_2 \underline{/\varphi_1 + \varphi_2}$$

$$\frac{A}{B} = \frac{r_1}{r_2} \underline{/\varphi_1 - \varphi_2}$$

运用复数进行交流电路计算时常常需要进行直角坐标形式与指数形式或极坐标形式之间的相互转换。

3.2.3　正弦量与相量

前面讨论了在同一正弦交流电路中,各正弦量之间的初相位可能不同,但它们的频率是相同的,因此对各正弦量的描述只需考虑有效值和初相位。而复数具有模和辐角这两个要素,因此可一一对应地表示正弦量。通常把表示正弦量的复数称为相量,并在大写字母上加"·",以区别于一般的复数。

若正弦电流 $i = I_m \sin(\omega t + \psi)$,则相量表示形式为

$$\dot{I}_m = I_m e^{j\psi} = I_m \underline{/\psi} \quad 或 \quad \dot{I} = I e^{j\psi} = I \underline{/\psi}$$

其中 $\dot{I}_m$ 为电流的幅值相量,$\dot{I}$ 是电流的有效值相量。当相量 $\dot{I}_m$ 以 ω 速度逆时针旋转,则在任意瞬间,该有向线段 $\dot{I}_m$ 在虚轴上的投影就对应一个正弦函数,即 $i(t) =$

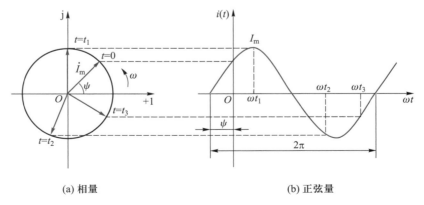

(a) 相量　　　　　　　　　　(b) 正弦量

图 3-10　相量与正弦量的对应关系

$I_m \sin(\omega t+\psi)$，如图 3-10 所示。所以，正弦量与其所对应的相量之间是一一对应的关系。但正弦量是时间的函数，而相量只包含幅值和初相位，并非时间的函数，因此，相量只表示正弦量，而不等于正弦量。

与复数一样，相量也可用复平面上的有向线段来表示，如图 3-11 所示，这种表示相量的几何图形，称为相量图。相量图能形象、直观地反映各个正弦量的大小和相互间的相位关系，一般无特殊指明，通常用有效值相量表示。

在图 3-12 中，已知相量 $\dot{A} = 10\angle 30°$，若将相量 $\dot{A}$ 乘以 +j，即将相量 $\dot{A}$ 逆时针旋转 90°（j = $1\angle 90°$），得相量 $\dot{B} = 10\angle 120°$；将相量 $\dot{A}$ 乘以 -j，即将相量 $\dot{A}$ 顺时针旋转 90°（-j = $1\angle -90°$）得相量 $\dot{C} = 10\angle -60°$。故称 ±j 为正负 90°旋转因子。

视频：如何用有向线段表示正弦量

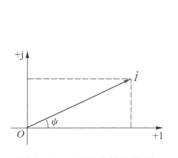

图 3-11　正弦量的相量图

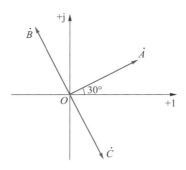

图 3-12　虚数 j 的意义

由此可见，一个正弦量除了可以用瞬时表达式和波形图表示外，还可借助相量和相量图表示，可使正弦交流电路的分析计算大为简化，这种分析方法称为相量法。

3.2.4　相量分析法举例

例 3-3　如图 3-13（a）所示电路，已知 $u = 12\sqrt{2}\sin 314t$ V，$R = 4\ \Omega$，$L = 4.8$ mH，$C = 1062\ \mu$F。试求总电流 i，并画出相量图。

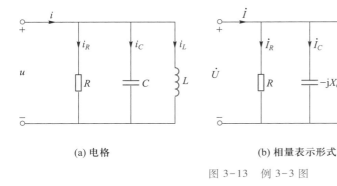

(a) 电格　　　　　　　　(b) 相量表示形式

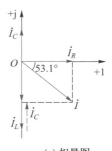

(c) 相量图

图 3-13　例 3-3 图

解：（1）写出各支路电流的瞬时表达式

$$i_R = \frac{u}{R} = \frac{12\sqrt{2}\sin 314t}{R}$$

$$i_C = C\frac{\mathrm{d}u}{\mathrm{d}t} = \frac{12\sqrt{2}}{X_C}\sin(314t+90°)$$

$$i_L = \frac{1}{L}\int u\mathrm{d}t = \frac{12\sqrt{2}}{X_L}\sin(314t-90°)$$

（2）将瞬时表达式转换为相量表示形式

$$\dot{U} = U\underline{/0°}$$

$$\dot{I}_R = \frac{\dot{U}}{R}$$

$\dot{I}_R$ 与 $\dot{U}$ 同相位。

$$\dot{I}_C = \mathrm{j}\frac{\dot{U}}{X_C} = \frac{\dot{U}}{-\mathrm{j}X_C}$$

$\dot{I}_C$ 超前 $\dot{U}$ 90°。

$$\dot{I}_L = -\mathrm{j}\frac{\dot{U}}{X_L} = \frac{\dot{U}}{\mathrm{j}X_L}$$

$\dot{I}_L$ 滞后 $\dot{U}$ 90°。

将 $X_C = \dfrac{1}{2\pi fC} = 3\ \Omega, X_L = 2\pi fL = 1.5\ \Omega$ 代入上述相量表示形式中,得

$$\dot{I}_R = \frac{\dot{U}}{R} = \frac{12\underline{/0°}}{4}\ \text{A} = 3\underline{/0°}\ \text{A} = 3\ \text{A}$$

$$\dot{I}_C = \frac{\dot{U}}{-\mathrm{j}X_C} = \frac{12\underline{/0°}}{-\mathrm{j}3}\ \text{A} = 4\underline{/90°}\ \text{A} = \mathrm{j}4\ \text{A}$$

$$\dot{I}_L = \frac{\dot{U}}{\mathrm{j}X_L} = \frac{12\underline{/0°}}{\mathrm{j}1.5}\ \text{A} = 8\underline{/-90°}\ \text{A} = -\mathrm{j}8\ \text{A}$$

图 3-13（b）为相量表示形式的电路图。

（3）总电流的相量表示形式为

$$\dot{I} = \dot{I}_R + \dot{I}_C + \dot{I}_L = [3+\mathrm{j}(4-8)]\ \text{A} = (3-\mathrm{j}4)\ \text{A} = 5\underline{/-53.1°}\ \text{A}$$

总电流瞬时表达式为

$$i = 5\sqrt{2}\sin(314t-53.1°)\ \text{A}$$

（4）画相量图,见图 3-13（c）。

例 3-4　求图 3-14 所示交流电路中未知电流表 A_0 的读数。

解:设电压 $\dot{U} = U\underline{/0°}$ 为参考相量,它们的相量图如图 3-15 所示,则可得

（a）$I_0 = I_1 + I_2 = 3\ \text{A}$。

（b）$I_0 = \sqrt{I_1^2 + I_2^2} = 10\ \text{A}$

注意:

交流电路中,使用基尔霍夫电流定律分析电路时,其约束方程的正确形式是 $\sum i = 0, \sum i = 0,$ 而不是 $\sum I = 0$。

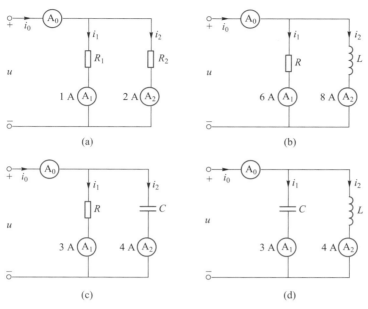

图 3-14 例 3-4 图

（c） $I_0 = \sqrt{I_1^2 + I_2^2} = 5$ A

（d） $I_0 = I_2 - I_1 = 1$ A

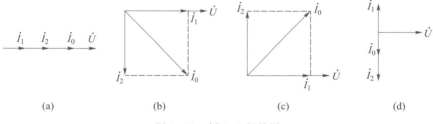

图 3-15 例 3-4 相量图

由上可见,利用相量法对交流电路进行分析时有两种方法,即相量解析法和相量图法,相量解析法是普遍适用的方法,而相量图法则对一些特殊问题更为方便、快捷且直观。相量法的引入,避免了复杂的正弦量的微分、积分运算和三角函数的加减运算,使得交流电路的分析更为简单、方便。

【练习与思考】

3-2-1 指出下列各表达式哪些是正确的,哪些是错误的。

纯电感电路

$$u_L = \omega Li, \quad i = \frac{U}{X_L}, \quad u = L\frac{di}{dt}, \quad p = I^2 X_L, \quad \frac{\dot{U}}{\dot{I}} = jX_L, \quad \dot{I} = -j\frac{\dot{U}}{\omega L}, \quad \frac{\dot{U}}{\dot{I}} = X_L$$

纯电容电路

讲义:相量图的画法

65

$$I = \omega CU, \quad i_C = C\frac{\mathrm{d}u}{\mathrm{d}t}, \quad u_C = \frac{i}{\omega C}, \quad Q_C = \omega CU^2$$

$$\frac{\dot{U}}{\dot{I}} = -\mathrm{j}X_C, \quad \dot{I} = \mathrm{j}\omega\dot{C}U, \quad \frac{\dot{I}}{\dot{U}} = -\mathrm{j}\omega C$$

3-2-2　已知 $A_1 = 3+\mathrm{j}4, A_2 = 3-\mathrm{j}4, A_3 = -3+\mathrm{j}4, A_4 = -3-\mathrm{j}4$。试计算 $A_1 \times A_2$ 与 $\dfrac{A_3}{A_4}$。

3-2-3　指出下列各式的错误。

$$i = 10\underline{/30°}\ \mathrm{A}, \quad \dot{U} = 220\sin(\omega t+60°)\ \mathrm{V}, \quad I = 10\mathrm{e}^{\mathrm{j}30°}\ \mathrm{A}, \quad \dot{I} = 10\sin(314t+45°)\ \mathrm{A}$$

3.3　正弦交流电路的分析与计算

由 RLC 元件构成的单一频率正弦稳态电路中,元件上的电压、电流均为同频率的正弦量,为帮助理解和分析方便,首先根据原电路图画出对应的相量模型图,借助相量分析法推导出单个元件的伏安关系、功率消耗及能量转换,为进一步分析由电阻、电感、电容组成的各类正弦交流电路打好基础。

3.3.1　RLC 元件约束关系的相量形式

1. 电阻元件

图 3-16 是一个线性电阻元件的交流电路,电压和电流的参考方向如图 3-16（a）所示。

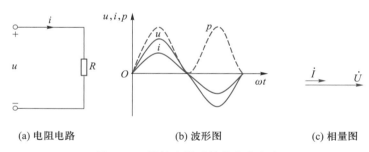

(a) 电阻电路　　　　　　(b) 波形图　　　　　　(c) 相量图

图 3-16　线性电阻元件的交流电路

设电流为

$$i = I_\mathrm{m}\sin \omega t = \sqrt{2}\,I\sin \omega t$$

根据欧姆定律,可得

$$u = iR = I_\mathrm{m}R\sin \omega t = \sqrt{2}\,IR\sin \omega t$$

比较上述两式,可得:

（1）正弦交流电路中,电阻元件上的电压和电流同相位,如图 3-16（b）（c）所示。

（2）电阻元件上电压与电流的幅值（或有效值）之间满足如下关系。

$$\frac{U_\mathrm{m}}{I_\mathrm{m}} = \frac{U}{I} = R$$

如用相量表示电压与电流关系,则为

$$\dot{I} = I\angle 0°, \quad \dot{U} = U\angle 0°$$

或

$$\dot{U} = R\dot{I} \tag{3-17}$$

式(3-17)即为电阻元件上伏安关系的相量形式,又称为相量形式的欧姆定律。

2. 电感元件

图 3-17 是一个线性电感元件的交流电路,电压和电流的参考方向如图 3-17(a)所示。

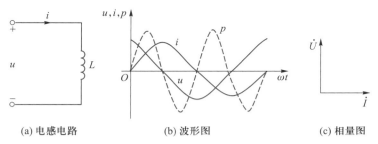

(a) 电感电路　　　　(b) 波形图　　　　(c) 相量图

图 3-17　线性电感元件交流电路

设电流为

$$i = I_{\mathrm{m}}\sin \omega t = \sqrt{2}\,I\sin \omega t$$

则

$$u = L\frac{\mathrm{d}i}{\mathrm{d}t} = \sqrt{2}\,\omega LI\cos \omega t = \sqrt{2}\,U\sin(\omega t + 90°)$$

比较上述两式,可得:

(1)正弦交流电路中,电感元件上的电压超前电流 90°,如图 3-17(b)(c)所示。

(2)电感元件上电压与电流的幅值(或有效值)之间满足如下关系。

$$\frac{U_{\mathrm{m}}}{I_{\mathrm{m}}} = \frac{U}{I} = \omega L = X_{L}$$

如用相量表示电压与电流关系,则为

$$\dot{I} = I\angle 0°, \quad \dot{U} = U\angle 90° = IX_{L}\angle 90°$$

或

$$\dot{U} = \mathrm{j}\dot{I}X_{L} \tag{3-18}$$

式(3-18)即为电感元件上伏安关系的相量形式,又称为相量形式的欧姆定律。

3. 电容元件

图 3-18 是一个线性电容元件的交流电路,电压和电流的参考方向如图 3-18(a)所示。

67

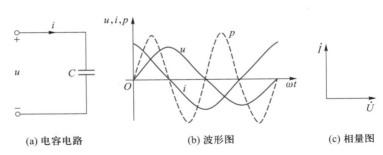

(a) 电容电路　　　　　　　(b) 波形图　　　　　　(c) 相量图

图 3-18　线性电容元件交流电路

设电压为

$$u = U_{\mathrm{m}}\sin \omega t = \sqrt{2}\,U\sin \omega t$$

则

$$i = C\frac{\mathrm{d}u}{\mathrm{d}t} = \sqrt{2}\,\omega CU\cos \omega t = \sqrt{2}\,I\sin(\omega t + 90°)$$

比较上述两式,可得:

(1) 正弦交流电路中,电容元件上的电流超前电压 90°,如图 3-18(b)(c) 所示。

(2) 电容元件上电压与电流的幅值(或有效值)之间满足如下关系。

$$\frac{U_{\mathrm{m}}}{I_{\mathrm{m}}} = \frac{U}{I} = \frac{1}{\omega C} = X_C$$

如用相量表示电压与电流关系,则为

$$\dot{U} = U\underline{/0°}, \qquad \dot{I} = I\underline{/90°} = U\omega C\underline{/90°}$$

或

$$\dot{U} = -\mathrm{j}\dot{I}X_C \tag{3-19}$$

式(3-19)即为电容元件上伏安关系的相量形式,又称为相量形式的欧姆定律。

3.3.2　*RLC* 串联电路

1. 相量分析法

在简单交流电路中最具代表性的是 *RLC* 串联电路,如图 3-19 所示。根据 KVL 的相量式以及单一元件的相量关系式可得

$$\dot{U} = \dot{U}_R + \dot{U}_L + \dot{U}_C = \dot{I}R + \dot{I}(\mathrm{j}X_L) + \dot{I}(-\mathrm{j}X_C) = \dot{I}(R+\mathrm{j}X) = \dot{I}Z \tag{3-20}$$

其中,$X = X_L - X_C$ 称为电抗,$Z = R + \mathrm{j}(X_L - X_C)$ 称为复阻抗。

则电压与电流欧姆定律的相量形式为

$$Z = \frac{\dot{U}}{\dot{I}} = \frac{U}{I}\underline{/\varphi} = |Z|\underline{/\varphi} \tag{3-21}$$

其中

$$|Z| = \frac{U}{I} = \sqrt{R^2 + X^2} \quad\quad (3-22)$$

称为阻抗,单位为 Ω。它描述了电压与电流的大小关系。

$$\varphi = \psi_u - \psi_i = \arctan\frac{X}{R} \quad\quad (3-23)$$

称为阻抗角,表示电压与电流的相位差。

注意:
复阻抗不同于正弦量的复数表示,它不是一个相量,只是一个复数计算量。

2. 相量图

如图 3-19 所示 RLC 串联电路,设电流 $\dot{I} = I\angle 0°$ 为参考相量,当 $X_L > X_C$,作相量图如图 3-20 所示。由于 $U_L > U_C$,整个电路 $\dot{U}$ 超前 $\dot{I}$,相位差 $\varphi > 0$,电路呈现电感性质,称为感性电路。当 $X_L < X_C$ 时,$\varphi < 0$,$\dot{U}$ 滞后 $\dot{I}$,电路呈现电容性质,称为容性电路。而 $X_L = X_C$ 时,$\varphi = 0$,$\dot{U}$ 与 $\dot{I}$ 同相位,电路呈纯阻性,称为谐振电路(后面专门讨论)。由相量图可见

$$U = \sqrt{U_R^2 + U_X^2} \quad\quad (3-24)$$

其中 $U_X = U_L - U_C$ 为电抗 X 两端的电压。

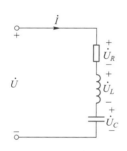

图 3-19　RLC 串联电路

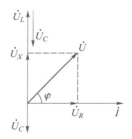

图 3-20　感性电路相量图

3. 功率

(1)瞬时功率

$$p = ui = U_m\sin(\omega t + \varphi)I_m\sin\omega t = 2UI\sin(\omega t + \varphi)\sin\omega t$$
$$= UI\cos\varphi - UI\cos(2\omega t + \varphi) \quad\quad (3-25)$$

(2)有功功率(平均功率)

有功功率定义为

$$P = \frac{1}{T}\int_0^T p\,\mathrm{d}t = \frac{1}{T}\int_0^T [UI\cos\varphi - UI\cos(2\omega t + \varphi)]\,\mathrm{d}t = UI\cos\varphi$$

有功功率也就是电阻元件消耗的平均功率,即

$$P = UI\cos\varphi = IU_R = I^2R \quad\quad (3-26)$$

(3)无功功率

无功功率是指电抗 X 与电源交换能量的规模,即

$$Q = Q_L - Q_C = U_LI - U_CI = I(U_L - U_C) = IU_X = UI\sin\varphi \quad\quad (3-27)$$

（4）视在功率

对于电源而言,不仅要为电阻 R 提供有功能量,还要与无功负荷 L 及 C 进行能量互换。为此规定

$$S = \sqrt{P^2 + Q^2} = UI \qquad (3-28)$$

称为视在功率,表示电源的容量。为了区别于有功功率和无功功率,视在功率的单位用伏安（V·A）或千伏安（kV·A）表示。通常说变压器的容量为多少 kV·A,指的就是它的视在功率。

由图 3-21 及式（3-24）可见,U_R 与 U_X 及 U 构成的是一个直角三角形,称为电压三角形,将式（3-24）两边除以 I 便为式（3-22）,故由 R 与 X 及 $|Z|$ 构成与电压三角形相似的阻抗三角形,再将式（3-24）两边同乘以 I 便是功率三角形,如图 3-21 所示。而

$$\cos \varphi = \frac{P}{S} \qquad (3-29)$$

它反映了电源容量的利用率,故称为功率因数,从这个意义讲,φ 又被称为功率因数角,是电力供电系统中一个非常重要的质量参数。

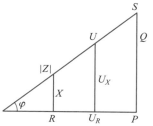

图 3-21　电压、阻抗及
功率三角形

例 3-5　有一 RLC 串联电路,$u = 220\sqrt{2}\sin(314t + 30°)$ V,$R = 30\ \Omega$,$L = 254$ mH,$C = 80\ \mu\text{F}$。

（1）试计算感抗、容抗及阻抗;

（2）试计算 $\dot{I}$、$\dot{U}_R$、$\dot{U}_C$、$\dot{U}_L$ 及 i、u_R、u_L、u_C;

（3）作出相量图;

（4）试计算 P、Q 和 S。

解:（1）感抗　　　　　$X_L = \omega L = 314 \times 254 \times 10^{-3}\ \Omega = 80\ \Omega$

容抗　　　　　　　　$X_C = \dfrac{1}{\omega C} = \dfrac{1}{314 \times 80 \times 10^{-6}}\ \Omega = 40\ \Omega$

复阻抗　　　　　　　$Z = R + \text{j}(X_L - X_C) = 50\ \underline{/53.1°}\ \Omega$

（2）　　　　　　　　$\dot{I} = \dfrac{\dot{U}}{Z} = \dfrac{220\ \underline{/30°}}{50\ \underline{/53.1°}}\ \text{A} = 4.4\ \underline{/-23.1°}\ \text{A}$

$$\dot{U}_R = \dot{I} R = 132\ \underline{/-23.1°}\ \text{V}$$

$$\dot{U}_L = \text{j}\dot{I} X_L = 352\ \underline{/66.9°}\ \text{V}$$

$$\dot{U}_C = -\text{j}\dot{I} X_C = 176\ \underline{/-113.1°}\ \text{V}$$

故

$$i = 4.4\sqrt{2}\sin(314t - 23.1°)\ \text{A}$$

$$u_R = 132\sqrt{2}\sin(314t - 23.1°)\ \text{V}$$

$$u_L = 352\sqrt{2}\sin(314t + 66.9°)\ \text{V}$$

$$u_C = 176\sqrt{2}\sin(314t - 113.1°)\ \text{V}$$

（3）相量图如图 3-22 所示。

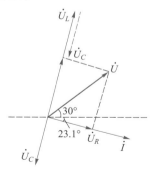

图 3-22 例 3-5 相量图

（4）
$$P = I^2 R = 580.8\ \text{W}$$
$$Q = Q_L - Q_C = IU_L - IU_C = 774.4\ \text{var}$$
$$S = UI = 220 \times 4.4\ \text{V} \cdot \text{A} = 968\ \text{V} \cdot \text{A}$$

由本例可见，$U \neq U_R + U_L + U_C$，在 RLC 串联交流电路中，总电压有效值与分电压有效值之间不满足基尔霍夫电压定律。基尔霍夫电压定律的正确形式是：$\sum \dot{U} = 0$、$\sum u = 0$。

3.3.3 复阻抗的串联与并联

复阻抗的串联和并联与电阻的串联和并联的分析方法相同。

1. 复阻抗的串联

在如图 3-23 所示电路中，有 n 个复阻抗串联，等效复阻抗 Z 等于 n 个串联的复阻抗之和。

$$Z = Z_1 + Z_2 + \cdots + Z_n \tag{3-30}$$

例 3-6 在三个复阻抗串联电路中，已知端口总电压 $u = 20\sqrt{2}\sin 314t\ \text{V}$，$Z_1 = (2+\text{j})\ \Omega$，$Z_2 = (5-\text{j}3)\ \Omega$，$Z_3 = (1-\text{j}4)\ \Omega$，求电流 i 和电路的功率 P、Q、S，并说明电路的性质。

解：
$$\dot{I} = \frac{\dot{U}}{Z} = \frac{20\underline{/0°}\ \text{V}}{Z_1 + Z_2 + Z_3} = \frac{20\underline{/0°}}{8-\text{j}6}\ \text{A} = \frac{20\underline{/0°}}{10\underline{/-36.86°}}\ \text{A} = 2\underline{/36.86°}\ \text{A}$$

所以
$$i = 2\sqrt{2}\sin(314t + 36.86°)\ \text{A}$$

$\varphi = \psi_u - \psi_i = -36.86°$，故为容性电路。

$$P = UI\cos(-36.86°) = 20 \times 2 \times 0.8\ \text{W} = 32\ \text{W} \quad \text{或}$$
$$P = I^2(R_1 + R_2 + R_3) = 2^2(2+5+1)\ \text{W} = 32\ \text{W}$$
$$Q = UI\sin(-36.86°) = -20 \times 2 \times 0.6\ \text{var} = -24\ \text{var} \quad \text{或}$$
$$Q = I^2(X_1 - X_2 - X_3) = 2^2(1-3-4)\ \text{var} = -24\ \text{var}$$

$$S = UI = 20 \times 2 \ \text{V} \cdot \text{A} = 40 \ \text{V} \cdot \text{A} \quad 或$$

$$S = \sqrt{P^2 + Q^2} = \sqrt{32^2 + 24^2} \ \text{V} \cdot \text{A} = 40 \ \text{V} \cdot \text{A}$$

2. 复阻抗的并联

在如图 3-24 所示电路中,有 n 个复阻抗并联,等效复阻抗 Z 的倒数等于 n 个并联的复阻抗倒数之和。

$$\frac{1}{Z} = \frac{1}{Z_1} + \frac{1}{Z_2} + \cdots + \frac{1}{Z_n} \tag{3-31}$$

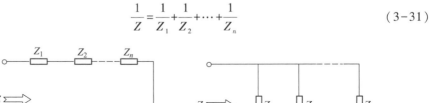

图 3-23　复阻抗的串联　　　　　图 3-24　复阻抗的并联

在两个复阻抗并联的情况下,有如下关系式。等效阻抗为

$$Z = \frac{Z_1 Z_2}{Z_1 + Z_2} \tag{3-32}$$

电流分配关系为

$$\dot{I}_1 = \frac{Z_2}{Z_1 + Z_2} \dot{I}, \quad \dot{I}_2 = \frac{Z_1}{Z_1 + Z_2} \dot{I} \tag{3-33}$$

在并联电路中,为计算方便,电路参数常引入复导纳 Y,其定义为

$$Y = \frac{\dot{I}}{\dot{U}} = \frac{1}{Z} = G + jB \tag{3-34}$$

复导纳 Y 的单位是西[门子](S),复导纳的实部 G 称为等效电导,复导纳的虚部 B 称为等效电纳(单位为 S)。n 个复导纳并联的等效复导纳为

$$Y = Y_1 + Y_2 + \cdots + Y_n \tag{3-35}$$

例 3-7　在图 3-25(a)所示电路中,已知 $G = 1 \ \text{S}, L = 0.5 \ \text{H}, C = 1 \ \text{F}, i = 4\sqrt{2} \sin(2t + 30°) \ \text{A}$,求 u,并判断电路性质。

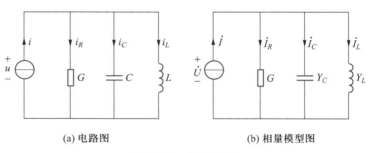

(a) 电路图　　　　　　　　　　(b) 相量模型图

图 3-25　例 3-7 图

解:由原电路图 3-25(a)得其相量模型如图 3-25(b)所示。由图可知

$$\dot{I} = 4\underline{/30°}\ \text{A}$$

$$Y_G = G = 1\ \text{S}$$

$$Y_L = \frac{1}{\text{j}\omega L} = -\text{j}\ \text{S}$$

$$Y_C = \text{j}\omega C = \text{j}2\ \text{S}$$

由式(3-35)可得并联电路的总导纳

$$Y = Y_G + Y_L + Y_C = (1-\text{j}+2\text{j})\ \text{S} = (1+\text{j})\ \text{S} = \sqrt{2}\underline{/45°}\ \text{S}$$

由式(3-34)可得

$$\dot{U} = \frac{\dot{I}}{Y} = \frac{4\underline{/30°}}{\sqrt{2}\underline{/45°}}\ \text{V} = 2\sqrt{2}\underline{/-15°}\ \text{V}$$

$$u = 4\sin(2t-15°)\ \text{V}$$

因总电压滞后总电流,故电路为容性电路。

例 3-8 在图 3-26(a)所示的电路中,若 $R_1 = 6\ \Omega$,$R_2 = 8\ \Omega$,$X_L = 8\ \Omega$,$X_C = 6\ \Omega$,$\dot{U} = 220\underline{/0°}\ \text{V}$,(1)求 $\dot{I}_1$、$\dot{I}_2$、$\dot{I}$;(2)求 $\dot{U}_{AB}$;(3)求 P、Q、S 及 $\cos\varphi$;(4)作出相量图。

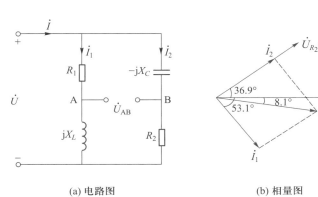

(a) 电路图   (b) 相量图

图 3-26   例 3-8 图

解:(1)
$$\dot{I}_1 = \frac{\dot{U}}{R_1 + \text{j}X_L} = \frac{220\underline{/0°}}{10\underline{/53.1°}}\ \text{A} = 22\underline{/-53.1°}\ \text{A}$$

$$\dot{I}_2 = \frac{\dot{U}}{R_2 - \text{j}X_C} = \frac{220\underline{/0°}}{10\underline{/-36.9°}}\ \text{A} = 22\underline{/36.9°}\ \text{A}$$

$$\dot{I} = \dot{I}_1 + \dot{I}_2 = (22\underline{/-53.1°} + 22\underline{/36.9°})\ \text{A} = 22(1.4 - \text{j}0.2)\ \text{A} = 22\sqrt{2}\underline{/-8.1°}\text{A}$$

(2) $\dot{U}_{AB} = \dot{U}_L - \dot{U}_{R_2} = \dot{I}_1\text{j}X_L - \dot{I}_2 R_2$

$$= (22\underline{/-53.1°} \times 8\underline{/90°} - 22\underline{/36.9°} \times 8)\ \text{V}$$

$$= (176\underline{/36.9°} - 176\underline{/36.9°})\ \text{V}$$

$$= 0$$

（3）

$$P = I_1^2 R_1 + I_2^2 R_2 = 6.776 \text{ kW}$$

$$Q = I_1^2 X_L - I_2^2 X_C = 0.968 \text{ kvar}$$

$$S = UI = 6.844 \text{ kV} \cdot \text{A}$$

$$\cos\varphi = \frac{P}{S} = 0.99$$

（4）作相量图，如图 3-26（b）所示。

例 3-9　在图 3-27（a）所示电路中，已知 $U = 100$ V，$f = 50$ Hz，$I_1 = I_2 = I_3$，$P = 866$ W，求 R、L、C。

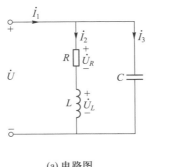

(a) 电路图　　　　　　　　(b) 相量图

图 3-27　例 3-9 图

解:因为 $I_1 = I_2 = I_3$，且 $\dot{I}_1 = \dot{I}_2 + \dot{I}_3$，故 $\dot{I}_1$，$\dot{I}_2$，$\dot{I}_3$ 构成等边三角形。以 $\dot{U}$ 为参考量作相量图，其中 $\dot{I}_3$ 超前于 $\dot{U}$ 90°，又有 $\dot{I}_1$ 落后 $\dot{I}_3$ 60°，即 $\dot{I}_1$ 超前 $\dot{U}$ 30°，所以 $\dot{I}_2$ 滞后 $\dot{U}$ 30°，同时 $\dot{U}_R$ 与 $\dot{I}_2$ 同相位，$\dot{U}_L$ 超前于 $\dot{I}_2$ 90°，作相量图如图 3-27（b）所示。

得 $U_R = U\cos 30° = 86.6$ V，则 $R = \dfrac{U_R^2}{P} = 8.66$ Ω，且 $I_2 = I_3 = \sqrt{\dfrac{P}{R}} = 10$ A。又因为

$$\sqrt{R^2 + X_L^2} = \frac{U}{I_2} = \frac{100}{10} \ \Omega = 10 \ \Omega，所以 \ X_L = 5 \ \Omega，L = \frac{X_L}{\omega} = \frac{X_L}{2\pi f} = 0.016 \ \text{H}。又因为 \ X_C = \frac{U}{I_3} =$$

$$\frac{100}{10} \ \Omega = 10 \ \Omega，所以 \ C = \frac{1}{\omega X_C} = \frac{1}{2\pi f X_C} = 318 \ \mu\text{F}。$$

【练习与思考】

3-3-1　在 R、L、C 串联的电路中，下列各式是否正确？

（1）$|Z| = R + X_L - X_C$；

（2）$U = IR + IX_L - IX_C$；

（3）$u = |Z|i$。

3-3-2　电压三角形和阻抗三角形的含义是什么？

3-3-3　有一 RLC 串联电路，已知 $R = X_L = X_C = 5$ Ω，端电压 $U = 10$ V，则电流 I 是多少？

3-3-4　若某支路的复阻抗 $Z = (8 - \text{j}6)$ Ω，则其复导纳 Y 是多少？

3.4　功率因数的提高

3.4.1　提高功率因数的意义

一般工矿企业的负载大多数为感性负载,例如最常用的异步电动机,在额定负载时功率因数为 0.7~0.9,而轻载或空载时可降至 0.2~0.3。其他如工频炉、电焊变压器、荧光灯等负载的功率因数也都较低。因此提高功率因数将有以下两方面的重要意义:

（1）由 $\cos\varphi = \dfrac{P}{S}$ 可见,提高 $\cos\varphi$ 即提高电源容量的利用率,使发电设备的容量得以充分利用,或者说减小电源与负载间的无功功率互换规模。

（2）由 $P = UI\cos\varphi$ 可知,提高功率因数 $\cos\varphi$,可减小线路电流,从而减小线损与发电机内耗。

3.4.2　提高功率因数的方法

提高功率因数,常用的方法是在感性负载两端并联电容(靠近负载或置于用户变电所中),如图 3-28(a)所示。以电压为参考相量做出如图 3-28(b)所示的相量图,其中 φ_1 为原感性负载的阻抗角,φ 为并联电容 C 后线路总电流 $\dot{I}$ 与 $\dot{U}$ 间的相位差。显然并联电容 C 后,负载电流与负载的功率因数不变,但线路电流减小,线路电流与电压之间夹角也减小。

讲义:功率因数的补偿

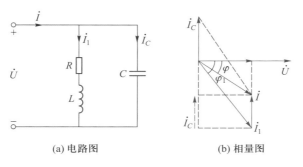

(a) 电路图　　　　(b) 相量图

图 3-28　提高功率因数图例

由图 3-28(b)还可看出,其有功分量(与 $\dot{U}$ 同相的分量)$I_1\cos\varphi_1 = I\cos\varphi$ 不变,无功分量(滞后 $\dot{U}$ 90°的分量)变小。从能量交换角度理解,即并联电容使得感性负载所需的磁场能量由电容的电场能量提供,从而减少电源和负载之间的能量互换,降低整个电路的无功功率,提高了功率因数。由此可见,并联电容后有功功率 P 不变,无功功率 Q 减小,电源的利用率得到提高。即输出同样的有功功率,电源供给的总电流 I 减小,电源可以带更多的负载,输出更多的有功功率。

图 3-28 中,若 C 值继续增大,I_C 也将增大,I 将进一步减小,但并不是 C 越大

 注意:

提高功率因数是指提高电源或电网的功率因数,而对具体感性负载的功率因数并没改变。

75

越好。若再增大 C，$\dot{I}$ 将超前于 $\dot{U}$，成为容性，这是没有必要的，一般功率因数补偿到接近 1 即可。通常将补偿为另一种性质的情况称作过补偿，补偿后仍为同样性质的情况叫欠补偿，而恰好补偿为阻性（$\dot{I}$、$\dot{U}$ 同相位）的情况称作完全补偿。

按照供用电管理规则，供电部门对用户负载的功率因数是有要求的，需高压供电的工业企业平均功率因数不低于 0.95，需低压供电的用户不低于 0.9。那么，如何根据具体的功率因数补偿要求确定电容 C 的值呢？

由图 3-28（b）中的无功分量可得到

$$I_C = I_1 \sin \varphi_1 - I \sin \varphi = \frac{P}{U \cos \varphi_1} \sin \varphi_1 - \frac{P}{U \cos \varphi} \sin \varphi = \frac{P}{U}(\tan \varphi_1 - \tan \varphi)$$

又因

$$I_C = \frac{U}{X_C} = \omega C U$$

故

$$C = \frac{P}{\omega U^2}(\tan \varphi_1 - \tan \varphi) \tag{3-36}$$

式（3-36）即为将功率因数 $\cos \varphi_1$ 提高到 $\cos \varphi$ 所需并入的电容。

例 3-10　某学校有 1000 只 220 V、40 W 的日光灯，采用电磁式镇流器，本身功耗为 8 W，其功率因数 $\cos \varphi_1 = 0.5$。（1）如将功率因数提高到 $\cos \varphi = 0.95$，求需要并联多大的电容 C，并求并联电容 C 前后线路的电流；（2）如将功率因数从 0.95 提高到 1，试问还需并联多大的电容值（$f = 50$ Hz）？

解：（1）$\cos \varphi_1 = 0.5$ 即 $\varphi_1 = 60°$，$\cos \varphi = 0.95$ 即 $\varphi = 18°$，所以

$$C = \frac{P}{\omega U^2}(\tan \varphi_1 - \tan \varphi) = \frac{(40+8) \times 1000}{2 \times 3.14 \times 50 \times 220^2}(\tan 60° - \tan 18°) \text{ F} = 4443 \text{ μF}$$

并联电容前线路电流　$I = \dfrac{P}{U \cos \varphi_1} = \dfrac{(40+8) \times 1000}{220 \times 0.5}$ A = 436.4 A

并联电容后线路电流　$I' = \dfrac{P}{U \cos \varphi} = \dfrac{(40+8) \times 1000}{220 \times 0.95}$ A = 229.7 A

（2）功率因数从 0.95 提高到 1 所并联的电容值为

$$C = \frac{(40+8) \times 1000}{2 \times 3.14 \times 50 \times 220^2}(\tan 18° - \tan 0°) \text{ F} = 1026 \text{ μF}$$

可见，功率因数已经接近 1 时再继续提高它，所需电容的相对增值远大于 $\cos \varphi$ 的相对增值。因此一般不必提高到 1。另外本例中电磁式镇流器也可直接换为电子式镇流器，电子式镇流器不仅功率因数高（$\cos \varphi = 0.95$）且本身功耗也小，仅为 0.1 W。

3.4.3　应用：功率表

功率表是测量有功功率（平均功率）的电动系仪表。图 3-29（a）是功率表的结构图，它由两个必不可少的线圈组成，分别是电流线圈（定圈）和电压线圈（动圈）。

电流线圈的阻抗非常低,与负载串联;电压线圈的阻抗非常高,与负载并联,如图3-29(b)所示。由于电流线圈阻抗低在电路中相当于短路,而电压线圈阻抗高在电路中相当于开路,因此,功率表的接入并不干扰电路,也不影响测量结果。

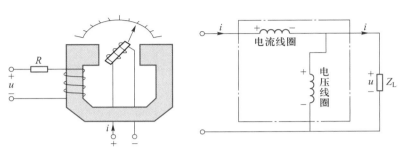

(a) 功率表结构图   (b) 功率表原理图

图 3-29 功率表

仪表工作时,两个线圈均通以电流,功率表运动系统获得转动力矩而偏转,这个偏转角正比于 $u(t)i(t)$ 乘积的平均值。设

$$\dot{U} = \frac{U_{\mathrm{m}}}{\sqrt{2}} \angle \varphi_u , \qquad \dot{I} = \frac{I_{\mathrm{m}}}{\sqrt{2}} \angle \varphi_i$$

功率表测量的平均功率(有功功率)为

$$P = \frac{1}{2} U_{\mathrm{m}} I_{\mathrm{m}} \cos(\varphi_u - \varphi_i) = UI\cos(\varphi_u - \varphi_i)$$

功率表的接法必须遵守"发电机端"的接线规则。功率表标有" * "或" ± "(称为同名端)的电流端必须接至电源的一端,而另一端则接至负载端,电流线圈是串联接入电路的;功率表标有" * "或" ± "的电压端可接电流端的任一端,而另一端则并联至负载端,电压线圈是并联接入电路的。如果两个线圈都反接,则偏转的结果是一样正确的。但若只有一个反接,功率表无读数。图 3-30 所示为功率表的两种接法。图 3-30(a)为电压线圈前接法,适用于负载电阻远远大于电流线圈电阻的情况;图 3-30(b)为电压线圈后接法,适用于负载电阻远远小于电流线圈电阻的情况。

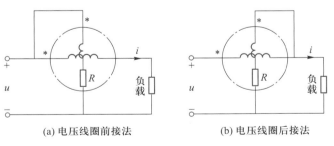

(a) 电压线圈前接法   (b) 电压线圈后接法

图 3-30 功率表的两种接法

【练习与思考】

3-4-1　按图 3-28 所示提高功率因数后,原来感性负载的功率因数提高,因此原来感性负载的电流变小,对吗?

3-4-2　感性负载串联电容能否提高电路的功率因数? 为什么?

3-4-3　已知某感性负载的阻抗 $|Z| = 7.07\ \Omega$,$R = 5\ \Omega$,则其功率因数等于多少?

3-4-4　在图 3-28 中,并联电容过大,将使总电流超前于电压,且可能使功率因数降低,试做出相量图说明。

3.5　正弦电路的频率特性与谐振电路

本章前面几节讨论的电压和电流都是时间函数,在时间领域内对电路进行分析,所以常称为时域分析。而正弦交流电路中的感抗和容抗都与频率有关,当其频率发生变化时,电路中各处的电流和电压的幅值与相位也会发生变化,这种在频率领域内对电路进行的分析,称为频域分析。此时电路中响应与频率的函数关系就是所谓的频率特性,其中幅值与频率的函数关系叫幅频特性,相位与频率的函数关系称作相频特性。在频域分析中,由 R、L、C 构成的各种滤波电路以及发生的谐振现象,对电子技术的研究与应用具有重要的意义。

*3.5.1　RC 电路的频率特性

交流电路中的任一无源双口网络,如图 3-31 所示,当激励的大小与电路参数不变而频率发生变化时,此时输出电流或电压与输入电流或电压之比称为电路的传递函数,用 $H(j\omega)$ 表示。如输出电压 $\dot{U}_2$ 与输入电压 $\dot{U}_1$ 之比表示为

$$H(j\omega) = \frac{\dot{U}_2}{\dot{U}_1} = H(\omega)\underline{/\varphi(\omega)} \qquad (3-37)$$

称为转移电压比,常用于电子技术中。其中

$$H(\omega) = |H(j\omega)|$$

表示转移电压比在大小上与频率的关系,称为幅频特性。

$$\varphi(\omega) = \varphi_2(\omega) - \varphi_1(\omega)$$

表示输出端口电压 $\dot{U}_2$ 与输入端口电压 $\dot{U}_1$ 的相位差与频率的关系,称为相频特性。

对于线性电路,频率特性与激励的大小和初相位是无关的,它只取决于给定电路的结构和参数,并与激励源的频率相关。任何电路中都存在频率响应特性,只是滤波器的电路结构和参数能够更有效地体现这一特性。

根据滤波器的幅频特性响应曲线,滤波器分为低通、高通、带通和带阻等几种类型。下面主要介绍前三种。

1. 高通滤波电路

图 3-32 所示的 RC 串联电路,其传递函数为

$$H(\mathrm{j}\omega) = \frac{\dot{U}_2}{\dot{U}_1} = \frac{R}{R - \mathrm{j}\dfrac{1}{\omega C}} = \frac{\mathrm{j}\omega RC}{1 + \mathrm{j}\omega RC}$$

$$= \frac{\omega RC}{\sqrt{1 + (\omega RC)^2}} \Big/ \arctan\frac{1}{\omega RC}$$

$$= A(\omega) \big/ \underline{\varphi(\omega)}$$

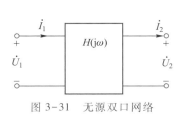

图 3-31   无源双口网络

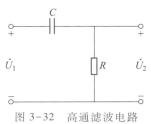

图 3-32   高通滤波电路

其中幅频特性

$$A(\omega) = \frac{\omega RC}{\sqrt{1 + (\omega RC)^2}} \tag{3-38}$$

相频特性

$$\varphi(\omega) = \arctan\frac{1}{\omega RC} \tag{3-39}$$

其频率特性曲线如图 3-33 所示,可见频率越高,其传递能力就越强。

$\omega \to \infty$ 时,$A(\omega) = 1$,$\varphi(\omega) = 0$。

$\omega = \dfrac{1}{RC}$时,$A(\omega) = 0.707$,$\varphi(\omega) = \dfrac{\pi}{4}$。此时 $U_2 = 0.707U_1$,实际应用中,将这一频率视为信号能通过的最低频率。即

$$f_{\mathrm{L}} = \frac{1}{2\pi RC} \tag{3-40}$$

称为下限截止频率。亦即该电路具有使高频信号易通过而抑制低频信号的作用,故称为高通滤波电路。

2. 低通滤波电路

与高通滤波电路相反,低频信号易通过而抑制高频信号的电路称为低通滤波电路。

图 3-34 为典型的低通滤波电路。(同学可以自己推证。)

其上限截止频率为

$$f_{\mathrm{H}} = \frac{1}{2\pi RC} \tag{3-41}$$

3. 带通滤波电路

具有上下限两个截止频率,只允许 f 在 $\Delta f = f_{\mathrm{H}} - f_{\mathrm{L}}$ 内的信号通过的电路称为带

79

通滤波电路,如图 3-35(a)所示,其等效电路如图 3-35(b)所示。

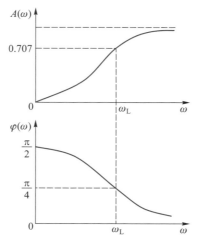

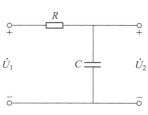

图 3-33　高通滤波电路的频率特性曲线　　　图 3-34　低通滤波电路

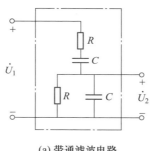

(a) 带通滤波电路

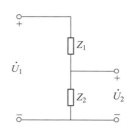

(b) 等效电路

图 3-35　带通滤波电路及其等效电路

则

$$Z_1 = R + \frac{1}{j\omega C} = \frac{1 + j\omega RC}{j\omega C}, \quad Z_2 = \frac{R\left(\dfrac{1}{j\omega C}\right)}{R + \dfrac{1}{j\omega C}} = \frac{R}{1 + j\omega RC}$$

其传递函数为

$$H(j\omega) = \frac{\dot{U}_2}{\dot{U}_1} = \frac{Z_2}{Z_1 + Z_2} = \frac{\dfrac{R}{1 + j\omega RC}}{\dfrac{1 + j\omega RC}{j\omega C} + \dfrac{R}{1 + j\omega RC}} = \frac{1}{3 + j\left(\omega RC - \dfrac{1}{\omega RC}\right)}$$

$$= \frac{1}{\sqrt{3^2 + \left(\omega RC - \dfrac{1}{\omega RC}\right)^2}} \bigg/ \arctan \frac{1 - (\omega RC)^2}{3\omega RC} \tag{3-42}$$

其中幅频关系为

$$A(\omega) = \frac{1}{\sqrt{3^2 + \left(\omega RC - \dfrac{1}{\omega RC}\right)^2}} \qquad (3-43)$$

相频关系为

$$\varphi(\omega) = \arctan \frac{1 - (\omega RC)^2}{3\omega RC} \qquad (3-44)$$

图3-36为带通滤波电路的频率特性曲线,由式(3-43)和(3-44)可知,当 $\omega = \omega_0 = \dfrac{1}{RC}$ 时

$$A(\omega) = \frac{1}{3}, \quad 为最大值 \qquad (3-45)$$

$$\varphi(\omega) = 0, \quad \dot{U}_2 与 \dot{U}_1 同相位 \qquad (3-46)$$

这里

$$f = f_0 = \frac{1}{2\pi RC} \qquad (3-47)$$

称为带通电路的中心频率。

由

$$A(\omega) = \frac{1}{\sqrt{3^2 + \left(\omega RC - \dfrac{1}{\omega RC}\right)^2}} = \frac{1}{3\sqrt{2}}$$

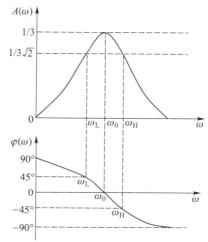

图3-36 带通滤波电路的频率特性曲线

可得下限截止频率 $f_L = 0.303f_0$,上限截止频率 $f_H = 3.303f_0$,显然

$$\Delta f = f_H - f_L = 3f_0 \qquad (3-48)$$

Δf 称为带通滤波电路的通频带宽度。

需要说明的是,该网络还具有选频(单一频率)特性。在电子技术中,用此 RC 串、并联网络可以选出 $f = f_0 = \dfrac{1}{2\pi RC}$ 的信号。(实验室常用的低频信号发生器就是根据此原理来选频的。)

3.5.2 LC 谐振电路

在含有电感和电容的正弦交流电路中,电流与电压一般不同相,或电压超前电流(感性电路),或电流超前电压(容性电路)。但若电路参数或频率配合恰当,可使电压与电流同相位,电路呈阻性,即电路处于无功功率完全补偿而使电路的 $\cos\varphi = 1$ 的状态,此时称电路发生谐振。电路谐振时具有一些特殊现象,这些现象广泛应用于通信技术和电工技术,但在某些场合下却会破坏系统的正常工作,因此对谐振电路的研究有着重要的意义。按发生谐振的电路不同,可分为串联谐振和并联谐振。下面分别讨论这两种电路的谐振条件、谐振特点、谐振特性等。

1. 串联谐振

如图 3-37 所示的 RLC 串联电路，若 $X_L = X_C$，则总阻抗 $Z = R$，$\dot{U}$ 与 $\dot{I}$ 同相位，$\cos \varphi = 1$，电路发生谐振，称为串联谐振。

谐振时的频率 f_0 由 $X_L = X_C$ 决定，即

$$2\pi f_0 L = \frac{1}{2\pi f_0 C}$$

可得

$$f_0 = \frac{1}{2\pi\sqrt{LC}} \tag{3-49}$$

由此可见，改变电路参数 L、C 或改变电源频率都可满足式（3-49）而出现谐振现象。因此又把式（3-49）称为谐振条件。

（1）串联谐振的特点

① 谐振时电路的阻抗 $|Z_0| = \sqrt{R^2 + (X_L - X_C)^2} = R$ 为最小值，呈纯电阻性。

② 电压一定时，谐振时的电流 I_0 为最大值，且与电源电压同相，其与频率的关系如图 3-38 所示。（X_L，X_C 关于频率的关系也在其中。）

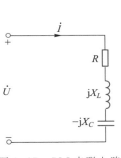

图 3-37　RLC 串联电路

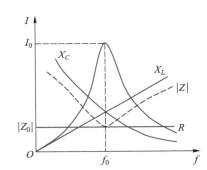

图 3-38　电流、阻抗与频率的关系图

③ 谐振时电源与储能元件 L 和 C 之间没有能量交换，能量交换只发生在 L 和 C 之间，但电路仍有容抗和感抗，并称为谐振电路的特性阻抗，用 ρ 表示。即

$$\rho = \omega_0 L = \frac{1}{\omega_0 C} = \sqrt{\frac{L}{C}} \tag{3-50}$$

④ 谐振时电感与电容上的电压大小相等、相位相反，即 $\dot{U}_L = -\dot{U}_C$。且谐振时若 $X_L = X_C \gg R$，则电压 $U_L = U_C \gg U$，将使电路出现过电压现象，所以串联谐振又称为电压谐振。串联谐振时电路的相量图如图 3-39 所示。

电力工程中一般不允许工作在串联谐振状态，因为谐振产生的高电压和大电流会对设备与人身安全造成危害。但在通信工程中，如调谐选频电路，常利用串联谐振来获得一个与电源频率相同，但高于电源电压 Q 倍的信号。我们把 Q 值称为串联谐振电路的品质因数。即

$$Q = \frac{U_L}{U} = \frac{U_C}{U} = \frac{\omega_0 L}{R} = \frac{1}{\omega_0 R C} \tag{3-51}$$

（2）串联谐振的应用

电压一定时，电路中的电阻 R 越小，Q 值越大，谐振时的电流 $I_0 = \dfrac{U}{R}$ 就越大，所得到的 $I\text{-}f$ 曲线就越尖锐，如图 3-40 所示。在通信技术中，常用这种特性来选择信号或抑制干扰。显然，曲线越尖锐其选频特性就越强。

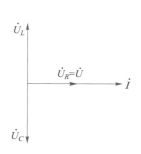

图 3-39 串联谐振时电路的相量图

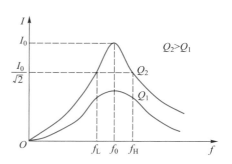

图 3-40 串联谐振的选频特性

通常也用所谓通频带宽度来反映谐振曲线的尖锐程度或者选择性优劣。与带通滤波电路中的定义相类似，将 $0.707 I_0(I_0 / \sqrt{2})$ 对应的两频率 f_H、f_L 之间的宽度 Δf 定义为通频带。即

$$\Delta f = f_H - f_L = \frac{f_0}{Q} \tag{3-52}$$

可见 Q 值的大小与选频特性的优劣有着直接的联系，Q 值越大，选频性越强。

串联谐振电路用于频率选择的典型例子便是收音机的调谐电路（选台），如图 3-41 所示。其作用是将由天线接收到的无线电信号，经互感器感应到 $L_2 C$ 的串联电路中，调节可变电容 C 的值，便可选出 $f = f_0$ 的电台信号，它在 C 两端的电压最高，然后经放大电路放大处理，扬声器就播出该电台的节目，这就是收音机的调谐过程。

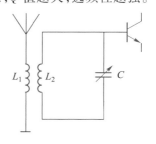

图 3-41 收音机的调谐电路

例 3-11 某收音机选频电路的电阻为 10 Ω，电感为 0.26 mH，当电容调至 238 pF，与某电台的广播信号发生串联谐振。试求：（1）谐振频率；（2）该电路的特性阻抗和品质因数；（3）若信号电压为 10 μV，电路中的电流及电容的端电压；（4）某电台的频率是 960 kHz，若它也在该选频电路中感应出 10 μV 的电压，电容两端该频率的电压是多少？

解：（1）谐振频率为

$$f_0 = \frac{1}{2\pi \sqrt{LC}} = \frac{1}{2\pi \sqrt{0.26 \times 10^{-3} \times 238 \times 10^{-12}}} \text{ Hz} = 640 \text{ kHz}$$

即与中波段 $f = 640\ \text{kHz}$ 的电台信号发生谐振。

（2）特性阻抗为

$$\rho = \omega_0 L = \sqrt{\frac{L}{C}} = \sqrt{\frac{2.6 \times 10^{-4}}{2.38 \times 10^{-10}}}\ \Omega = 1.05\ \text{k}\Omega$$

品质因数为

$$Q = \frac{X_L}{R} = \frac{2\pi f_0 L}{R} = \frac{\rho}{R} = 105$$

（3）当信号电压为 $10\ \mu\text{V}$ 时，电流为

$$I = I_0 = \frac{U}{R} = \frac{10\ \mu\text{V}}{10\ \Omega} = 1\ \mu\text{A}$$

电容两端电压为

$$U_C = QU = 105 \times 10\ \mu\text{V} = 1.05\ \text{mV}$$

（4）电台频率为 $960\ \text{kHz}$ 时，电路对该频率的阻抗为

$$|Z| = \sqrt{R^2 + X^2} = \sqrt{R^2 + \left(2\pi fL - \frac{1}{2\pi fC}\right)^2} = \sqrt{10^2 + 870^2}\ \Omega \approx 870\ \Omega$$

当信号的感应电压为 $10\ \mu\text{V}$ 时，与该频率对应的电流为

$$I' = \frac{10 \times 10^{-6}}{870}\ \text{A} = 0.0115\ \mu\text{A}$$

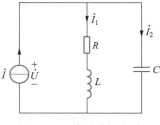

电容上与该频率对应的电压为

$$U_C' = X_C I' = 8.01\ \mu\text{V}$$

可见，电容两端 $640\ \text{kHz}$ 信号与 $960\ \text{kHz}$ 信号相对应的电压比为 131.1。也就是说，$f = 960\ \text{kHz}$ 的电台受到了抑制（同理也抑制了其他电台），只选择了频率为 $640\ \text{kHz}$ 的电台。

图 3-42　并联谐振电路

* **2. 并联谐振**

LC 并联情况下发生的谐振称为并联谐振。下面分析工程中常用的电感线圈与电容器并联的谐振电路，如图 3-42 所示。

（1）谐振条件

由 KCL 得

$$\dot{I} = \dot{I}_1 + \dot{I}_2 = \frac{\dot{U}}{R + j\omega L} + \frac{\dot{U}}{-j\dfrac{1}{\omega C}}$$

$$= \dot{U}\left[\frac{R}{R^2 + \omega^2 L^2} - j\left(\frac{\omega L}{R^2 + \omega^2 L^2} - \omega C\right)\right]$$

谐振时，$\dot{I}$ 与 $\dot{U}$ 同相位，电路为纯电阻性，所以上式中虚部

$$\frac{\omega L}{R^2 + \omega^2 L^2} - \omega C = 0 \tag{3-53}$$

由此式可得谐振频率为

$$\omega_0 = \sqrt{\frac{1}{LC} - \frac{R^2}{L^2}} \quad 或 \quad f_0 = \frac{1}{2\pi}\sqrt{\frac{1}{LC} - \frac{R^2}{L^2}} \tag{3-54}$$

在实际工程中，R 一般只是电感线圈的内阻，$R \ll \omega_0 L$，式中 $\dfrac{R^2}{L^2}$ 项可以忽略，则并联谐振与串联谐振有相同的谐振频率表达式

$$\omega_0 \approx \frac{1}{\sqrt{LC}} \quad 或 \quad f_0 \approx \frac{1}{2\pi\sqrt{LC}} \tag{3-55}$$

（2）并联谐振的特点

① 谐振时的电路阻抗

$$|Z_0| = \frac{R^2 + \omega^2 L^2}{R}$$

为最大值。

由式（3-54）推得 $R^2 + \omega_0^2 L^2 = \dfrac{L}{C}$，可得

$$|Z_0| = \frac{L}{RC} \tag{3-56}$$

其随频率变化的关系如图 3-43 所示。

② 理想电流源供电时，谐振电路的端电压 $U = I|Z_0|$ 也是最大值，其随频率变化的关系也如图 3-43 所示。

③ 谐振时电路的相量关系如图 3-44 所示。可见，$\dot{I}_1$ 的无功分量 $\dot{I}_1' = -\dot{I}_2$，当 $R \ll \omega_0 L$ 时，可近似认为 $\dot{I}_1 \approx -\dot{I}_2 \geqslant \dot{I}$，即电路中的谐振量是电流，故又称电流谐振。

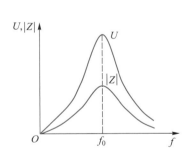

图 3-43　并联谐振的频率特性

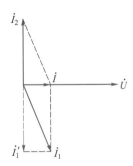

图 3-44　并联谐振时的相量图

这种谐振电路在电子技术中也常作选频使用。电子音响设施中的中频变压器（中周）便是其典型的应用例子。正弦信号发生器，也是利用此电路来选择频率的。

可以推证，此电路的品质因数为（$R \ll \omega_0 L$ 时）

$$Q = \frac{I_2}{I} = \frac{I_1'}{I} \approx \frac{I_1}{I} \approx \frac{\omega_0 L}{R} \approx \frac{1}{\omega_0 RC} \tag{3-57}$$

同样,R 值越小,Q 值越大,其选频特性就越强。

3.5.3　应用:RC 移相电路

实际工程中,为了达到某种特定要求,有时需要修正电路的相位偏差,常采用移相电路来实现。下面介绍的 RC 串联电路,可实现 90°范围内的相位偏移。

图 3-45 所示是 RC 超前移相电路,设电流 i 为参考相量,则电阻电压 u_R 与 i 同相,电容电压 u_C 滞后 i 90°,所以输出电压 u_o 超前于输入电压 u_i 某个相角 θ(正相移),如图 3-46 所示。其中,相角为 $\theta = \arctan \dfrac{X_C}{R}$,当选取不同的 R、C 值时,便可获得 90°范围内所需的相位超前量。如当 $R = X_C$ 时,$\theta = 45°$,即输出电压 u_o 超前于输入电压 u_i 45°。

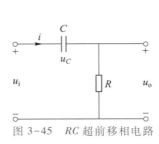

图 3-45　RC 超前移相电路

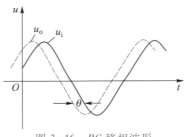

图 3-46　RC 移相波形

将图 3-45 中的 R、C 元件互换位置即可得滞后移相电路,这里不再赘述,同学们可自行分析。

【练习与思考】

3-5-1　在 R、L、C 串联的交流电路中,若 $R = X_L = X_C$,$U = 10$ V,则 U_R 和 U_X 各是多少? 如 U 不变,而改变 f,I 如何变化?

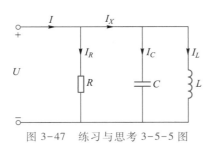

图 3-47　练习与思考 3-5-5 图

3-5-2　处于谐振状态的 RLC 串联电路,若增加电容 C 的值,则电路将呈现何种属性(电感性、电容性、电阻性)?

3-5-3　处于谐振状态的 RLC 并联电路,若减小其 L 值,则电路将呈现何种属性(电感性、电容性、电阻性)?

3-5-4　若图 3-42 中的线圈电阻 R 趋于零,试分析发生谐振时的 $|Z_0|$、I_1、I_2 及 U。

3-5-5　在图 3-47 所示并联交流电路中,若 $R = X_L = X_C$,$I = 10$ A,则 I_R 和 I_X 各是多少? 如 I 不变,而改变 f,U 如何变化?

3.6　非正弦周期电压和电流

3.6.1　非正弦周期信号及其频谱

在电工电子技术领域,除了正弦电压和电流,还会遇到非正弦周期电压和电流,如电子电路中用于连续采样的周期脉冲信号,示波器中用于稳定调节的锯齿波电压,整流电路中的输出电压等,均不是正弦波。即使是交流发电机,由于工艺的限制,它所产生的电压也不会是理想的正弦波,因此,研究非正弦激励电路具有更普遍的意义。

1. 非正弦周期信号

图 3-48 所示为几种典型的非正弦周期信号,它们都能满足狄里赫利条件,故可以将其展开为傅里叶三角级数。

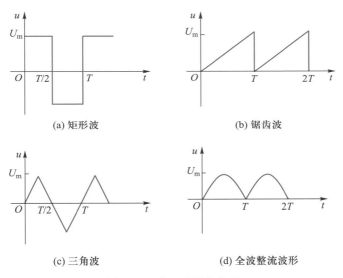

(a) 矩形波　　　　　　　　　　(b) 锯齿波

(c) 三角波　　　　　　　　(d) 全波整流波形

图 3-48　非正弦周期信号

设周期为 T 的某一非正弦信号为 $f(t)$,则其展开的傅里叶级数表达式如下

$$f(t) = A_0 + \sum_{k=1}^{\infty} A_{km} \sin(k\omega t + \varphi_k) \qquad (3-58)$$

式中 A_0 为常数,即直流分量。$A_{1m}\sin(\omega t + \varphi_1)$ 是与非正弦周期信号同频率 $\left(\omega = \dfrac{2\pi}{T}\right)$ 的正弦波,称为基波(或一次谐波),其后各项的频率是基波频率的整数倍,分别称为二次谐波、三次谐波……,统称高次谐波。把非正弦周期信号分解为一系列谐波分量之和组成的傅里叶级数称为谐波分析,它是分析与研究非正弦周期电路的数学基础。

图 3-48 所示的几种非正弦周期电压的傅里叶级数的展开式分别为:

87

（a）矩形波电压

$$u(t) = \frac{4}{\pi} U_{\mathrm{m}} \left(\sin \omega t + \frac{1}{3} \sin 3\omega t + \frac{1}{5} \sin 5\omega t + \cdots \right) \tag{3-59}$$

（b）锯齿波电压

$$u(t) = U_{\mathrm{m}} \left(\frac{1}{2} - \frac{1}{\pi} \sin \omega t - \frac{1}{2\pi} \sin 2\omega t - \frac{1}{3\pi} \sin 3\omega t - \cdots \right) \tag{3-60}$$

（c）三角波电压

$$u(t) = \frac{8 U_{\mathrm{m}}}{\pi^2} \left(\sin \omega t - \frac{1}{9} \sin 3\omega t + \frac{1}{25} \sin 5\omega t - \cdots \right) \tag{3-61}$$

（d）全波整流波形电压

$$u(t) = \frac{2}{\pi} U_{\mathrm{m}} \left(1 - \frac{2}{3} \cos 2\omega t - \frac{2}{15} \cos 4\omega t - \frac{2}{35} \cos 6\omega t - \cdots \right) \tag{3-62}$$

由上可见,各次谐波的幅值是不等的,频率越高,则幅值越小,说明傅里叶级数具有收敛性。直流分量、基波及接近基波的高次谐波是非正弦周期量的主要组成部分。实际应用中,只需考虑直流成分和前几次谐波就够了,即其主要成分在低频分量中。

2. 频谱

利用频谱图表示各谐波分量的相对大小和初相位,既方便又直观。频谱图的横坐标为角频率 $k\omega_1$,纵向是一条条垂直于横轴的线段,称为谱线,谱线的高度表示相应量 A_{km} 或 φ_k 的大小。依其纵坐标的含义,频谱图又分为幅度频谱和相位频谱,如图 3-49 所示。显然,傅里叶级数对应的频谱图中的谱线均位于 ω_1 的整数倍位置处,这是一个离散的频谱。在研究信号的传输和系统设计时,频谱图具有十分重要的意义。

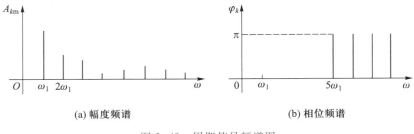

<table>
<tr><td>(a) 幅度频谱</td><td>(b) 相位频谱</td></tr>
</table>

图 3-49　周期信号频谱图

3.6.2　有效值、平均值和平均功率

在实际工程中,非正弦周期电压和电流的有效值、平均值和平均功率具有十分重要的意义。

1. 有效值

由周期信号有效值的定义,非正弦周期电流 $i(t)$ 的有效值 I 为其均方根值,即

$$I = \sqrt{\frac{1}{T}\int_0^T i^2 \mathrm{d}t} = \sqrt{I_0^2 + I_1^2 + I_2^2 + \cdots} \qquad (3\text{-}63)$$

式中 $I_1 = \dfrac{I_{1m}}{\sqrt{2}}, I_2 = \dfrac{I_{2m}}{\sqrt{2}}, \cdots$ 分别为基波、二次谐波等的有效值。

同理,非正弦周期电压的有效值为

$$U = \sqrt{U_0^2 + U_1^2 + U_2^2 + \cdots} \qquad (3\text{-}64)$$

式(3-63)和(3-64)表明:非正弦周期电流或电压的有效值,等于其直流分量平方与各次谐波有效值平方之和的平方根。

2. 平均值

在实践中还用到平均值的概念,其定义为

$$\left.\begin{array}{l} I_{\mathrm{av}} = \dfrac{1}{T}\int_0^T \mid i(t) \mid \mathrm{d}t \\[4mm] U_{\mathrm{av}} = \dfrac{1}{T}\int_0^T \mid u(t) \mid \mathrm{d}t \end{array}\right\} \qquad (3\text{-}65)$$

由于被积函数是电流或电压的绝对值,因此该平均值不同于一般函数的数学平均值。

为了表示不同波形的非正弦量的特征,还引入波形因数的概念,定义为其有效值与平均值之比,即

$$K_{\omega i} = \frac{I}{I_{\mathrm{av}}}, \qquad K_{\omega u} = \frac{U}{U_{\mathrm{av}}} \qquad (3\text{-}66)$$

波形因数是一个恒大于或等于 1 的数。

例 3-12 求图 3-50 所示半波整流和全波整流电压的波形因数。

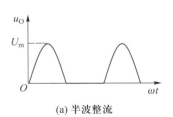 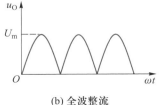

(a) 半波整流　　　　　　(b) 全波整流

图 3-50　例 3-12 图

解: 正弦电压 $u = U_{\mathrm{m}}\sin \omega t$ 被半波整流后的平均值为

$$U_{\mathrm{av}} = \frac{1}{T}\int_0^{T/2} U_{\mathrm{m}}\sin \omega t \mathrm{d}t = \frac{1}{\pi}U_{\mathrm{m}} = 0.318U_{\mathrm{m}}$$

有效值为

$$U = \sqrt{\frac{1}{T}\int_0^{T/2} U_{\mathrm{m}}^2 \sin^2 \omega t \mathrm{d}t} = 0.5U_{\mathrm{m}}$$

波形因数为

$$K_{\omega u} = \frac{U}{U_{\mathrm{av}}} = \frac{0.5U_{\mathrm{m}}}{0.318U_{\mathrm{m}}} = 1.57$$

全波整流有效值与原正弦波的有效值相同,$U = \dfrac{1}{\sqrt{2}}U_{\mathrm{m}}$,而平均值为半波整流的 2 倍,即

$$U_{\mathrm{av}} = \frac{2}{\pi}U_{\mathrm{m}} = 0.637U_{\mathrm{m}}$$

$$K_{\omega u} = \frac{U}{U_{\mathrm{av}}} = \frac{\frac{1}{\sqrt{2}}U_{\mathrm{m}}}{\frac{2}{\pi}U_{\mathrm{m}}} = 1.11$$

3. 平均功率

对任一端口电路而言,该电路吸收的瞬时功率为

$$p(t) = u(t)i(t)$$

非正弦周期电路中的平均功率为

$$P = \frac{1}{T}\int_0^T p\,\mathrm{d}t = \frac{1}{T}\int_0^T u(t)i(t)\,\mathrm{d}t$$

将展为傅里叶级数的

$$u = U_0 + \sum_{k=1}^{\infty} U_{km}\sin(k\omega t + \psi_k)$$

$$i = I_0 + \sum_{k=1}^{\infty} I_{km}\sin(k\omega t + \psi_k - \varphi_k)$$

代入,可推证得

$$P = P_0 + \sum_{k=1}^{\infty} P_k = U_0 I_0 + \sum_{k=1}^{\infty} U_k I_k \cos\varphi_k = P_0 + P_1 + P_2 + \cdots \tag{3-67}$$

由上式可知:非正弦周期电路的平均功率等于其直流分量的功率与各次谐波的平均功率之和。

例 3-13　全波整流的电压波形如图 3-51(a)所示,它的傅里叶展开式为

$$u(t) = \frac{2}{\pi}U_{\mathrm{m}}\left(1 - \frac{2}{3}\cos 2\omega t - \frac{2}{15}\cos 4\omega t - \frac{2}{35}\cos 6\omega t - \cdots\right)$$

其中 $U_{\mathrm{m}} = 310\ \mathrm{V}$,$\omega = 314\ \mathrm{rad/s}$。受其作用的电路如 3-51(b)所示,其中 $L = 5\ \mathrm{H}$,$C = 32\ \mu\mathrm{F}$,$R = 2\ \mathrm{k}\Omega$,求 $u_R(t)$ 及其有效值 U_R。

解:由傅里叶展开式得

$$U_0 = \frac{2}{\pi}U_{\mathrm{m}} = 197\ \mathrm{V}$$

$$\dot{U}_2 = \frac{4}{3\pi\sqrt{2}}U_{\mathrm{m}}\angle{-90°} = \frac{132}{\sqrt{2}}\angle{-90°}\ \mathrm{V}$$

$$\dot{U}_4 = \frac{26}{\sqrt{2}}\angle{-90°}\ \mathrm{V}$$

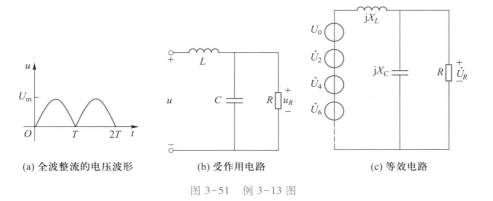

图 3-51 例 3-13 图

图 3-51(c)为其等效电路图。对直流分量来讲,L 相当于短路,C 相当于开路,所以

$$U_{R_0} = U_0 = 197 \text{ V}$$

对二次谐波来说

$$\dot{U}_{R_2} = \frac{R \text{//} \dfrac{1}{\text{j}2\omega C}}{\text{j}2\omega L + \left(R \text{//} \dfrac{1}{\text{j}2\omega C} \right)} \dot{U}_2 = \frac{2.24}{\sqrt{2}} \angle 91.5° \text{ V}$$

则 $u_{R_2} = 2.24\sin(2\omega t + 91.5°)$ V。

对四次谐波

$$\dot{U}_{R_4} = \frac{R \text{//} \dfrac{1}{\text{j}4\omega C}}{\text{j}4\omega L + \left(R \text{//} \dfrac{1}{\text{j}4\omega C} \right)} \dot{U}_4 = \frac{0.11}{\sqrt{2}} \angle 90.9° \text{ V}$$

则 $u_{R_4} = 0.11\sin(4\omega t + 90.9°)$ V。

将上述结果叠加,得

$$u_R(t) = u_{R_0} + u_{R_2} + u_{R_4} + \cdots$$
$$= [197 + 2.24\sin(2\omega t + 91.5°) + 0.11\sin(4\omega t + 90.9°) + \cdots] \text{ V}$$

有效值为

$$U_R = \sqrt{U_{R_0}^2 + U_{R_2}^2 + U_{R_4}^2 + \cdots}$$
$$= \sqrt{197^2 + \left(\frac{2.24}{\sqrt{2}} \right)^2 + \left(\frac{0.11}{\sqrt{2}} \right)^2 + \cdots} \approx 197 \text{ V}$$

【练习与思考】

3-6-1 若非正弦周期信号为电流形式,则其傅里叶展开后的等效电源应如何表示?

3-6-2 非正弦周期电压和电流的有效值是否等于直流分量和各次谐波的有效值之和?

3-6-3 波形因数相同的两个非正弦周期电流,其波形是否一定一样?

3-6-4　已知某电阻两端的电压 $u(t)=[10+5\sqrt{2}\sin(\omega_1 t+15°)+2\sqrt{2}\sin(3\omega_1 t+30°)]$ V，通过该电阻的电流为 $i(t)=[2+\sqrt{2}\sin(\omega_1 t+15°)+0.4\sqrt{2}\sin(3\omega_1 t+30°)]$ A，试求电压与电流的有效值以及电阻吸收的平均功率。

3.7　三相交流电路

三相交流电路是由三个频率相同、幅值相同、相位依次相差 120° 的电源组成的供电系统。与单相电路相比较，三相电路在发电、输电和用电方面有很多优点。例如相同尺寸的三相发电机，其容量比单相发电机大 50%；传输电能时，在输送相同功率情况下，三相输电线比单相输电线可节省 25% 的有色金属；配电方面，三相变压器比单相变压器经济，且可接入单相和三相两类负载。因此，三相电路在电力系统中占有重要地位，目前世界各国电力系统普遍采用的依然是三相制供电方式。

3.7.1　三相交流电源

1. 对称三相电动势

对称三相电动势是由三相交流发电机产生的。三相交流发电机示意图如图 3-52 所示，其由定子和转子组成。定子是指发电机中固定的部分，在定子上有三个完全相同、彼此空间相差 120° 的绕组，分别用 U_1-U_2、V_1-V_2、W_1-W_2 表示，三相绕组对称分布在定子凹槽内，其绕制方式与图 3-53 所示相同。发电机中绕轴转动部分称为转子，由一对形状特殊的磁极组成，当转子（磁极）由原动机带动，以角速度 ω 匀速旋转时，就会分别产生三个幅值相等、频率相同、相位上相差 120° 的三相交变感应电动势（三相对称电动势），规定其参考方向为末端指向始端。若以 e_1 为参考量，则

$$\left.\begin{aligned} e_1 &= E_m \sin \omega t \\ e_2 &= E_m \sin(\omega t - 120°) \\ e_3 &= E_m \sin(\omega t + 120°) \end{aligned}\right\} \qquad (3\text{-}68)$$

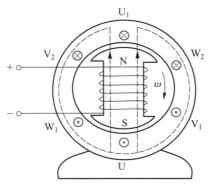

图 3-52　三相交流发电机示意图

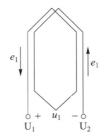

图 3-53　每相电枢绕组

其波形如图 3-54 所示。不难证明

$$e_1 + e_2 + e_3 = 0 \tag{3-69}$$

由此可知,产生上述对称三相电动势的三相电源称为三相对称电源。

三相电源达到同一值(零值或幅值)的先后顺序,称为三相电源的相序。在图 3-52 中,转子磁极按顺时针旋转,三相感应电动势依次滞后 120°,其相序为 U→V →W,称为顺序(正序);若转子磁极逆时针旋转,则其相序为 U→W→V,称为逆序(负序)。工程上通用的相序为顺序,工厂配电室中常将 U 相、V 相和 W 相母线分别涂成黄色、绿色、红色,表示它们的相序。

三相感应电动势以有效值相量表示,则为

$$\left. \begin{aligned} \dot{E}_1 &= E \angle 0° = E \\ \dot{E}_2 &= E \angle -120° = E\left(-\frac{1}{2} - j\frac{\sqrt{3}}{2}\right) \\ \dot{E}_3 &= E \angle +120° = E\left(-\frac{1}{2} + j\frac{\sqrt{3}}{2}\right) \end{aligned} \right\} \tag{3-70}$$

更易看出

$$\dot{E}_1 + \dot{E}_2 + \dot{E}_3 = 0 \tag{3-71}$$

其相量图如图 3-55 所示。

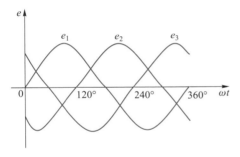
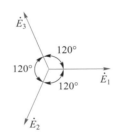

图 3-54 三相对称电源的波形   图 3-55 三相感应电动势相量图

2. 三相电源绕组的联结

三相交流电源绕组的联结方式有两种:星形和三角形。

(1) 三相电源的星形(Y)联结

如图 3-56 所示,三个绕组末端 U_2、V_2、W_2 连在一起,称为中性点或零点。由中性点引出的导线称为中性线,俗称零线;三个始端 U_1、V_1、W_1 作为与外电路相连接的端点,由端点引出的导线称为相线或端线,俗称火线。这种具有中性线的三相供电系统称为三相四线制,如果不引出中性线则称为三相三线制。

在三相电路中,每相绕组的端电压 $\dot{U}_1$、$\dot{U}_2$、$\dot{U}_3$ 称为相电压,有效值用 U_p 表示;任意两条相线间电压 $\dot{U}_{12}$、$\dot{U}_{23}$、$\dot{U}_{31}$,称为线电压,有效值用 U_l 表示。相电压的参考方向和电动势的方向相反,由绕组的始端指向末端;线电压的参考方向,例如 $\dot{U}_{12}$,则由 L_1 端指向 L_2 端,如图 3-56 中所示,由图可得

$$\left.\begin{array}{l}\dot{U}_{12}=\dot{U}_1-\dot{U}_2\\[2pt]\dot{U}_{23}=\dot{U}_2-\dot{U}_3\\[2pt]\dot{U}_{31}=\dot{U}_3-\dot{U}_1\end{array}\right\}\qquad(3-72)$$

由于三相电动势是对称的,所以三相相电压也是对称的,作相量图 3-57。可见其线电压也是对称的,在相位上超前相应的相电压 30°。且由其几何关系可得

$$U_1=\sqrt{3}\,U_p \qquad (3-73)$$

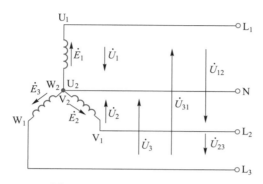

图 3-56　三相电源的星形联结

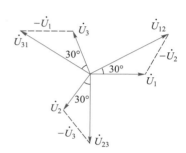

图 3-57　相、线电压相量图

（2）三相电源的三角形（△）联结

将三相绕组首尾相接,即 U_2 与 V_1,V_2 与 W_1,W_2 与 U_1 相连,再从连接点引出三条线向外端供电,图 3-58 所示为三相电源的三角形联结。

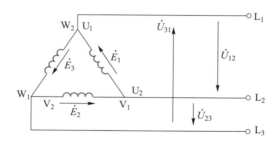

图 3-58　三相电源的三角形联结

显然,三角形联结的三相电源线电压等于相电压,但线电流不等于相电流。

如果三相电源对称,则三相电压的相量和为零,即

$$\dot{U}_1+\dot{U}_2+\dot{U}_3=0$$

则电源内部没有环流。但如果某绕组接反(如 W_1W_2 绕组),则三角形回路的总电压为

$$\dot{U}=\dot{U}_1+\dot{U}_2-\dot{U}_3=-2\dot{U}_3$$

此时,在三角形回路中,有一个大小等于相电压两倍的电源存在,由于绕组本身阻抗小,回路将产生很大的环流,电源有烧毁的危险。实际电源的三相电动势不是

理想的对称三相电动势,它们的和并不绝对等于零,故三相电源通常连接成星形,而不连接成三角形。

3.7.2 负载的星形(Y)联结

三相负载的联结方式也有两种,即星形和三角形联结。负载星形联结的三相四线制电路如图 3-59 所示,三相负载分别为 Z_1、Z_2、Z_3,由于中性线的存在,负载的相电压即为电源的相电压,负载中通过的电流(相电流)等于相线中的电流(线电流)。

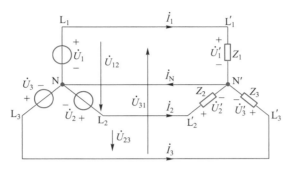

图 3-59 负载星形联结

下面分负载对称与不对称两种情况进行讨论。

1. 负载对称时的 Y 联结

所谓对称负载,是指三相负载阻抗完全相同,即 $Z_1 = Z_2 = Z_3 = |Z| \angle \varphi$。一般的三相电气设备,大都是(如三相电动机)对称负载。

设 $\dot{U}_1$ 为参考相量,则

$$\left.\begin{array}{l} \dot{I}_1 = \dfrac{\dot{U}_1}{Z_1} = \dfrac{U_\mathrm{p} \angle 0°}{|Z| \angle \varphi} = \dfrac{U_\mathrm{p}}{|Z|} \angle -\varphi = I_\mathrm{p} \angle -\varphi \\[3mm] \dot{I}_2 = \dfrac{\dot{U}_2}{Z_2} = \dfrac{U_\mathrm{p} \angle -120°}{|Z| \angle \varphi} = \dfrac{U_\mathrm{p}}{|Z|} \angle -120°-\varphi = I_\mathrm{p} \angle -120°-\varphi \\[3mm] \dot{I}_3 = \dfrac{\dot{U}_3}{Z_3} = \dfrac{U_\mathrm{p} \angle 120°}{|Z| \angle \varphi} = \dfrac{U_\mathrm{p}}{|Z|} \angle 120°-\varphi = I_\mathrm{p} \angle 120°-\varphi \end{array}\right\} \quad (3-74)$$

设 $\varphi > 0$,相量图如图 3-60 所示。因三相电流也对称,只需计算其中一相即可。中性线电流为

$$\dot{I}_\mathrm{N} = \dot{I}_1 + \dot{I}_2 + \dot{I}_3 = 0$$

显然,在电源和负载都对称的情况下,负载的中性点 N′ 与电源中性点 N 等电位,中性线完全可以省去,故三相对称电路为三相三线制电路。

例 3-14 有一电源和负载均为星形联结的对称三相电路,已知电源相电压为 220 V,负载每相阻抗

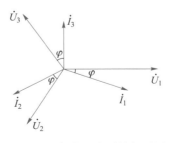

图 3-60 负载对称时的相量图

$Z = 10\underline{/10°}\ \Omega$，试求负载的相电流和线电流。

解：设 $\dot{U}_1$ 电压初相位为零，则

$$\dot{U}_1 = 220\underline{/0°}\ \text{V}$$

因三相电路对称且为星形联结，电源的相电压即为负载的相电压，负载的相电流与线电流相等，且只需计算一相即可。所以

$$\dot{I}_{p1} = \dot{I}_{l1} = \frac{\dot{U}_1}{Z} = \frac{220\underline{/0°}}{10\underline{/10°}}\ \text{A} = 22\underline{/-10°}\ \text{A}$$

其他两相电流为

$$\dot{I}_{p2} = \dot{I}_{l2} = 22\underline{/-130°}\ \text{A}$$

$$\dot{I}_{p3} = \dot{I}_{l3} = 22\underline{/110°}\ \text{A}$$

各相线电流的有效值为 22 A。

2. 负载不对称时的 Y 联结

三相负载不完全相同时，称为不对称负载。在三相四线制电路中，由于有中性线，则负载的相电压总是等于电源的相电压，可分别计算各相电流。此时负载的相电压对称，但相电流不对称，中性线电流等于三个相电流的相量和，即

$$\dot{I}_N = \dot{I}_1 + \dot{I}_2 + \dot{I}_3 \neq 0$$

由于中性线有电流，故不能取消。而对于负载不对称且无中性线的情况，则属于故障现象。

下面通过例题进一步说明中性线的作用。

例 3-15　在图 3-61 的电路中，$U_1 = 380$ V，三相电源对称，负载为白炽灯（白炽灯的额定电压为 220 V），电阻分别为 $R_1 = 11\ \Omega$，$R_2 = R_3 = 22\ \Omega$。求：（1）负载的相电流与中性线电流；（2）若 L_1 相短路，求负载的相电压；（3）L_1 相短路而中性线又断开时（图 3-62），求负载的相电压。

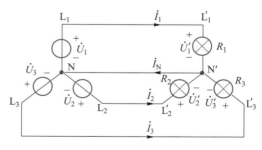

图 3-61　例 3-15 图

解：（1）因有中性线，迫使负载相电压对称且等于电源相电压，$U_p = \dfrac{U_1}{\sqrt{3}} = 220$ V，以 $\dot{U}_1$ 为参考，则

$$\dot{I}_1 = \frac{\dot{U}_1}{R_1} = 20 \angle 0° \text{ A}$$

$$\dot{I}_2 = \frac{\dot{U}_2}{R_2} = 10 \angle -120° \text{ A}$$

$$\dot{I}_3 = \frac{\dot{U}_3}{R_3} = 10 \angle 120° \text{ A}$$

中性线电流 $\dot{I} = \dot{I}_1 + \dot{I}_2 + \dot{I}_3 = 10 \angle 0°$ A。

作相量图如图 3-63 所示。

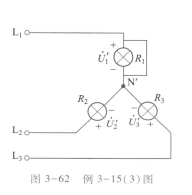

图 3-62 例 3-15(3)图   图 3-63 例 3-15 相量图

（2）L_1 相短路,对应的负载电压为零,由于中性线的存在,L_2 相和 L_3 相未受影响,其电压仍为 220 V。

（3）L_1 相短路而中性线又断开时,由图 3-62 电路可见,此时负载中性点 N′ 即为 L_1,因此各相负载电压为

$$U_1' = 0, \qquad U_2' = U_3' = 380 \text{ V}$$

在这种情况下,R_2、R_3 上的电压都远远超过了白炽灯的额定电压,属于故障情况,是不允许的。

3. 应用举例:相序指示器

工程中很多三相负载需要按照正确的相序接至三相电源,否则负载将不能正常工作,甚至酿成事故。图 3-64(a)所示是一个简单的相序指示器,可以用来测定三相电源的相序 U、V、W。该电路实质是一个不对称星形联结的三相电路,它由一个电容和两个相同的白炽灯组成。已知 $\dot{U}_1 = 220 \angle 0°$ V,电源对称,设 $\frac{1}{\omega C} = R$,如果电容所接的是 U 相,则灯光较亮的是 V 相。下面通过计算说明该相序测定电路的原理。

以电源的中性点 N 为参考点,利用节点电压法求负载中性点电压

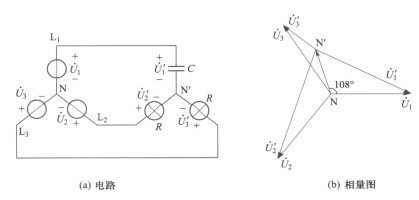

(a) 电路   (b) 相量图

图 3-64 相序指示器

$$\dot{U}_{N'N} = \frac{\dfrac{\dot{U}_1}{-jX_c}+\dfrac{\dot{U}_2}{R}+\dfrac{\dot{U}_3}{R}}{\dfrac{1}{-jX_c}+\dfrac{1}{R}+\dfrac{1}{R}} = \frac{\dfrac{220\angle 90°}{R}+\dfrac{220\angle -120°}{R}+\dfrac{220\angle 120°}{R}}{\dfrac{j}{R}+\dfrac{1}{R}+\dfrac{1}{R}}$$

$$= (-44+j132)\ V = 139\angle 108°\ V$$

由 KVL 可知，各相负载的相电压为

$$\dot{U}_1' = \dot{U}_1 - \dot{U}_{N'N} = 295\angle -26.7°\ V$$

$$\dot{U}_2' = \dot{U}_2 - \dot{U}_{N'N} = 330\angle -102°\ V$$

$$\dot{U}_3' = \dot{U}_3 - \dot{U}_{N'N} = 89\angle 138°\ V$$

由计算结果可画出相量图，如图 3-64(b)所示，由于 $U_2 > U_3$，故上述电路中 L_1、L_2、L_3 对应的相序为 U、V、W。

由上面所举的几个例题可见，负载不对称又无中性线时，中性点电压 $\dot{U}_{N'N}$ 就不等于零，即负载的中性点由 N 移动到 N′点，这种现象称为负载的中性点位移。负载不对称的程度越大，则中性点位移越大，尤其当某一相负载发生开路或短路故障时，负载电压的不平衡情况将更严重，会影响负载的正常运行，甚至造成严重的事故。因此，为保证三相负载的相电压对称，中性线必须存在，中性线的作用是使星形联结的不对称负载的相电压对称，中性线上不允许装开关和熔断器，且中性线应该使用强度较大的导线或埋入地下，以防其断开。

3.7.3 负载的三角形(△)联结

如果将三相负载首尾相接，再将三个连接点与三相电源端线 L_1、L_2、L_3 相接，则构成负载的三角形联结，如图 3-65 所示。电压与电流的参考方向如图中所标，由图可见，三相负载的电压即为电源的线电压，且无论负载对称与否，电压总是对称的，或者说

$$U_p = U_1 \tag{3-75}$$

而三个负载中电流 $\dot{I}_{12}$、$\dot{I}_{23}$、$\dot{I}_{31}$（相电流）与三条相线中电流 $\dot{I}_1$、$\dot{I}_2$、$\dot{I}_3$（线电流）间的关系，据 KCL 有

$$\left.\begin{array}{l} \dot{I}_1 = \dot{I}_{12} - \dot{I}_{31} \\ \dot{I}_2 = \dot{I}_{23} - \dot{I}_{12} \\ \dot{I}_3 = \dot{I}_{31} - \dot{I}_{23} \end{array}\right\} \tag{3-76}$$

1. 负载对称时的 △ 联结

三相负载对称时，$Z_1 = Z_2 = Z_3 = |Z| \underline{/\varphi}$，则三个相电流

$$I_{\mathrm{p}} = I_{12} = I_{23} = I_{31} = \frac{U_{\mathrm{p}}}{|Z|} = \frac{U_1}{|Z|} \tag{3-77}$$

也是对称的，即相位互差 120°。若以 $\dot{I}_{12}$ 为参考，则其相量图如图 3-66 所示。由式（3-76），作出三个线电流也如图 3-66 所示，可见其也是对称的，且线电流比相应的相电流滞后 30°。

$$I_1 = \sqrt{3} I_{\mathrm{p}} \tag{3-78}$$

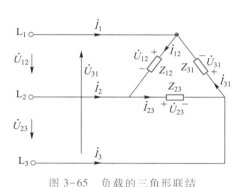

图 3-65 负载的三角形联结   图 3-66 相、线电流相量图

2. 负载不对称时的 △ 联结

负载不对称时，尽管三个相电压对称，但三个相电流因阻抗不同而不再对称，式（3-78）的关系不再成立，只能逐相计算，并依式（3-76）计算各线电流。

由上述可知，在负载为三角形联结时，相电压对称。若某一相负载断开，并不影响其他两相的工作。

例 3-16 在图 3-67（a）所示的三相对称电路中，电源线电压为 380 V。负载 $Z_Y = 22 \underline{/-30°}\ \Omega$，负载 $Z_\triangle = 38 \underline{/60°}\ \Omega$，求：（1）Y 联结的负载相电压；（2）△ 联结的负载相电流；（3）线路电流 $\dot{I}_1$、$\dot{I}_2$、$\dot{I}_3$。

解：   （1）$U_1 = U_2 = U_3 = \dfrac{U_1}{\sqrt{3}} = 220\ \mathrm{V}$

99

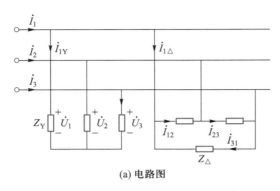
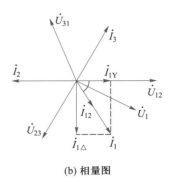

(a) 电路图　　　　　　　　　(b) 相量图

图 3-67　例 3-16 图

（2）$I_{12} = I_{23} = I_{31} = \dfrac{U_1}{|Z_\triangle|} = 10 \text{ A}$

（3）设 $\dot{U}_{12} = 380 \underline{/0°}$ V，则 $\dot{U}_1 = 220 \underline{/-30°}$ V（由于对称，只取一相便可）。Y 联结时相电流（线电流）为

$$\dot{I}_{1Y} = \frac{\dot{U}_1}{Z_Y} = \frac{220 \underline{/-30°}}{22 \underline{/-30°}} \text{ A} = 10 \underline{/0°} \text{ A}$$

△联结时相电流为

$$\dot{I}_{12} = \frac{\dot{U}_{12}}{Z_\triangle} = \frac{380 \underline{/0°}}{38 \underline{/60°}} \text{ A} = 10 \underline{/-60°} \text{ A}$$

则△联结时线电流为

$$\dot{I}_{1\triangle} = 10\sqrt{3} \underline{/-90°} \text{ A}$$

故线路电流为

$$\dot{I}_1 = \dot{I}_{1Y} + \dot{I}_{1\triangle} = (10 \underline{/0°} + 10\sqrt{3} \underline{/-90°}) \text{ A} = 20 \underline{/-60°} \text{ A}$$

根据对称性有

$$\dot{I}_2 = 20 \underline{/-180°} \text{ A}, \quad \dot{I}_3 = 20 \underline{/60°} \text{ A}$$

作相量图如图 3-67（b）所示。

3.7.4　三相电路的功率

1. 有功功率

单相电路的有功功率 $P = UI\cos\varphi = U_pI_p\cos\varphi$，三相电路无疑是三个单相的组合，故三相电路的有功功率为各相有功功率之和，即

$$P = P_1 + P_2 + P_3 = U_{1p}I_{1p}\cos\varphi_1 + U_{2p}I_{2p}\cos\varphi_2 + U_{3p}I_{3p}\cos\varphi_3 \tag{3-79}$$

当三相负载对称时

$$P = 3P_1 = 3U_pI_p\cos\varphi \tag{3-80}$$

式中 φ 是每相负载 U_p 与 I_p 间的相位差，即负载的阻抗角。

一般为方便起见，常用线电压 U_1 和线电流 I_1 计算三相对称负载的功率。当负

100

载星形联结时,$U_1=\sqrt{3}\,U_p$,$I_1=I_p$;负载三角形联结时,$U_1=U_p$,$I_1=\sqrt{3}\,I_p$。将上述关系代入式(3-80)可得

$$P=\sqrt{3}\,U_1I_1\cos\varphi \qquad (3-81)$$

φ 仍为每相负载相电压与相电流的相位差。

但需注意的是,这样表达并非负载接成 Y 联结或 △ 联结时功率相等。可以证明,U_1 一定时,同一负载接成 Y 联结时的功率 P_Y 与接成 △ 联结时的功率 $P_\triangle$ 间的关系为

$$P_\triangle=3P_Y \qquad (3-82)$$

2. 无功功率与视在功率

与有功功率的研究方法类似,负载不对称时三相无功功率为

$$Q=Q_1+Q_2+Q_3 \qquad (3-83)$$

负载对称时

$$Q=\sqrt{3}\,U_1I_1\sin\varphi \qquad (3-84)$$

三相视在功率为

$$S=\sqrt{P^2+Q^2}=\sqrt{3}\,U_1I_1 \qquad (3-85)$$

例 3-17 某三相对称负载 $Z=(6+j8)\ \Omega$,接于线电压 $U_1=380$ V 的三相对称电源上。(1)试求负载星形联结时的有功功率、无功功率、视在功率;(2)试求负载三角形联结时的有功功率、无功功率、视在功率,并比较结果。

解:三相对称负载 $Z=(6+j8)\ \Omega=10\underline{/53.13°}\ \Omega$。

(1)负载星形联结时

$$U_p=\frac{U_1}{\sqrt{3}}=\frac{380}{\sqrt{3}}\ \text{V}=220\ \text{V},\quad I_1=I_p=\frac{U_p}{|Z|}=\frac{220}{10}\ \text{A}=22\ \text{A}$$

三相有功功率为

$$P=\sqrt{3}\,U_1I_1\cos\varphi=\sqrt{3}\times380\times22\cos53.13°\ \text{W}=8.688\ \text{kW}$$

三相无功功率为

$$Q=\sqrt{3}\,U_1I_1\sin\varphi=\sqrt{3}\times380\times22\sin53.13°\ \text{var}=11.58\ \text{kvar}$$

三相视在功率为

$$S=\sqrt{3}\,U_1I_1=\sqrt{3}\times380\times22\ \text{V}\cdot\text{A}=14.48\ \text{kV}\cdot\text{A}$$

(2)负载三角形联结时

$$U_1=U_p=380\ \text{V},\quad I_p=\frac{U_p}{|Z|}=\frac{380}{10}\ \text{A}=38\ \text{A},\quad I_1=\sqrt{3}\,I_p=65.82\ \text{A}$$

三相有功功率为

$$P=\sqrt{3}\,U_1I_1\cos\varphi=\sqrt{3}\times380\times65.82\cos53.13°\ \text{W}=26\ \text{kW}$$

三相无功功率为

$$Q=\sqrt{3}\,U_1I_1\sin\varphi=\sqrt{3}\times380\times65.82\sin53.13°\ \text{var}=34.66\ \text{kvar}$$

三相视在功率为 $S=\sqrt{3}\,U_1I_1=\sqrt{3}\times380\times65.82\ \text{V}\cdot\text{A}=43.32\ \text{kV}\cdot\text{A}$

由上可见,当电源的线电压相同时,负载三角形联结时的功率是星形联结时的 3 倍。为了保证上述相同负载得到相同的功率,必须改变线电压值,即 $U_1 = 380$ V 时采用星形联结,$U_1 = 220$ V 时采用三角形联结,这样负载的相电压、相电流不变,得到的功率就不变。

【练习与思考】

3-7-1　若将图 3-52 所示的发电机 U 相绕组的始末端倒置,试分析各相、线电压的变化情况。

3-7-2　某单位一座三层住宅楼采用三相四线制供电线路,每层各使用其中一相。有一天,突然二、三层的照明灯都暗淡下来,一层仍正常,试分析故障点在何处?若三层比二层更暗些,又是什么原因?

3-7-3　试写出同一三相对称负载 Y 联结和 △ 联结功率相等时的线电压间关系式。

3.8　安全用电技术

安全用电是保证人身安全和设备安全的关键。在实际工程和日常生活中,由于环境的恶劣或电气设备使用不当,容易发生各种电气事故,因此,我们必须了解一些安全用电的常识与技术,并采取各种预防措施及保护装置,确保用电安全。

3.8.1　触电的危险及预防措施

当人体触及带电导体有电流通过人体,或有较大的电弧烧到人体时,称为触电。前者称为电击,后者称为电烧伤。电击是指人触及带电导体,电流通过人体内部,引起人体生理、病理的变化,造成人体内部组织的损伤和破坏,甚至残废或死亡。电伤是指人触及(接近)高压带电体,高压带电体对人体进行弧光放电,烧伤人体皮肤等现象。触电时对人体的损伤程度与电流的大小、种类、电压、接触部位、持续时间及人体的健康状况等均有密切关系。

1. 安全电流与安全电压

通过人体的电流一般不能超过 $7 \sim 10$ mA,有的人对 5 mA 的电流就有感觉,当通过人体的电流在 30 mA 以上时,就有生命危险。36 V 以下的电压,一般不会在人体中产生超过 30 mA 的电流,故把 36 V 以下的电压称为安全电压。当然,触电的后果还与触电持续时间及触电部位有关,触电时间愈长愈危险。

2. 触电方式

按人体触及带电导体的形式及电流通过人体的途径,触电方式可分为单相触电、两相触电、间接触电、跨步电压触电和剩余电荷触电等。触电方式如图 3-68 所示。其中图 3-68(a)为两相触电,是最危险的触电方式,人体将直接承受电源线电压,但这种情况不常见。图 3-68(b)为典型的单相触电,人体承受电源的相电压,也是很危险的。即使电源的中性点不接地,因为导线与大地之间存在分布电容,也会有电流经人体与另外两相构成通路,如图 3-68(c)所示。另外还有跨步电压触电,当有电线落地时,有电流流入大地,在接地点周围产生电压降。当人体接近接地点时,两脚之间承受跨步电压而触电。在高压输电线路中,其足以危及人身安全,也是很危险的。

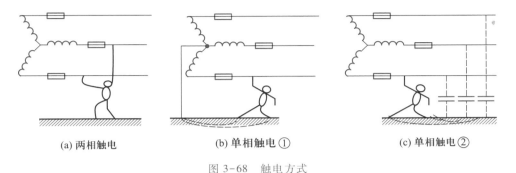

（a）两相触电　　　　（b）单相触电①　　　　（c）单相触电②

图 3-68　触电方式

3. 接地和接零

为了防止电气设备意外带电造成人体触电事故和保证电气设备正常运行,要求电气设备采取接地措施。按接地目的不同,主要分为工作接地、保护接地和保护接零三种。

（1）工作接地

电力系统由于运行和安全的需要,常将中性点接地,这种接地方式称为工作接地,如图 3-69 所示,其作用是保持系统电位的稳定性,降低人体的接触电压,降低电气设备和输电线路的绝缘水平,减轻高压窜入低压等故障条件下所产生过电压的危险性,并迅速切断故障设备。

（2）保护接地

对中性点不接地的供电系统,将电气设备的外壳用足够粗的导线与接地体可靠连接,称为保护接地。如图 3-70 所示。

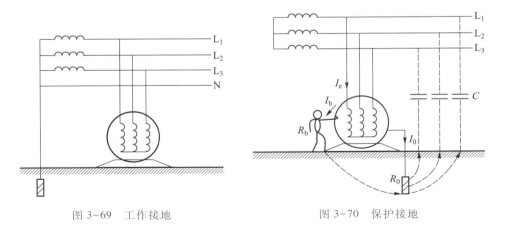

图 3-69　工作接地　　　　　　图 3-70　保护接地

当电气设备的某相绕组因绝缘损坏而与外壳相碰时,由于其外壳与大地有良好接触,所以人体触及带电的外壳时,仅仅相当于一条电阻（R_b）很大的支路（大于 1 kΩ）与接地体并联,而接地体电阻 R_0（规定不大于 4 Ω）很小,人体中几乎无电流流过,从而大大减少了触电的危险。

（3）保护接零

对中性点接地的三相四线制供电系统,还需将电气设备的外壳与电源的零线连接起来,这样的连接叫保护接零,如图 3-71 所示。

当电气设备某一相的绝缘损坏而与外壳相接时,形成单相短路,短路电流能促使线路上的保护装置迅速动作,使故障点脱离电源,消除人体触及外壳时的触电危险。

需要指出的是,在中性点接地的供电系统中,若只采用保护接地和工作接地是不能可靠地防止触电事故的,如图 3-72 所示。当绝缘设备损坏时,接地电流

$$I_e = \frac{U_p}{R_0 + R_0'}$$

式中 U_p 为系统的相电压,R_0、R_0' 分别为保护接地和工作接地的接地电阻。

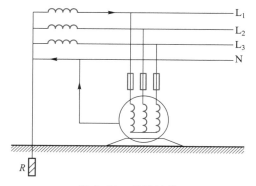

图 3-71　保护接零

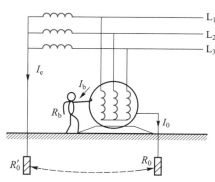

图 3-72　保护接地和工作接地的
不安全原理

若 $R_0 = R_0' = 4\ \Omega$,则其对地电压

$$U_e = \frac{U_p}{R_0 + R_0'}R_0 = \frac{U_p}{2}$$

接地电流

$$I_e = \frac{U_p}{R_0 + R_0'} = \frac{U_p}{2R_0}$$

若供电系统相电压为 220 V,则 $I_e = 27.5$ A,$U_e = 110$ V,这对人体是极不安全的。

（4）三相五线制供电系统

如图 3-73 所示,这种供电系统有五条引出电线,分别为三条相线 L_1、L_2、L_3,一条工作中性线 N 及一条保护中性线 PE。其中保护中性线 PE 是用来与系统中各设备或线路的金属外壳、接地母线等做电气连接的导线,以防止触电事故的发生。正常情况下工作中性线 N 中有电流,保护中性线 PE 中无电流流过(不闭合)。当绝缘损坏,外壳带电时,短路电流经过保护中性线 PE,将熔断器熔断,切断电源,消除触电事故。这种系统比三相四线制系统更安全、更可靠,家用电器都应设置此种

系统。

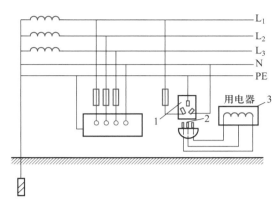

图 3-73 三相五线制供电系统

日常生活中常接触到金属外壳的单相电器,为保证人身安全,对单相电器必须使用三孔插座和三极插头,如图 3-73 所示,其中 1 为三孔插座,2 为接地电极,3 为电气设备外壳。从其接线可见,由于外壳可靠接零,人体不会有触电危险。

（5）重复接地

在中性点接地系统中,除采用工作接地、保护接零外,还要采用重复接地,就是将零线相隔一定距离多处进行接地,如图 3-74 所示。由于多处重复接地的接地电阻并联,使外壳对地的电压大大降低,减小了危险程度。

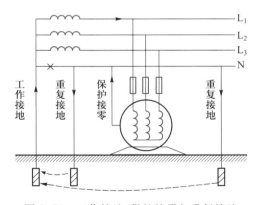

图 3-74 工作接地、保护接零与重复接地

3.8.2 静电与电火灾

1. 静电防护

静电是人们熟悉的一种电荷,静电的起电方式有两种:一是摩擦起电,即不同的物体相互摩擦、接触、分离起电;二是感应起电,即静电带电体使附近的非带电体感应起电。静电电位达到一定数值,就会击穿周围的气体,产生火花,火花的能量达到足够的数值,就能点燃某些易燃物质,造成火灾。为防止静电火灾需采取相应

措施:首先,在生产工艺中正确选择材料、改进生产工艺;其次,控制静电电荷的积聚,使静电荷加快泄漏,令电火花处于安全火花范围之内;最后,减少和排除现场可燃物。

2. 电气防火、防爆

引起电气火灾和爆炸的原因是电气设备过热和电火花、电弧。为此不要将电气设备长期超载运行。要保持必要的防火间距及良好的通风,要有良好的过热、过电流保护装置。在易爆的场地,如矿井、化学车间等,要采用防爆电器。

总之,随着大量电气设备和家用电器的使用,为确保用电安全,必须采取一系列措施,如保护接地、保护接零、安装漏电保护装置等。当有人发生触电事故时,还必须采取科学的救治方法,以确保人身、设备、电力系统三方面的安全。

习题

3.1.1　计算下列各交流量的相位差。

(1) $u(t)=4\sin(60t+15°)$ V 和 $i(t)=4\sin(314t-265°)$ A。

(2) $u_1(t)=4\sin(60t+15°)$ V 和 $u_2(t)=6\sin(60t+25°)$ V。

(3) $i_1(t)=12\sin(314t+45°)$ A 和 $i_2(t)=4\sin(314t+265°)$ A。

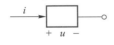

题 3.1.2 图

3.1.2　题 3.1.2 图所示为一交流电路中的元件,已知 $u(t)=220\sqrt{2}\sin 314t$ V。(1) 元件为纯电阻 $R=100$ Ω 时,求 i 及元件的功率;(2) 元件为纯电感 $L=100$ mH 时,求 i 及各元件的功率;(3) 元件为纯电容 $C=100$ μF 时,求 i 及各元件的功率。

3.2.1　RLC 并联电路总电流 $I=3.4$ A,试求总电压 U 和通过各元件的电流 I_R、I_C、I_L,并画出相量图。已知 $R=12.5$ Ω,$X_L=5$ Ω,$X_C=10$ Ω。

3.3.1　在串联交流电路中,试求下列三种情况下,电路中的 R 和 X 各为多少? 指出电路的性质以及电压与电流之间的相位差。

(1) $Z=(6+j8)$ Ω;

(2) $\dot{U}=50\underline{/30°}$ V,$\dot{I}=2\underline{/30°}$ A;

(3) $\dot{U}=100\underline{/-30°}$ V,$\dot{I}=4\underline{/15°}$ A。

3.3.2　为测线圈的参数,在线圈两端加上电压 $U=100$ V,测得电流 $I=5$ A,功率 $P=200$ W,电源频率 $f=50$ Hz,试计算这个线圈的电阻及电感各是多少。

3.3.3　RC 串联电路中,已知 $R=30$ Ω,$C=25$ μF,且 $i_S(t)=10\sin(1\,000t-30°)$ A,试求:(1) U_R、U_C、U 及 $\dot{U}_R$、$\dot{U}_C$、$\dot{U}$;(2) 电路的复阻抗与相量图;(3) 各元件的功率。

3.3.4　RLC 串联电路由 $I_S=0.1$ A,$\omega=5000$ rad/s 的正弦电流源激励,已知 $R=20$ Ω,$L=7$ mH,$C=10$ μF,试求:(1) 电路的阻抗及 P、Q 和 S;(2) 各元件电压 $\dot{U}_R$、$\dot{U}_L$、$\dot{U}_C$ 和总电压 $\dot{U}$,并画出相量图。

3.3.5　RLC 串联电路中,已知端口电压为 10 V,电流为 4 A,$U_R=8$ V,$U_L=12$ V,$\omega=10$ rad/s,试求电容电压与 R、C 的值。

3.3.6　试求题 3.3.6 图中 A_0 与 V_0 的读数。

3.3.7　题 3.3.7 图所示电路中,电流表 A_1 的读数为 5 A,A_2 的读数为 3 A,A_3 的读数为 4 A,则 A_4 的读数应为多少? 若 A_1、A_2 的读数都为 5 A,A_3 的读数为 13 A,则 A_4 的读数又应为多少?

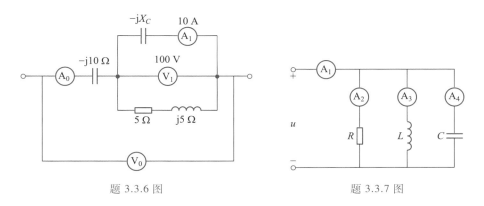

| 题 3.3.6 图 | 题 3.3.7 图 |

3.3.8 定性画出题图 3.3.8 所示交流电路的相量图。

3.3.9 题 3.3.9 图电路中，$\dot{U}_s = 100\angle 0° $ V，$\dot{U}_L = 50\angle 60° $ V，试确定复阻抗 Z 的性质。

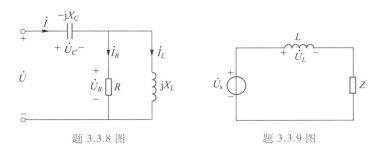

| 题 3.3.8 图 | 题 3.3.9 图 |

3.3.10 题 3.3.10 图所示电路中，已知 $U = 220$ V，$R_1 = 10$ Ω，$X_L = 10\sqrt{3}$ Ω，$R_2 = 20$ Ω，试求各个电流与平均功率。

3.3.11 题 3.3.11 图所示电路中，已知理想电流源 $\dot{I}_s = 30\angle 30°$ A，求电流 $\dot{I}$。

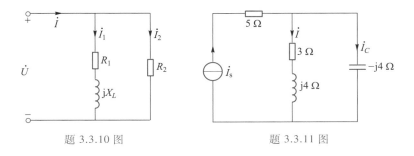

| 题 3.3.10 图 | 题 3.3.11 图 |

3.3.12 题 3.3.12 图所示电路中，已知 $\dot{U}_C = 1\angle 0°$ V，求 $\dot{U}$。

3.3.13 题 3.3.13 图所示电路中，已知 $R = X_C$，$U = 220$ V，总电压 $\dot{U}$ 与总电流 $\dot{I}$ 相位相同。求 U_L 和 U_C。

3.3.14 某工厂变电所经配电线向一车间供电，若车间一相负载的等效电阻 $R_2 = 10$ Ω，等效电抗 $X_2 = 10.2$ Ω，配电线的电阻 $R_1 = 0.5$ Ω，电抗 $X_1 = 1$ Ω，如题 3.3.14 图所示。（1）为保证车间的电压 $U_2 = 220$ V，求电源电压 U 和线路上压降 U_1 各为多少；（2）求负载有功功率 P_2 和线路功率

损耗 P_1。

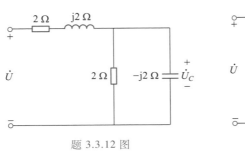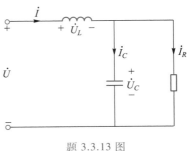

题 3.3.12 图　　　　　　　　　　题 3.3.13 图

3.3.15　题 3.3.15 图所示电路中，$G=0.1$ S，$\left|Y_c\right|=0.1$ S，Z_1 为感性，$U_1=U_2$，$\dot U$ 与 $\dot I$ 同相，试求 Z_1。

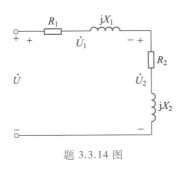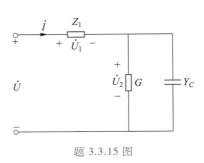

题 3.3.14 图　　　　　　　　　　题 3.3.15 图

3.3.16　电路如题 3.3.16 图所示，电路中 $R_1=R_2=10$ Ω，$L=0.25$ H，$C=10^{-3}$ F，电压表的读数为 20 V，功率表的读数为 200 W。试求 $\dot U_1$ 和电源的视在功率。

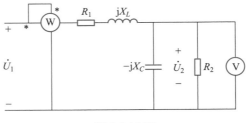

题 3.3.16 图

3.4.1　题 3.4.1 图电路中，电压 $u=220\sqrt{2}\sin 314t$ V，RL 支路的平均功率为 40 W，功率因数 $\cos\varphi_1=0.5$，为提高电路的功率因数，并联电容 $C=5.1$ μF，求并联电容前、后电路的总电流各为多大。并联电容后的功率因数为多少？并说明电路的性质。

3.4.2　题 3.4.2 图中，Z_1 和 Z_2 为某车间的两个单相负载，Z_1 的有功功率 $P_1=800$ W，$\cos\varphi_1=0.5$（感性），Z_2 的有功功率 $P_2=500$ W，$\cos\varphi_2=0.6$（感性），接于 $U=220$ V，$f=50$ Hz 的电源上。（1）求电流 $\dot I$；（2）求两个负载的总功率因数 $\cos\varphi$；（3）欲使功率因数 $\cos\varphi$ 提高到 0.85，应并联多大的电容？（4）并联 C 后总电流 $\dot I$ 比并联前减小了多少？

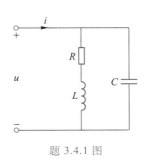

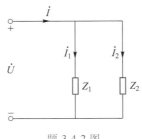

题 3.4.1 图   题 3.4.2 图

3.5.1　有一 RLC 串联电路,接于 100 V、50 Hz 的交流电源上。$R = 4\ \Omega$、$X_L = 6\ \Omega$,C 可以调节。(1)当电路的电流为 20 A 时,电容是多少?(2)C 调节至何值时,电路的电流最大,这时的电流是多少?

3.5.2　收音机的调谐电路如题 3.5.2 图所示,利用改变电容 C 的值出现谐振来达到选台的目的。已知 $L_1 = 0.3$ mH,可变电容 C 的变化范围为 7~20 pF,C_1 为微调电容,是为调整波段覆盖范围而设置的,设 $C_1 = 20$ pF,试求该收音机的波段覆盖范围。

3.6.1　题 3.6.1 图为正弦脉动电压波形,已知 $U_m = 10$ V,求其平均值、有效值和波形因数。

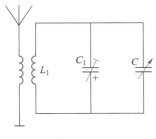

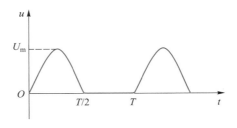

题 3.5.2 图   题 3.6.1 图

3.6.2　设电源 $u(t) = \dfrac{2}{\pi}U_m\left(1 - \dfrac{2}{3}\cos 2\omega t - \dfrac{2}{15}\cos 4\omega t - \dfrac{2}{35}\cos 6\omega t - \cdots\right)$,已知 $U_m = 220\sqrt{2}$ V,$\omega = 314$ rad/s,电路如题 3.6.2 图所示。其中 $L = 1$ H,$C = 100\ \mu$F,$R = 1\ 000\ \Omega$。求:(1)R 中的电流;(2)R 的端电压。

3.7.1　题 3.7.1 图所示电路中,三相电源的线电压 $U_1 = 380$ V,每相负载的阻抗均为 10 Ω。试求:(1)各相电流和中性线电流;(2)设 $\dot{U} = 220\underline{/0°}$ V,作相量图;(3)三相平均功率。

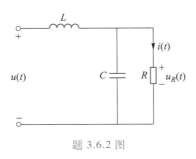

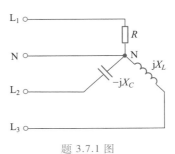

题 3.6.2 图   题 3.7.1 图

3.7.2　拟选用额定电压为 220 V 的负载组成三相电路，对于线电压为 380 V 和 220 V 的两种电源，负载应如何连接？试求下列两种情况下的相电流和线电流：（1）设三相负载对称，$Z = 20\underline{/45°}\ \Omega$；（2）设三相负载不对称，$Z_1 = 20\ \Omega$，$Z_2 = -j20\ \Omega$，$Z_3 = j20\ \Omega$。

3.7.3　对称三相负载星形联结，已知每相负载的电阻为 30.8 Ω，感抗为 23.1 Ω，电源线电压为 380 V，求三相功率 S、P、Q 和功率因数 $\cos\varphi$。

3.7.4　已知负载为三角形联结的三相对称电路，其线电流 $I_l = 5.5$ A，有功功率 $P = 7\,760$ W，功率因数 $\cos\varphi = 0.8$，求电源的线电压 U_l、电路的视在功率 S 和负载的每相阻抗 Z。

3.7.5　为了提高线路的功率因数，将三角形联结的三相异步电动机并联了一组三角形联结的电力电容器。设 $U_l = 380$ V，电动机由电源取用的功率为 $P = 11.43$ kW，功率因数为 0.87。若每相电容 $C = 20\ \mu\text{F}$，求线路总电流和提高后的功率因数（$f = 50$ Hz）。

第 4 章　半导体二极管及其应用

半导体器件是近代电子学的重要组成部分,它具有体积小、重量轻、耗能少、寿命长等优点,在现代工业、农业、科技、国防建设中得到广泛的应用。本章将从半导体材料的原子结构切入,来进一步了解半导体、PN 结、二极管的基本特性、工作原理及广泛应用。

4.1　半导体二极管

4.1.1　半导体基本知识

半导体是导电能力介于导体和绝缘体之间的物质,常见的半导体材料有硅(Si)、锗(Ge)和砷化镓(GaAs)等,其中硅是目前最常用的半导体材料,砷化镓及其化合物一般用在较特殊的场合,如超高速器件和光电器件中。这里重点讨论硅半导体的物理结构和导电机制,其他材料的半导体工作机理与此类似。条件不同,半导体的导电能力就不同,如受热、受光或掺入杂质时,半导体的导电能力就会显著提高。利用这些特性就可制成各种不同用途的半导体器件。为什么半导体的导电能力在不同条件下会有差别呢? 下面简单介绍半导体的内部结构和导电机理。

1. 本征半导体

具有单晶体结构的纯净半导体称为本征半导体,图 4-1 为硅本征半导体的原子结构图。硅是四价元素,其原子结构的最外层有 4 个价电子,且与相邻原子的价电子形成共价键结构。处于共价键结构中的价电子不仅受到本身原子核的束缚,同时还受到相邻原子核的束缚,在室温下这些价电子很难摆脱原子核的束缚,只有当这些价电子获得一定的外界能量(温度升高或光照),才可挣脱原子核的束缚变为自由电子(以下简称电子),并留下一个带正电的空位——称

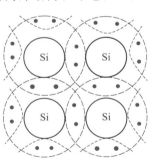

图 4-1　硅本征半导体的
原子结构图

为空穴。温度越高,这种电子-空穴对就越多。当然,宏观上还是电中性的。

在外电场的作用下,电子定向运动形成电流,价电子也相继填补空穴形成电流(形似空穴在运动)。而空穴运动的方向与价电子运动方向相反,因此空穴电流相当于正电荷运动产生的电流,这是半导体导电和金属导电在本质上的区别。在半导体中,电子、空穴都将参与导电,故统称它们为载流子。常温下本征半导体中受激发产生的载流子数量很少,故其导电能力很弱。

2. P 型半导体与 N 型半导体

纯净的四价半导体,虽然有自由电子和空穴两种载流子,但是由于数量很少,导电能力很弱。在纯净的四价半导体材料中掺入微量的三价(如硼)或五价(如磷)元素,半导体的导电能力就会大大增强,这是由于增加了有传导电流能力的载流子。

掺入五价元素的半导体中共价键结合后多出电子,多余电子挣脱原子核的束缚成为自由电子,同时形成杂质元素的正离子,如图 4-2 所示。由于电子是多数载流子,空穴是少数载流子,所以这种半导体称为电子型半导体或 N 型半导体。同样三价元素的半导体中共价键结合后多出空穴,同时形成杂质元素的负离子,如图 4-3 所示。由于空穴是多数载流子,电子是少数载流子,所以称这种半导体为空穴型半导体或 P 型半导体。

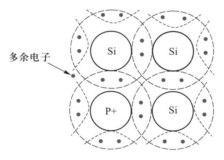

图 4-2　掺杂磷原子成为正离子

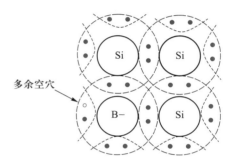

图 4-3　掺杂硼原子成为负离子

杂质半导体中的多数载流子(简称多子)数目由掺杂浓度决定;而少数载流子(简称少子)数目与温度有关,温度升高时,少数载流子数目增加。

3. PN 结及其单向导电性

(1) PN 结的形成

在一块半导体基片上通过适当的"注入"工艺可形成 P 型半导体和 N 型半导体,交界面两侧的异性多子相互扩散,如图 4-4(a)所示,使本来电中性的杂质原子成为带异性电荷的离子,同时建立内电场如图 4-4(b)所示。内电场阻碍多子的继续扩散,但促使少子移动,由此形成的移动称为漂移运动。当扩散运动与漂移运动达到动态平衡时,便在此交界面两侧形成一定厚度的空间电荷区,即 PN 结。显然,

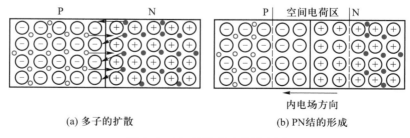

(a) 多子的扩散　　　　　　　　(b) PN结的形成

图 4-4　PN 结形成过程示意图

PN 结的厚度取决于掺杂浓度的大小。这个空间电荷区因其阻碍多子的继续扩散，又叫阻挡层；又因其中几乎没有载流子，又叫耗尽层。

（2）PN 结的单向导电性

当 PN 结加正向电压时，即 P 端电位高于 N 端，内电场被削弱，PN 结变薄，少子受阻，多子穿过 PN 结形成较大的正向电流，如图 4-5（a）所示。

视频：PN 结的形成

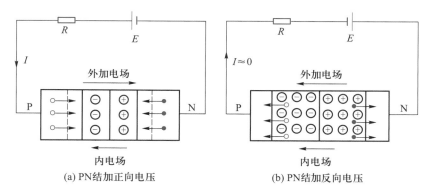

(a) PN结加正向电压   (b) PN结加反向电压

图 4-5　PN 结的单向导电性

当 PN 结加反向电压时，N 端电位高于 P 端，加强了内电场，PN 结加厚，由少子形成的电流极小（μA 量级），视为截止（不导通），如图 4-5（b）所示。这就是所谓 PN 结的单向导电性。

4.1.2　二极管及其应用

1. 二极管的结构特点

半导体二极管是由一个 PN 结加上相应的电极引线及管壳封装而成的。由 P 区引出的电极称为阳极，N 区引出的电极称为阴极。图 4-6 是二极管的电路符号及惯用的电压、电流参考方向，图 4-7 是二极管常见的几种外形示意图。一般管壳表面常标有箭头、色点或色圈，表示二极管的极性。

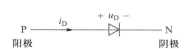

图 4-6　二极管的电路符号及惯用的电压、电流参考方向

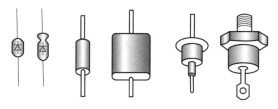

图 4-7　二极管常见的几种外形示意图

二极管按材料来分，有硅管和锗管；按结构来分，有点接触型、面接触型和硅平面型；按用途来分，有普通二极管、整流二极管、稳压二极管等。如图 4-8 所示，点接触型二极管（多为锗管）的特点是 PN 结面积小，结电容小，允许通过的电流小，

讲义：二极管实物图片

适用于高频电路的检波或小电流的整流,也可用作数字电路中的开关元件;面接触型二极管(多为硅管)的特点是 PN 结面积大,结电容大,允许通过的电流大,适用于低频整流;硅平面型二极管结面积大的用于大功率整流,结面积小的用于脉冲数字电路作开关管。半导体器件型号的命名方式见附录 2。

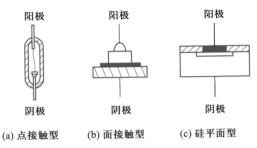

图 4-8 常用二极管的结构

2. 二极管的伏安特性

二极管电流与电压的关系为 $I=f(U)$,称为二极管的伏安特性。其特性曲线如图 4-9 所示。

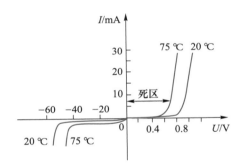

图 4-9 二极管的伏安特性曲线

(1)正向特性

当外加正向电压很低时,外电场不足以抵消 PN 结的内电场,多数载流子的扩散受阻,正向电流基本为零。当正向电压超过一定数值时,才有明显的正向电流,这个电压值称为死区电压。通常硅管的死区电压约为 0.5 V,锗管的死区电压约为 0.2 V,当正向电压大于死区电压后,正向电流迅速增长,曲线接近上升直线,当电流迅速增加时,二极管的正向压降变化很小,硅管正向压降为 0.6~0.7 V,锗管的正向压降约为 0.3 V。

二极管的伏安特性对温度很敏感,温度升高正向特性曲线左移,如图 4-9 所示,这说明,对应同样大小的正向电流,正向压降随温升而减小。

(2)反向特性

二极管加上反向电压时,形成很小的反向电流,在一定温度下它的大小基本维持不变,且与反向电压的大小无关,故称为反向饱和电流。一般小功率锗管的反向电流可达几十微安,而小功率硅管的反向电流一般在 0.1 μA 以下,当温度升高时,少数载流子数目增加,使反向电流增大,特性曲线下移,研究表明,温度每升高 10 ℃,反向电流增大近一倍。

当二极管的外加反向电压大于一定数值时,反向电流突然急剧增加,二极管被反向击穿。反向击穿电压一般在几十伏以上。

3. 二极管的主要参数

电子器件的参数是正确选择和使用该器件的依据。二极管的主要参数有:

(1)最大整流电流 I_{DM}。二极管长期工作时,允许通过的最大正向平均电流。在使用时,若电流超过这个数值,将使 PN 结过热而把管子烧坏。

(2)反向峰值电压 U_{RM}。是指管子不被击穿所允许的最大反向电压。一般为二极管反向击穿电压的一半,若反向电压超过这个数值,管子有击穿的危险。

(3)反向峰值电流 I_{RM}。是指二极管加反向电压 U_{RM} 时的反向电流。I_{RM} 越小,二极管的单向导电性越好。I_{RM} 受温度影响很大,使用时要加以注意。硅管的反向峰值电流较小,一般在几微安以下,锗管的反向峰值电流较大,为硅管的几十到几百倍。

(4)最高工作频率 f_M。二极管在外加高频交流电压时,由于 PN 结的电容效应,单向导电作用退化。f_M 是指二极管单向导电作用开始明显退化时交流信号的频率。

4. 二极管的简单应用

为了分析计算方便,在特定的条件下,一般将二极管视为理想二极管。当外加正向电压时,二极管导通,正向压降为零,相当于开关闭合;当外加反向电压时,二极管截止,反向电流为零,相当于开关断开。利用理想二极管模型进行电路分析和计算同样可以得到比较满意的结果。没有特殊说明,以下均按理想二极管对待。

二极管的应用范围很广,大都是利用它的单向导电性。可用于整流、检波、限幅、元件的保护及数字电路中的开关元件。下面介绍几种简单的应用电路。

例 4-1 求图 4-10 所示电路 A、O 两端的电压 U_{AO},并判断二极管 D_1、D_2 是导通的,还是截止的。

解:两个二极管的阳极接在一起,取 O 点作参考点,假设将两个二极管同时断开,分析二极管阳极和阴极的电位。

$$U_{1阴} = 0 \text{ V}, U_{2阴} = -6 \text{ V}, U_{1阳} = U_{2阳} = 12 \text{ V}, U_{D_1} = 12 \text{ V}, U_{D_2} = 18 \text{ V}$$

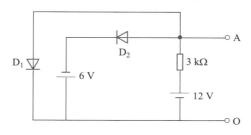

图 4-10 例 4-1 图

因为 $U_{D_2} > U_{D_1}$，所以 D_2 优先导通，这时 $U_{AO} = -6\text{ V}$（忽略二极管管压降），故 D_1 截止。

在这里，二极管 D_2 起"箝位"作用，即 U_{AO} 两端的电压被箝制在 -6 V 左右。

例 4-2 图 4-11(a)是利用二极管设计的正向限幅电路。已知 $u_i = U_m \sin \omega t$，且 $U_m > U_S$，试分析工作原理，并作出输出电压 u_O 的波形。

解:(1)工作原理简析:二极管导通的条件是 $u_i > U_S$，由于 D 为理想二极管，D 一旦导通，管压降为零，此时 $u_O = U_S$；$u_i \leqslant U_S$ 时，二极管截止，该支路断开，R 中无电流，其压降为零，所以 $u_O = u_i$。

(2)根据以上分析，可作出 u_O 的波形，如图 4-11(b)所示，由图可见，输出电压的正向幅度被限制在 U_S 以下。

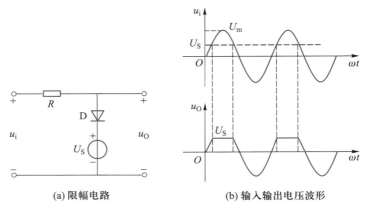

(a)限幅电路	(b)输入输出电压波形

图 4-11 例 4-2 图

4.1.3 特殊二极管

1. 稳压二极管

稳压二极管是一种特殊的面接触型硅二极管,简称稳压管。图 4-12(a)为稳压管在电路中的一般连接方法,图(b)和图(c)分别为稳压管的伏安特性和电路符号。

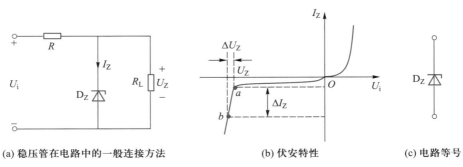

(a)稳压管在电路中的一般连接方法   (b)伏安特性   (c)电路等号

图 4-12 稳压管电路、伏安特性及电路符号

稳压管通常工作在 PN 结的反向击穿状态。它的反向击穿是可逆的,只要不超过稳压管的允许电流值,PN 结就不会过热损坏,当外加反向电压去除后,稳压管恢复原性能,所以稳压管具有良好的重复击穿特性。从稳压管的反向特性曲线可以看出,当反向电压增高到击穿电压 U_Z 时,反向电流 I_Z 急剧增加,稳压管反向击穿。在特性曲线 ab 段,当 I_Z 在较大范围内变化时,稳压管两端电压 U_Z 基本不变,具有恒压特性,利用这一特性可以起到稳定电压的作用。

当稳压管正偏时,它相当于一个普通二极管,稳压值仅有 0.6~0.7 V。

稳压管的主要参数有:

(1)稳定电压 U_Z。稳定电压 U_Z 指稳压管正常工作时,管子两端的电压,由于制造工艺的原因,同一型号稳压管的稳压值也有一定的分散性,如 2CW14 的稳压值为 6.0~7.5 V。

(2)稳定电流 I_Z。稳压管正常工作时的参考电流值,只有 $I \geqslant I_Z$,才能保证稳压管有较好的稳压性能。

(3)最大稳定电流 I_{Zmax}。允许通过的最大反向电流,$I > I_{Zmax}$ 时,管子会因过热而损坏。

(4)动态电阻 r_Z。动态电阻是指稳压管在正常工作范围内,端电压的变化量与相应电流变化量的比值。

$$r_Z = \frac{\Delta u_Z}{\Delta i_Z} \qquad (4-1)$$

r_Z 愈小,稳压管的反向特性愈陡,稳压性能就愈好。

(5)电压温度系数 α_u。温度变化 1 ℃ 时,稳定电压变化的百分数定义为电压温度系数。电压温度系数越小,温度稳定性越好,通常稳压管在 U_Z 低于 4 V 时具有负温度系数,高于 6 V 时具有正温度系数,所以,U_Z 在 5 V 左右时,α_u 最小,温度稳定性最好。

2. 光电二极管

光电二极管顾名思义就是能将光能转换为电能的二极管。它的结构与普通二极管类似,但它的 PN 结能够通过管壳上的玻璃窗口接收外部光照,且该 PN 结工作在反向偏置状态下。它的反向电流随光照强度(简称照度)的增加而上升,其原因是光照可以激发出空间电荷区更多的少数载流子,从而增大了二极管的反向饱和电流。图 4-13(a)(b)(c)分别是光电二极管的电路符号、电路模型和伏安特性。其主要特点是,它的反向电流与照度成正比。

光电二极管可用于光照强弱的测量,是将光信号转换为电信号的常用器件。

3. 发光二极管

发光二极管(light emitting diode,LED)是一种将电能直接转换成光能的半导体显示器件,简称 LED。发光二极管的符号如图 4-14 所示。它的伏安特性和普通二极管相似,死区电压为 0.9~1.1 V,其正向工作电压为 1.5~2.5 V,工作电流为 5~15 mA,反向击穿电压较低,一般小于 10 V。发光二极管的 PN 结封装在透明塑料壳内,外形有方形、矩形和圆形等。发光二极管的驱动电压低、工作电流小、可靠性

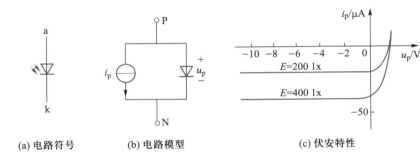

(a) 电路符号　　　(b) 电路模型　　　(c) 伏安特性

图 4-13　光电二极管

图 4-14　发光二极管

高、耗电低、体积小、寿命长,具有很强的抗振动和冲击能力。发光二极管常用来作为显示器件,除单个使用外,也常做成七段式或矩阵式器件,例如很多大型显示屏都是由矩阵式发光二极管构成的。

　　发光二极管正向偏置通过电流时会发光,这是由于电子与空穴直接复合时放出能量的结果。它的光谱范围比较窄,其波长由所使用的材料而定。不同半导体材料制成的发光二极管发出光的颜色不同,如砷化镓(GaAs)材料发不可见的红外光,磷砷化镓(GaAsP)材料发红光或黄光,碳化硅(SiC)材料发黄光,磷化镓(GaP)材料发绿光。氮化镓(GaN)材料发蓝光。

　　发光二极管的另一种重要用途是信号变换。在以光缆为信号传输媒介的系统中,可以用发光二极管将电信号变为光信号,通过光缆传输,然后用光电二极管接收,再现电信号。实现这一传输过程的光电传输系统如图 4-15 所示。在发送端,脉冲信号通过电阻作用于 LED,LED 便产生数字光信号(LED 的亮或灭),然后作用于光缆;在接收端,光缆中的光照射在光电二极管上,当有光照射时,光电二极管中有较大的反向电流流过,R 上产生较大压降,使 u_o 输出低电平;当无光照射时,光电二极管中无电流流过,R 上压降为零,使 u_o 输出高电平。因此,在接收电路的输出端可以复原出输入端的脉冲数字信号,不过电平值与输入信号相反。

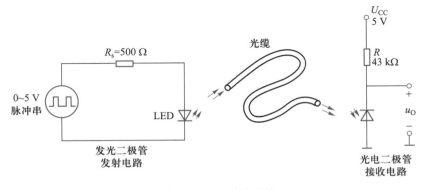

图 4-15　光电传输系统

118

4. 光电池

光电池是利用光生伏特效应把光能直接转变成电能的器件,是发电式有源元件。由于它可把太阳能直接变为电能,因此又称为太阳能电池。它有较大面积的 PN 结,当光照射在 PN 结上时,在 PN 结两端出现电动势。目前硅光电池应用非常广泛,大有发展前途。

光电池的结构如图 4-16(a)所示,它是一个硅光电池。它在一块 N 型硅片上用扩散的办法掺入一些 P 型杂质形成 PN 结。当光照到 PN 结区时,如果光子能量足够大,将在 PN 结区附近激发出电子-空穴对,由于 P 区空穴和 N 区电子的浓度差,由此产生了扩散运动,便在此交界面两侧形成了空间电荷区,(又称为 PN 结),产生了内电场,内电场的方向由 N 区指向 P 区。这样 N 区和 P 区之间就出现了电位差。若将 PN 结两端用导线连接,如图 4-16(b)所示,在内电场的作用下即有电流流过。一般硅光电池的开路电压为 0.55 V,短路电流为 $35\sim40\ mA/cm^2$。图 4-17(a)为光电池的符号,图 4-17(b)为基本电路,图 4-17(c)为等效电路。

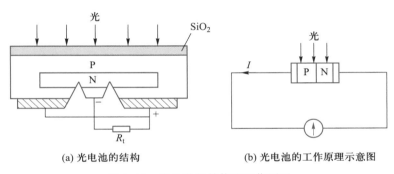

(a) 光电池的结构　　　　　　(b) 光电池的工作原理示意图

图 4-16　光电池的结构和工作原理

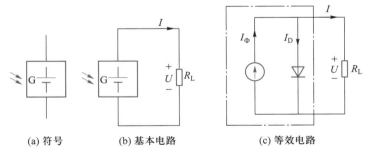

(a) 符号　　　　(b) 基本电路　　　　(c) 等效电路

图 4-17　光电池符号、基本电路及等效电路

【练习与思考】

4-1-1　怎样用万用表判断二极管的阳极和阴极以及二极管的好坏?

4-1-2　把一个 1.5 V 的干电池直接接到二极管的两端(正向接法)会出现什么问题?

4-1-3　利用稳压二极管或普通二极管的正向电压压降,是否也可以稳压?

4.2　整流、滤波与稳压电路

目前电力网供给用户的电能都是频率为 50 Hz 的交流电,但在电能应用中,有许多设备如电解、电镀、直流电动机、电子仪器等设备都需要直流电。除小功率便携式电子设备可用电池供电外,目前一般均采用半导体直流电源。其基本组成如图 4-18 所示。其中电源变压器用于改变交流电压的大小以满足整流电路的要求,整流电路将交流电变成单向脉动直流电,滤波器用于减小整流输出电压的脉动程度,使电压变得平滑,稳压环节使直流输出电压 U_O 稳定。

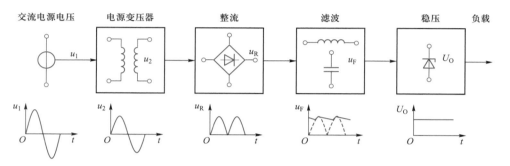

图 4-18　半导体直流电源的基本组成

4.2.1　整流电路

整流电路是一种将交流电能转变为直流电能的变换器。按输入电源的相数,可分为单相、三相等,通常单相整流应用于小功率场合,三相及多相整流应用于大功率场合;按电路结构,可分为零式(半波)电路和桥式(全波)电路。这里重点讨论单相桥式整流电路(如无特殊说明,二极管均按理想二极管处理)。

1. 单相桥式整流电路

电路如图 4-19(a)所示,图中 Tr 为电源变压器,它的作用是将交流电网电压 u_1 变成整流电路要求的交流电压 $u_2 = \sqrt{2}\, U_2 \sin \omega t$,$R_L$ 是要求直流供电的负载电阻,4 只整流二极管 $D_1 \sim D_4$ 接成电桥的形式,故有桥式整流电路之称。图 4-19(b)是它的简化画法。在电源电压 u_2 的正、负半周内(设 a 端为正,b 端为负时是正半周)

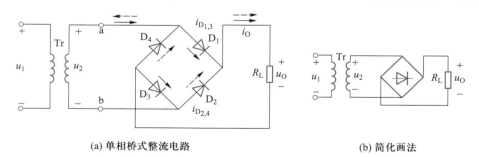

(a) 单相桥式整流电路　　　　　　　　　　　　　　(b) 简化画法

图 4-19　单相桥式整流电路图

电流通路分别用图 4-19(a) 中实线和虚线箭头表示。负载 R_L 上的电压 u_O 的波形如图 4-20 所示。电流 i_O 的波形与 u_O 的波形相同。显然,它们都是单方向的全波脉动波形。

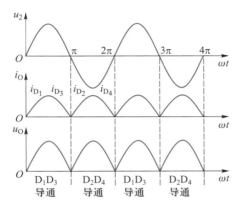

图 4-20　单相桥式整流电路波形图

讲义:整流桥
实物图片

2. 桥式整流电路的技术指标

桥式整流电路的技术指标包括整流电路的工作性能指标和整流二极管的性能指标。整流电路的工作性能指标有输出电压的平均值 U_O 和脉动系数 S。整流二极管的性能指标有流过二极管的平均电流 I_D 和管子所承受的最大反向电压 U_{DRM}。下面来分析桥式整流电路的技术指标。

（1）输出电压的平均值 U_O

$$U_O = \frac{1}{\pi} \int_0^\pi \sqrt{2}\, U_2 \sin \omega t \mathrm{d}\omega t = \frac{2\sqrt{2}}{\pi} U_2 = 0.9 U_2 \qquad (4\text{-}2)$$

直流电流为

$$I_O = \frac{0.9 U_2}{R_L} \qquad (4\text{-}3)$$

（2）脉动系数 S

图 4-20 中整流输出电压波形中包含有若干偶次谐波分量,称为纹波,它们叠加在直流分量上。我们把最低次谐波幅值与输出电压平均值之比定义为脉动系数。全波整流电压的脉动系数约为 0.67,故需用滤波电路滤除 u_O 中的纹波电压。

（3）二极管的正向平均电流 I_D

在桥式整流电路中,二极管 D_1、D_3 和 D_2、D_4 是两两轮流导通的,所以流经每个二极管的平均电流为

$$I_D = \frac{1}{2} I_O = \frac{0.45 U_2}{R_L} \qquad (4\text{-}4)$$

（4）二极管承受的最大反向电压 U_{DRM}

二极管在截止时管子承受的最大反向电压可从图 4-19(a) 看出,在 u_2 正半周时,D_1、D_3 导通,D_2、D_4 截止,此时 D_2、D_4 所承受的最大反向电压均为 u_2 的最大

值,即

$$U_{\mathrm{DRM}} = \sqrt{2}\,U_2 \qquad\qquad (4-5)$$

同理,在 u_2 的负半周,D_1、D_3 也承受同样大小的反向电压。

桥式整流电路的优点是:在相同的交流输入和负载情况下,输出脉动减小,直流输出电压提高一倍,电源利用率明显提高。因此,这种电路在半导体整流电路中得到了广泛的应用。目前市场上已有许多品种的半桥和全桥整流电路,并且利用集成技术,将四个二极管集成在一个硅片上,已经生产出集成硅桥堆。

表 4-1 给出了常见的几种整流电路的电路图、整流电压的波形等。

表 4-1　常见的几种整流电路

类型	电路图	整流电压的波形	输出电压的平均值	每管电流的平均值	每管承受的最高反向电压
单相半波	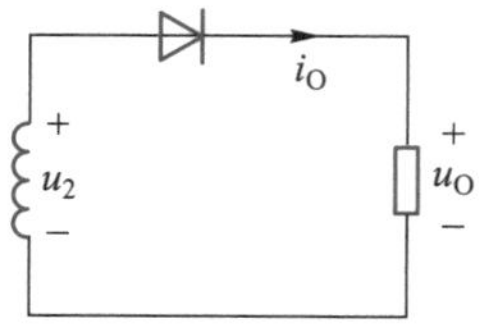		$0.45U_2$	I_0	$\sqrt{2}\,U_2$
单相全波	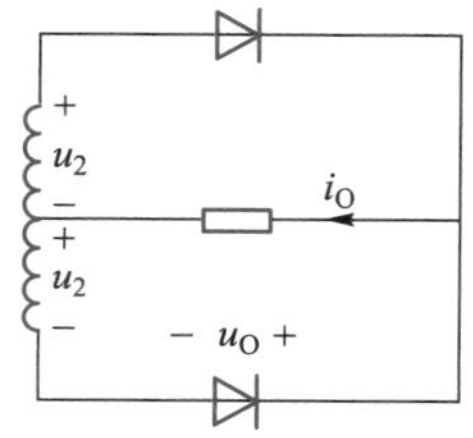	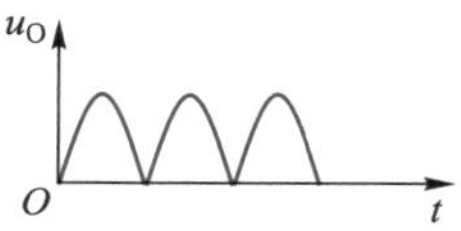	$0.9U_2$	$\dfrac{1}{2}I_0$	$2\sqrt{2}\,U_2$
单相桥式	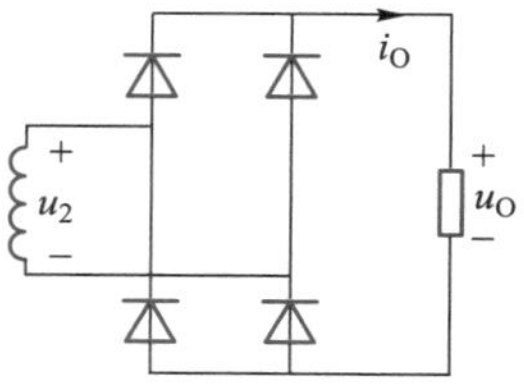	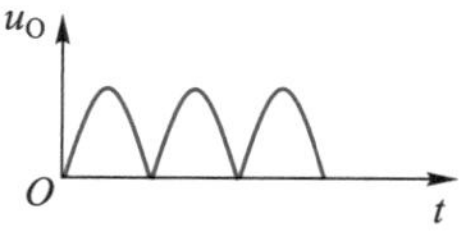	$0.9U_2$	$\dfrac{1}{2}I_0$	$\sqrt{2}\,U_2$
三相半波	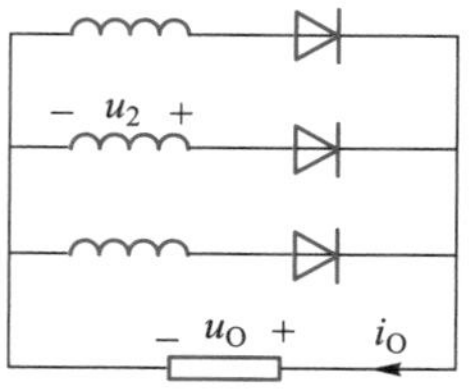	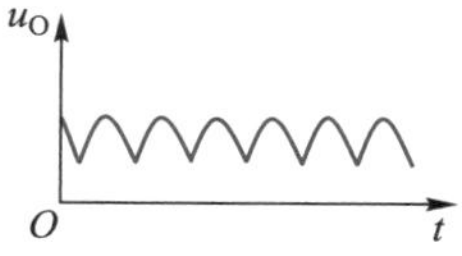	$1.17U_2$	$\dfrac{1}{3}I_0$	$\sqrt{3}\sqrt{2}\,U_2$

续表

类型	电路图	整流电压的波形	输出电压的平均值	每管电流的平均值	每管承受的最高反向电压
三相桥式			$2.34U_2$	$\dfrac{1}{3}I_O$	$\sqrt{3}\sqrt{2}\,U_2$

4.2.2 滤波电路

滤波电路的作用是滤除整流电压中的纹波。常用的滤波电路有电容滤波、电感滤波、复式滤波及有源滤波。这里仅讨论电容滤波和电感滤波。

1. 电容滤波电路

电容滤波电路是最简单的滤波器,它是在整流电路的负载上并联一个电容 C。电容为带有正负极性的大容量电容,如电解电容、钽电容等,桥式整流电容滤波电路形式如图 4-21(a)所示。

(1)滤波原理

电容滤波是通过电容的充电、放电来滤掉交流分量的。图 4-21(b)的波形图中虚线波形为桥式整流的波形。并联电容 C 接通电源后,$u_2 > 0$ 时,D_1、D_3 导通,D_2、D_4 截止,电源在向 R_L 供电的同时,又向 C 充电储能,由于充电时间常数 τ_1 很小(绕组电阻和二极管的正向电阻都很小),充电很快,输出电压 u_O 随 u_2 上升;当 $u_C = \sqrt{2}\,U_2$ 后,u_2 开始下降,$u_2 < u_C$,$t_1 \sim t_2$ 时段内,$D_1 \sim D_4$ 全部反偏截止,由电容 C 向 R_L 放电,由于放电时间常数 τ_2 较大,放电较慢,输出电压 u_O 随 u_C 按指数规律缓慢下降,如图中的 ab 实线段。b 点以后,$u_2 > u_C$,D_1、D_3 截止,D_2、D_4 导通,C 又被充电至 c 点,充电过程形成 $u_O = u_2$ 的波形为 bc 实线段。c 点以后,$u_2 < u_C$,$D_1 \sim D_4$ 又截止,C 又放电,如此不断地充电、放电,使负载获得如图 4-21(b)中实线所示的 u_O 波形。由波形可见,桥式整流接电容滤波后,输出电压的脉动程度大为减小。

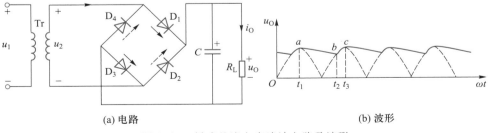

(a) 电路   (b) 波形

图 4-21 桥式整流电容滤波电路及波形

（2）U_0 的大小与元件的选择

由上讨论可见，输出电压平均值 U_0 的大小与 τ_1、τ_2 的大小有关，τ_1 越小，τ_2 越大，U_0 也就越大。当负载 R_L 开路时，τ_2 无穷大，电容 C 无放电回路，U_0 达到最大，即 $U_0 = \sqrt{2}\,U_2$；若负载 R_L 很小，输出电压几乎与无滤波时相同。因此，电容滤波器输出电压在 $0.9U_2 \sim \sqrt{2}\,U_2$ 范围内波动，在工程上一般采用经验公式估算其大小，R_L 愈小，输出平均电压愈低，因此输出平均电压可按下述工程估算取值

$$\left.\begin{array}{l} U_0 = U_2（半波） \\ U_0 = 1.2U_2（桥式和全波） \end{array}\right\} \qquad (4\text{-}6)$$

为了达到式（4-6）的取值关系，获得比较平直的输出电压，一般要求 $R_L \geqslant (10 \sim 15)\dfrac{1}{\omega C}$ 即

$$R_L C \geqslant (3 \sim 5)\frac{T}{2} \qquad (4\text{-}7)$$

式中 T 为电源交流电压的周期。

对于单相桥式整流电路而言，无论有无滤波电容，二极管的最高反向工作电压都是 $\sqrt{2}\,U_2$。

关于滤波电容值的选取应按公式（4-7）而定。一般在几十微法到几千微法，电容的耐压值应大于 $\sqrt{2}\,U_2$。

电容滤波电路结构简单，输出电压较高，脉动较小，但电路的带负载能力不强，因此，电容滤波通常适合在小电流，且负载变动不大的电子设备中使用。

例 4-3　一单相桥式整流电容滤波电路如图 4-22 所示。交流电源频率 $f = 50\ \text{Hz}$，负载电阻 $R_L = 120\ \Omega$，要求电压 $U_0 = 30\ \text{V}$，试选择整流元件及滤波电容。

解：（1）选择整流二极管

流过二极管的平均电流

$$I_D = \frac{1}{2}I_0 = \frac{1}{2}\frac{U_0}{R_L} = \frac{1}{2} \times \frac{30}{120}\ \text{A} = 125\ \text{mA}$$

由 $U_0 = 1.2U_2$，可得交流电压有效值

$$U_2 = \frac{U_0}{1.2} = \frac{30}{1.2}\ \text{V} = 25\ \text{V}$$

二极管承受的最高反向工作电压

$$U_{DRM} = \sqrt{2}\,U_2 = \sqrt{2} \times 25\ \text{V} = 35\ \text{V}$$

可以选用 2CZ11A（$I_{RM} = 1\,000\ \text{mA}$，$U_{RM} = 100\ \text{V}$）整流二极管 4 个，参见附录 3。

（2）选择滤波电容

取 $R_L C = 5 \times \dfrac{T}{2}$，而 $T = \dfrac{1}{f} = \dfrac{1}{50}\ \text{s} = 0.02\ \text{s}$，所以 $C = \dfrac{1}{R_L} \times 5 \times \dfrac{T}{2} = \dfrac{1}{120} \times 5 \times \dfrac{0.02}{2}\ \text{F} = 417\ \mu\text{F}$。可以选用 $C = 470\ \mu\text{F}$，耐压值为 50 V 的电解电容器。

2. 电感滤波电路

在桥式整流电路和负载电阻 R_L 间串入一个电感 L，如图 4-23 所示。利用电感

讲义：整流、滤波总结

的储能作用可以减小输出电流的纹波,从而得到比较平滑的直流电压。当忽略电感器 L 的电阻时,负载上输出的平均电压和纯电阻(不加电感)负载相同,即

$$U_0 = 0.9U_2 \tag{4-8}$$

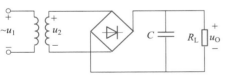

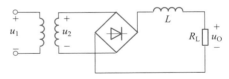

图 4-22 例 4-3 图   图 4-23 桥式整流电感滤波电路

电感滤波的特点是,带负载能力强,即输出电压比较稳定,适用于输出电压较低,负载电流变化较大的场合,但由于铁心的存在,整体电路笨重、体积大,易引起电磁干扰,常在工业上用于大电流整流。

3. 复式滤波器

在滤波电容 C 之前加一个电感 L 构成 LC 滤波电路,如图 4-24(a)所示。这样可使输出至负载 R_L 上电压的交流成分进一步降低。该电路适用于高频或负载电流较大并要求脉动很小的电子设备中。

为了进一步提高整流输出电压的平滑性,可以在 LC 滤波电路之前再并联一个滤波电容 C_1,如图 4-24(b)所示,这就构成了 π 形 LC 滤波电路。

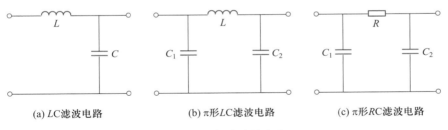

(a) LC 滤波电路   (b) π形LC滤波电路   (c) π形RC滤波电路

图 4-24 复式滤波电路

由于带有铁心的电感线圈体积大,价格也高,因此常用电阻 R 来代替电感 L 构成 π 形 RC 滤波电路,如图 4-24(c)所示。只要适当选择 R 和 C_2 参数,在负载两端就可以获得脉动较小的直流电压,在小功率电子设备中被广泛采用。

经过整流和滤波后的电压往往还是波动、不稳定的,要使电路正常工作,就必须经过稳压环节。稳压电路作为直流电源的最后一个组成部分,它的性能好坏对整个电路的影响很大。常用的稳压电路有四种,即并联型稳压电路、串联型稳压电路、集成稳压电路、开关稳压电路等。本节主要介绍并联型稳压电路的工作原理。

4.2.3 稳压电路

图 4-25 就是稳压管稳压电路,因其稳压管 D_Z 与负载电阻 R_L 并联,又称为并联型稳压电路。这种电路主要用于对稳压要求不高的场合,有时也作为基准电压源。

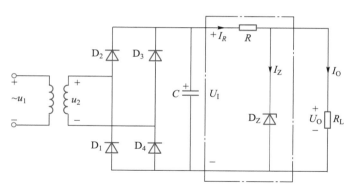

图 4-25　稳压管稳压电路

引起电压不稳定的原因是交流电源电压的波动和负载电流的变化。而稳压管能够稳压的原理在于稳压管具有很强的电流控制能力。当保持负载 R_L 不变，U_I 因交流电源电压增加而增加时，负载电压 U_O 也要增加，稳压管的电流 I_Z 急剧增大，因此电阻 R 上的压降急剧增加，以补偿 U_I 的增加，从而使负载电压 U_O 保持近似不变。相反，U_I 因交流电源电压降低而降低时，稳压过程与上述过程相反。

如果保持电源电压不变，负载电流 I_O 增大时，电阻 R 上的压降也增大，负载电压 U_O 因而下降，稳压管电流 I_Z 急剧减小，从而补偿了 I_O 的增加，使得通过电阻 R 的电流和电阻上的压降保持近似不变，因此负载电压 U_O 也就近似稳定不变。当负载电流减小时，稳压过程相反。

选择稳压管时，一般取

$$\left.\begin{array}{l} U_Z = U_O \\ I_{Zmax} = (1.5 \sim 3) I_{Omax} \\ U_I = (2 \sim 3) U_O \end{array}\right\} \tag{4-9}$$

例 4-4　有一稳压管稳压电路，如图 4-26 所示。负载电阻 R_L 由开路变到 3 kΩ，交流电压经整流滤波后得出 $U_I = 45$ V。今要求输出直流电压 $U_O = 15$ V，试选择稳压管 D_Z。

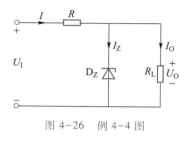

图 4-26　例 4-4 图

解：根据输出直流电压 $U_O = 15$ V 的要求，由式（4-9）可得稳定电压 $U_Z = U_O = 15$ V。

由输出电压 $U_O = 15$ V 及最小负载电阻 $R_L = 3$ kΩ 的要求，负载电流最大值

$$I_{\text{Omax}} = \frac{U_O}{R_L} = \frac{15}{3} \text{ mA} = 5 \text{ mA}$$

由式(4-9)计算得

$$I_{\text{Zmax}} = 3I_{\text{Omax}} = 15 \text{ mA}$$

查半导体器件手册,选择稳压管 2CW20,其稳定电压 $U_Z = (13.5 \sim 17)$ V,稳定电流 $I_Z = 5$ mA, $I_{\text{Zmax}} = 15$ mA。

例 4-5 图 4-26 所示电路中,已知 $U_Z = 12$ V, $I_{\text{Zmax}} = 18$ mA, $I_{\text{Zmin}} = 5$ mA,负载电阻 $R_L = 2$ kΩ,当输入电压由正常值发生 ±20% 的波动时,要求负载两端电压基本不变,试确定输入电压 U_1 的正常值和限流电阻 R 的数值。

解: 负载两端电压 U_O 就是稳压管的端电压 U_Z,当 U_1 发生波动时,必然使限流电阻 R 上的压降和 U_Z 发生变动,引起稳压管电流的变化,只要在 $I_{\text{Zmin}} \sim I_{\text{Zmax}}$ 范围内变动,可以认为 U_Z 即 U_O 基本上未变动,这就是稳压管的稳压作用。

(1) 当 U_1 向上波动 20%,即 $1.2U_1$ 时,认为 $I_Z = I_{\text{Zmax}} = 18$ mA,因此有

$$I = I_{\text{Zmax}} + I_O = 18 \text{ mA} + \frac{U_Z}{R_L} = \left(18 + \frac{12}{2}\right) \text{ mA} = 24 \text{ mA}$$

由 KVL 得 $\qquad 1.2U_1 = IR + U_O = 24 \times 10^{-3} \times R + 12$

(2) 当 U_1 向下波动 20%,即 $0.8U_1$ 时,认为 $I_{\text{Zmin}} = 5$ mA,因此有

$$I = I_{\text{Zmin}} + I_O = 5 \text{ mA} + \frac{U_Z}{R_L} = \left(5 + \frac{12}{2}\right) \text{ mA} = 11 \text{ mA}$$

由 KVL 得 $\qquad 0.8U_1 = IR + U_O = 11 \times 10^{-3} \times R + 12$

联立方程组可得 $\qquad U_1 = 26$ V, $R = 800$ Ω

即输入电压的正常值为 26 V,限流电阻为 800 Ω。

【练习与思考】

4-2-1 图 4-21 所示的单相桥式整流电路中:
(1) 其中一个二极管 D 接反,会出现什么现象?
(2) 其中一个二极管 D 因过压被击穿短路,会出现什么现象?
(3) 其中一个二极管 D 断开,又会出现什么现象?

4-2-2 判断如下说法是否正确。
(1) 直流电源是一种将正弦信号转换为直流信号的波形变换电路。
(2) 直流电源是一种能量转换电路,它将交流能量转换成直流能量。
(3) 在变压器二次电压和负载电阻相同的情况下,桥式整流电路的输出电流是半波整流电路输出电流的 2 倍。
(4) 若 U_2 为变压器二次电压的有效值,则半波整流电容滤波电路和全波整流电容滤波电路在空载时的输出电压均为 $\sqrt{2}U_2$。
(5) 整流电路可将正弦电压变为脉动的直流电压。
(6) 整流的目的是将高频电流变为低频电流。
(7) 在单相桥式整流电容滤波电路中,若有一只整流管断开,输出电压平均值变为原来的一半。

（8）直流稳压电源中滤波电路的目的是将交流变为直流。

4-2-3 设一半波整流电路和一桥式整流电路的输出电压平均值和所带负载大小完全相同，均不加滤波，试问两个整流电路中整流二极管的电流平均值和最高反向电压是否相同？

4-2-4 电容滤波和电感滤波电路的特性有什么区别？各适用于什么场合？

习题

4.1.1 二极管电路如题 4.1.1 图所示，D、D_1、D_2 为理想二极管，判断图中的二极管是导通还是截止，并求 AB 两端的电压 U_{AB}。

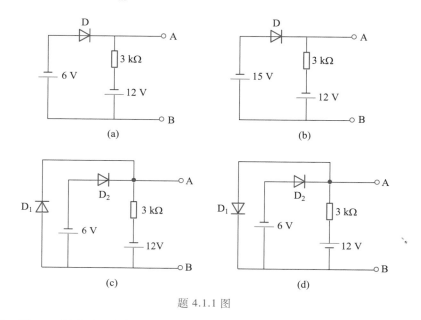

题 4.1.1 图

4.1.2 题 4.1.2 图所示电路中，已知 $E = 6\ V$，$u_i = 12\sin \omega t\ V$，二极管的正向压降可忽略不计，试分别画出输出电压 u_O 的波形

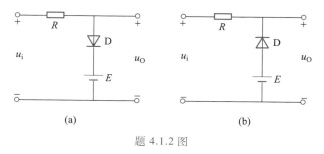

题 4.1.2 图

4.1.3 题 4.1.3 图所示电路中，已知 $U_{CC} = 5\ V$，当 A 端输入为 3 V，B 端输入为 0 V 时，求输出 U_F 的值。

4.1.4 题 4.1.4 图所示电路中，已知稳压管的稳定电压 $U_{Z1} = U_{Z2} = 6\ V$，$u_i = 12\sin \omega t\ V$，二极管的正向压降可忽略不计，试画出输出电压 u_O 的波形，并说明稳压管在电路中所起的作用。

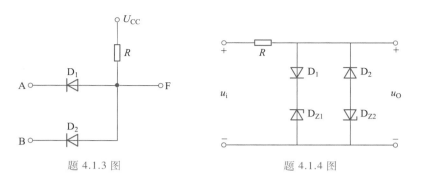

题 4.1.3 图   题 4.1.4 图

4.1.5 题 4.1.5 图所示电路中,稳压管 D_{Z1} 的稳定电压为 8 V,D_{Z2} 的稳定电压为 10 V,正向压降均为 0.7 V,试求图中输出电压 U_O。

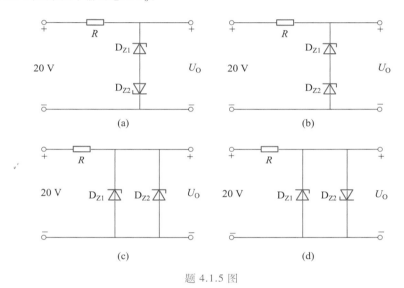

题 4.1.5 图

4.2.1 电路如题 4.2.1 图所示。试标出输出电压 u_{O1}、u_{O2} 的极性,画出输出电压的波形。并求出 u_{O1}、u_{O2} 的平均值。[设 $u_{21}=\sqrt{2}\,U_2\sin \omega t,u_{22}=\sqrt{2}\,U_2\sin(\omega t-\pi)$。]

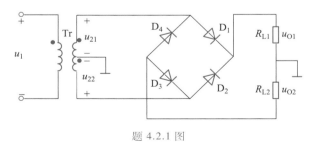

题 4.2.1 图

4.2.2 题 4.2.2 图为单相桥式整流电容滤波电路。用交流电压表测得变压器二次电压 $U_2 =$ 20 V,$R_L = 40\ \Omega$,$C = 1000\ \mu F$。试问:

(1) 正常时 U_0 为多少?

129

（2）如果电路中有一个二极管开路，U_O 是否为正常值的一半？

（3）如果测得的 U_O 为下列数值，可能出了什么故障？并指出原因。

A. $U_O = 28$ V　　　　　　B. $U_O = 18$ V　　　　　　C. $U_O = 9$ V

4.2.3　题 4.2.2 图为桥式整流电容滤波电路。已知交流电源电压 $U_1 = 220$ V，$f = 50$ Hz，$R_L = 50 \ \Omega$，要求输出直流电压为 24 V，纹波较小。试选择：（1）整流管的型号；（2）滤波电容的容量和耐压值。

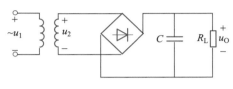

题 4.2.2 图

4.2.4　题 4.2.4 图所示电路中，$U_1 = 30$ V，$R = 1 \ \text{k}\Omega$，$R_L = 2 \ \text{k}\Omega$，稳压管的稳定电压为 $U_Z = 10$ V，稳定电流的范围为 $I_{Zmax} = 20$ mA，$I_{Zmin} = 5$ mA，当 U_1 波动 ±10% 时，电路能否正常工作？如果 U_1 波动 ±30%，电路能否正常工作？

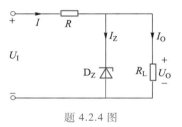

题 4.2.4 图

第 5 章 晶体管及基本放大电路

在工程实践中,经常需要将温度、压力、流量等非电量信号通过传感器转换为微弱的电信号,然后经过放大从仪表上读出非电量信号的大小,或者用来推动执行元件以实现自动控制。可见,放大电路是电子技术电路中应用十分广泛的一种电路。放大电路的核心元件之一就是晶体管。本章重点介绍晶体管及由分立元件组成的各种常见放大电路的结构、工作原理、分析方法和应用。

5.1 晶体管

双极型晶体管(bipolar junction transistor,BJT)简称晶体管,是指有两种不同极性的载流子(电子和空穴)同时参与导电的晶体管。它的放大作用和开关作用在电子技术中应用很广。

5.1.1 基本结构和电流放大作用

双极型晶体管按结构的不同分为 NPN 型和 PNP 型,如图 5-1(a)(b)所示。当前国内生产的硅管多为 NPN 型(3D 系列),锗管多为 PNP 型(3A 系列)。

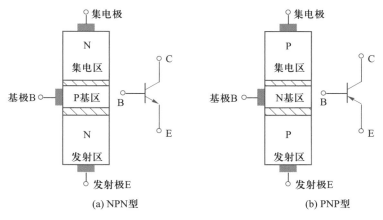

(a) NPN型　　　　　　　　　　　　(b) PNP型

图 5-1　晶体管结构示意图及符号

每种晶体管都有三个区,分别称为发射区、基区和集电区,三个区各引出一个电极,分别称为发射极(E)、基极(B)和集电极(C),发射区和基区之间的 PN 结称为发射结,集电区和基区之间的 PN 结称为集电结。图形符号中发射极箭头表示基极到发射极电流的方向。

BJT 具有电流放大作用的内部条件是:(1)发射区掺杂浓度很大;(2)基区掺

杂浓度很小且很薄,一般只有几微米;（3）集电区掺杂浓度较小,但结面积较大。外部条件是:发射结加正向电压,集电结加反向电压。

现以 NPN 型晶体管为例来说明晶体管各极间电流分配及其电流放大作用。在图 5-2 所示电路中,电源 U_{BB}、电阻 R_B、基极 B 和发射极 E 组成输入回路,电源 U_{CC}、电阻 R_C、集电极 C 和发射极 E 组成输出回路,发射极 E 是输入、输出回路的公共端,故称为共发射极放大电路。U_{BB} 使发射结正向偏置,U_{CC} 使集电结反向偏置。改变可变电阻 R_B,测基极电流 I_B、集电极电流 I_C 和发射极电流 I_E,结果见表 5-1。

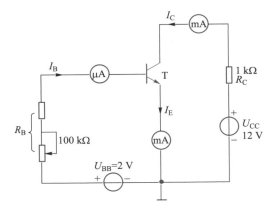

图 5-2　共发射极放大电路

表 5-1　晶体管电流测试数据

$I_B/\mu A$	0	20	40	60	80	100
I_C/mA	0.005	0.99	2.08	3.17	4.26	5.40
I_E/mA	0.005	1.01	2.12	3.23	4.34	5.50

利用上述测试数据可得如下结论:

（1）$I_E = I_B + I_C$,符合基尔霍夫电流定律。

（2）I_E 和 I_C 几乎相等,且远远大于基极电流 I_B。I_B 的微小变化会引起 I_C 较大的变化,计算可得 $\dfrac{I_C}{I_B} = \dfrac{2.08}{0.04} = 52$,$\dfrac{I_C}{I_B} = \dfrac{3.17}{0.06} = 52.8$,$\dfrac{\Delta I_C}{\Delta I_B} = \dfrac{I_{C4} - I_{C3}}{I_{B4} - I_{B3}} = \dfrac{3.17 - 2.08}{0.06 - 0.04} = \dfrac{1.09}{0.02} = 54.5$。计算结果表明,基极电流的微小变化,便可引起比它大数十倍至数百倍的集电极电流的变化,且其比值近似为常数（记作 β）,这就是晶体管的电流放大作用。

对于 PNP 型晶体管,其工作原理一样,只是它们在电路中所接电源的极性不同。

由此可得出,在一个放大电路中,对于 NPN 型晶体管,集电极电位最高,发射极电位最低;对于 PNP 型晶体管,发射极电位最高,集电极电位最低。当然,若是硅材料,发射极、基极电位相差 0.6~0.7 V;若是锗材料,发射极、基极电位相差 0.2~0.3 V。这样便可根据放大电路中晶体管三个电极的电位判断其类型、材料和对应的三个电极。

5.1.2 特性曲线

晶体管的特性曲线全面反映了晶体管各个电极间电压和电流之间的关系,是分析放大电路的重要依据。特性曲线可由实验测得,也可在晶体管图示仪上直观地显示出来。

1. 输入特性曲线

晶体管的输入特性曲线表示了 U_{CE} 为参考变量时, I_B 和 U_{BE} 的关系。

$$I_B = f(U_{BE}) \mid_{U_{CE}=常数} \tag{5-1}$$

图 5-3 是晶体管的输入特性曲线,由图可见,输入特性与二极管的正向区类似。硅管的死区电压(或称为门槛电压)约为 0.5 V,发射结导通电压 $U_{BE} = (0.6 \sim 0.7)$ V;锗管的死区电压约为 0.2 V,导通电压约为 0.3 V。若为 PNP 型晶体管,则发射结导通电压 U_{BE} 分别为 $-0.6 \sim -0.7$ V 或 -0.3 V。

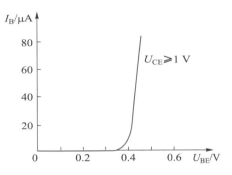

图 5-3 输入特性曲线

一般情况下,当 $U_{CE} > 1$ V 以后,输入特性曲线几乎与 $U_{CE} = 1$ V 时的特性曲线重合,因为 $U_{CE} > 1$ V 后, I_B 就无明显改变了。晶体管工作在放大状态时, U_{CE} 总是大于 1 V 的(集电结反偏),因此常用 $U_{CE} \geqslant 1$ V 的一条曲线来代表所有的输入特性曲线。

2. 输出特性曲线

晶体管的输出特性曲线表示以 I_B 为参考变量时, I_C 和 U_{CE} 的关系,即

$$I_C = f(U_{CE}) \mid_{I_B=常数} \tag{5-2}$$

图 5-4 是晶体管的输出特性曲线,当 I_B 改变时,可得一组曲线族,由图可见,输出特性曲线通常分为放大区、截止区和饱和区三个区域。

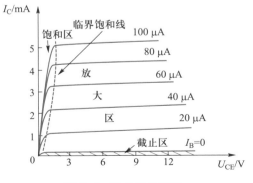

图 5-4 输出特性曲线

（1）截止区：$I_B = 0$ 以下区域称为截止区。在这个区域中，集电结处于反偏，$U_{BE} \leqslant 0$，发射结反偏或零偏，即 $U_C > U_E \geqslant U_B$。电流 I_C 很小，工作在截止区时的晶体管犹如一个断开的开关。

（2）放大区：特性曲线近似水平直线的区域称为放大区。在这个区域里发射结正偏，集电结反偏，即 $U_C > U_B > U_E$。其特点是 I_C 的大小受 I_B 的控制，$\Delta I_C = \beta \Delta I_B$，晶体管具有电流放大作用。在放大区 β 约等于常数，I_B 按等差值变化，I_C 按一定比例几乎等距离平行变化。由于 I_C 只受 I_B 的控制，与 U_{CE} 的大小基本无关，所以具有恒流和受控特点，即晶体管可看作受 I_B 控制的理想电流源。在模拟电路中，晶体管主要工作于该区域，发挥晶体管的放大作用。

（3）饱和区：特性曲线靠近纵轴的区域是饱和区。当 $U_{CE} < U_{BE}$ 时，发射结、集电结均处于正偏，即 $U_B > U_C > U_E$。在饱和区，I_B 增大时，I_C 几乎不再增大，晶体管失去放大作用。一般认为 $U_{CE} = U_{BE}$ 时的状态称为临界饱和状态，用 U_{CES} 表示。

此时集电极临界饱和电流为

$$I_{CS} = \frac{U_{CC} - U_{CES}}{R_C} \approx \frac{U_{CC}}{R_C} \tag{5-3}$$

基极临界饱和电流为

$$I_{BS} = \frac{I_{CS}}{\beta} \tag{5-4}$$

当集电极电流 $I_C > I_{CS}$ 时，认为管子已处于饱和状态。$I_C < I_{CS}$ 时，管子处于放大状态。管子深度饱和时，硅管 U_{CE} 约为 0.3 V，锗管约为 0.1 V，由于深度饱和时 U_{CE} 约等于零，故此时的晶体管在电路中犹如一个闭合的开关。

晶体管的工作状态从截止转为饱和，或从饱和转为截止，如同一个开关的作用，此时晶体管工作在开关状态。

5.1.3　主要参数

晶体管的参数是用来衡量晶体管的各种性能，评价晶体管的优劣和选用晶体管的依据，主要参数如下。

1. 电流放大系数

（1）共射直流电流放大系数 $\bar{\beta}$。它表示集电极电压一定时，集电极电流和基极电流之间的关系，即

$$\bar{\beta} = \frac{I_C - I_{CEO}}{I_B} \approx \frac{I_C}{I_B} \tag{5-5}$$

（2）共射交流电流放大系数 β。它表示在 U_{CE} 保持不变的条件下，集电极电流的变化量与相应的基极电流变化量之比，即

$$\beta = \frac{\Delta I_C}{\Delta I_B} \bigg|_{U_{CE} = 常数} \tag{5-6}$$

$\bar{\beta}$ 和 β 的含义虽不同，但晶体管工作于放大区时，两者差异极小，常认为 $\bar{\beta} = \beta$

（手册上 β 和 $\overline{\beta}$ 用 h_{fe} 和 h_{FE} 表示）。

由于制造工艺上的分散性,同一类型晶体管的 β 值差异很大。常用小功率晶体管的 β 值一般为 $20\sim200$。实验表明,温度升高时 β 随之增大,一般以25 ℃时的 β 值为基数,温度每升高 1 ℃, β 增加 $0.5\%\sim1\%$。β 过小,管子电流放大作用小;β 过大,温度稳定性差。一般选用 β 值在 $20\sim100$ 的管子较为合适。

2. 极间电流

（1）集-基极反向饱和电流 I_{CBO}。发射极开路,集电极与基极之间加反向电压时,由少数载流子形成的电流,其值受温度影响大,锗管的 I_{CBO} 是硅管的 $2\sim3$ 倍。工程上一般都按温度每升高 10 ℃,I_{CBO} 增大一倍来考虑。I_{CBO} 越小晶体管工作的稳定性越好。

（2）穿透电流 I_{CEO}。基极开路,集电极与发射极间加电压时的集电极电流,由于这个电流由集电极穿过基区流到发射极,故称为穿透电流。根据晶体管的电流分配关系可知 $I_{CEO}=(1+\beta)I_{CBO}$。故 I_{CEO} 也因温度的影响而改变,且 β 值大的晶体管热稳定性差。

3. 极限参数

（1）集电极最大允许电流 I_{CM}。晶体管的集电极电流达到一定值后,电流增大,晶体管的 β 值下降,I_{CM} 是 β 值下降到正常值 $2/3$ 时的集电极电流。超过这个值时,β 值就会显著下降。

（2）反向击穿电压 $U_{(BR)CEO}$。基极开路时,加于集-射极之间的最大允许电压。使用时如果超出这个电压将导致集电极电流 I_C 急剧增大,这种现象称为击穿。温度升高时,$U_{(BR)CEO}$ 值会显著下降。

（3）集电极最大允许耗散功率 P_{CM}。晶体管电流 I_C 与电压 U_{CE} 的乘积称为集电极功率 P_C,当 P_C 大于 P_{CM} 将会导致晶体管过热甚至烧毁。一般硅管的最高温度为 140 ℃,锗管为 90 ℃。

例 5-1 用直流电压表测得放大电路中晶体管 T_1 各电极的对地电位分别为 $U_x=+10\ V$, $U_y=0\ V$, $U_z=+0.7\ V$,如图 5-5（a）所示,T_2 管各电极电位 $U_x=+0\ V$, $U_y=-0.3\ V$, $U_z=-5\ V$,如图 5-5（b）所示,试判断 T_1 和 T_2 各是何类型、何材料的管子,x、y、z 各是何电极。

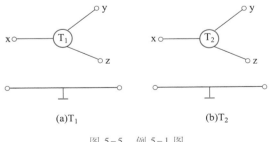

图 5-5 例 5-1 图

解:根据工作在放大区中晶体管三个电极之间的电位关系,首先分析出三电极

的最高或最低电位,确定为集电极,而电位差为导通电压的就是发射极和基极。根据发射极和基极的电位差值判断管子的材质。

（1）在图 5-5（a）中,z 与 y 之间的电压为 0.7 V,可确定为硅管,因为 $U_x>U_z>U_y$,所以 x 为集电极,y 为发射极,z 为基极,满足 $U_C>U_B>U_E$ 的关系,晶体管为 NPN 型。

（2）在图 5-5（b）中,x 与 y 之间的电压为 0.3 V,可确定为锗管,又因 $U_z<U_y<U_x$,所以 z 为集电极,x 为发射极,y 为基极,满足 $U_C<U_B<U_E$ 的关系,晶体管为 PNP 型。

例 5-2　图 5-6 所示的电路中,晶体管均为硅管,$\beta=30$,试分析各图电路的工作状态。

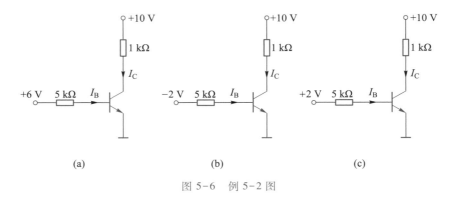

图 5-6　例 5-2 图

解:（a）因为基极偏置电源+6 V 远大于晶体管的正向导通电压,故晶体管导通,则

$$I_B=\frac{6-0.7}{5}\text{ mA}=\frac{5.3}{5}\text{ mA}=1.06\text{ mA}$$

若放大,则 I_C 应该是

$$I_C=\beta I_B=30\times1.06\text{ mA}=31.8\text{ mA}$$

但

$$I_{CS}=\frac{10\text{ V}-U_{CES}}{1\text{ k}\Omega}=(10-0.3)\text{ mA}=9.7\text{ mA}$$

I_C 的值不可能超过 9.7 mA,因为 $I_C>I_{CS}$,所以晶体管工作在饱和区。

（b）因为基极偏置电源为-2 V,晶体管的发射结反偏,所以晶体管工作在截止区。

（c）因为基极偏置电源+2 V 大于晶体管的导通电压,故晶体管的发射结正偏,晶体管导通。

$$I_B=\frac{2-0.7}{5}\text{ mA}=\frac{1.3}{5}\text{ mA}=0.26\text{ mA}$$

$$I_C=\beta I_B=30\times0.26\text{ mA}=7.8\text{ mA}$$

因为 $I_C<I_{CS}$,所以晶体管工作在放大区。

例 5-3 试分析图 5-7 所示电路的工作情况。

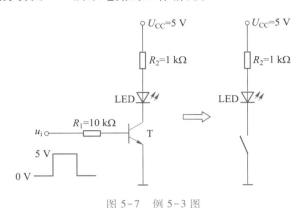

图 5-7 例 5-3 图

解:当输入信号电平为 0 V 时,晶体管发射结 $U_{BE}=0$,基极电流 $I_B=0$,集电极电流 $I_C=\beta I_B=0$,相当于开关断开;当输入信号电平为 5 V 时,发射结正偏,集电结正偏,晶体管处于深度饱和,$U_{CES}\approx 0.3$ V,相当于开关闭合。晶体管的这种作用称为开关作用。

实际应用中,晶体管在模拟电路中主要作为放大器件使用,而在数字电路中则主要发挥其开关作用。

• 【练习与思考】

5-1-1 晶体管的发射极和集电极是否可以对调使用? 为什么?

5-1-2 晶体管在放大区和饱和区工作时,其电流放大系数是否一样大?

5-1-3 为什么晶体管基区掺杂浓度小而且做得很薄?

5-1-4 如何用万用表欧姆挡判断一只晶体管的好坏?

5-1-5 如何用万用表欧姆挡判断一只晶体管的类型和区分三个电极?

5-1-6 温度升高后,晶体管的 I_{CBO}、β、I_{CEO} 及 I_C 有什么变化?

5-1-7 有两个晶体管,一个晶体管的 $\beta=50$,$I_{CBO}=2$ μA;另一个晶体管的 $\beta=150$,$I_{CBO}=50$ μA,其他参数基本相同,你认为哪一个晶体管的性能更好一些?

5.2 共发射极放大电路

放大电路一般由电压放大和功率放大两个环节组成,如图 5-8 所示。电压放大是将信号源信号或由传感器接收到的微弱信号(mV 与 μV 量级)进行放大,而功率放大是为了能够驱动负载工作。电压放大和功率放大都由基本放大电路组成。

图 5-8 放大电路结构

晶体管基本放大电路具有三种形式:共发射极、共集电极、共基极放大电路,如图 5-9 所示。其中,应用最广的是共发射极放大电路,它主要用于微弱信号的电压放大。本章只讨论共发射极与共集电极放大电路。

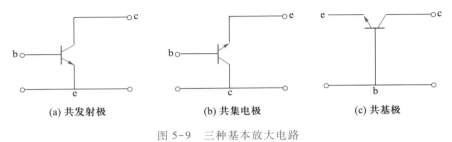

(a) 共发射极　　　　　　　(b) 共集电极　　　　　　　(c) 共基极

图 5-9　三种基本放大电路

5.2.1　放大电路的组成

1. 放大电路的组成原则

在图 5-10(a)的共发射极放大电路中,输入端接低频交流信号 u_i(如音频信号,频率为 20 Hz~20 kHz),输出端接负载电阻 R_L(如小功率的扬声器、微型继电器、下一级放大电路等),输出电压用 u_o 表示。电路中各元件作用如下。

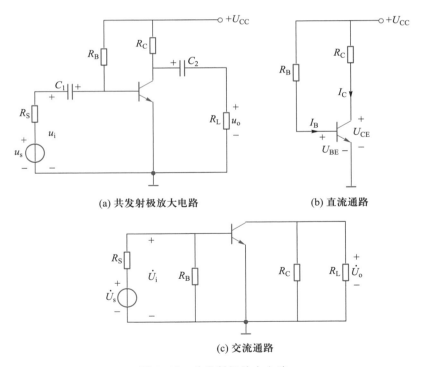

(a) 共发射极放大电路　　　　　　　(b) 直流通路

(c) 交流通路

图 5-10　共发射极放大电路

(1) 晶体管　放大电路的核心元件。利用晶体管在放大区 $i_c = \beta i_b$ 的电流放大作用,将微弱的电信号进行放大。

138

（2）集电极电源 U_{CC} 为放大电路提供能量，并保证发射结处于正向偏置、集电结处于反向偏置，使晶体管工作在放大区。U_{CC} 取值一般为几伏到几十伏。

（3）基极电阻 R_B 提供大小合适的基极电流 I_B，以保证晶体管工作在放大状态。R_B 一般取几十千欧到几百千欧。为满足放大条件，需有 $R_B \gg R_C$。

（4）集电极负载 R_C 它主要将集电极电流的变化转换为电压的变化，以实现电压放大。R_C 一般为几千欧到几十千欧。

（5）耦合电容 C_1、C_2 起隔直流通交流的作用。在信号频率范围内，认为容抗近似为零。所以分析电路时，在直流通路中视电容为开路，在交流通路中视电容为短路。C_1、C_2 一般为几微法到几十微法的极性电容，所以连接时要注意其极性。

2. 直流通路与交流通路

放大电路中既有直流信号也有交流信号。直流信号流过的路径称为直流通路，在直流通路中，耦合电容 C_1、C_2 相当于开路，由此可以画出图 5-10（a）对应的直流通路为图 5-10（b）。交流信号流过的路径称为交流通路，在交流通路中耦合电容 C_1、C_2 的容抗很小，对交流信号而言可视作短路。直流电源 U_{CC} 内阻很小，对交流信号也可视作短路。由此可以画出图 5-10（a）对应的交流通路为图 5-10（c）。

由于放大电路中包含有交、直流分量，为便于区分，统一约定：直流量主标与角标均大写（如 U_{CE}），交流量主标与角标均小写（如 u_{ce}），交直流混合量主标小写、角标大写（如 u_{CE}），而交流量的有效值为主标大写、角标小写（如 U_{ce}）。

5.2.2 共发射极放大电路的静态分析

静态是放大电路没有输入电压 u_i 时的状态，分析的对象是直流信号。静态分析的目的是确定电路的静态值 I_B、I_C 和 U_{CE}，这组数据对应晶体管输入和输出特性曲线上的某个点，称其为静态工作点，用 Q 表示。合适的静态工作点是保证放大电路正常放大的前提。

1. 估算法确定静态工作点

由图 5-10（b）可以得出静态工作点近似估算式

$$\left.\begin{aligned} I_B &= \frac{U_{CC} - U_{BE}}{R_B} \approx \frac{U_{CC}}{R_B} \\ I_C &= \beta I_B \\ U_{CE} &= U_{CC} - I_C R_C \end{aligned}\right\} \tag{5-7}$$

晶体管导通后硅管 U_{BE} 的大小为 $0.6 \sim 0.7$ V（锗管约为 0.3 V），U_{CC} 较大时，U_{BE} 可以忽略不计。

2. 图解法确定静态工作点

（1）由输入特性曲线确定 I_B 和 U_{BE}

根据图 5-10（b）的输入回路，列出输入回路电压方程

$$U_{CC} = I_B R_B + U_{BE} \tag{5-8}$$

并表示在输入特性曲线 $I_B = f(U_{BE}) \mid_{U_{CE} = 常数}$ 的坐标系中,如图 5-11(a)所示。显然两线交点 Q 的坐标就是 I_{BQ} 和 U_{BEQ}。

(2)由输出特性曲线确定 I_{CQ} 和 U_{CEQ}

由图 5-10(b)的输出回路,列出回路方程

$$U_{CC} = I_C R_C + U_{CE}$$

并表示在输出特性曲线 $I_C = f(U_{CE}) \mid_{I_B = 常数}$ 的坐标系中,如图 5-11(b)所示,其斜率为 $\tan \alpha = -1/R_C$,称为直流负载线。对于已确定的 I_{BQ},直流负载线与 I_{BQ} 所对应的输出特性曲线交点 Q 的坐标就是 I_{CQ} 和 U_{CEQ}。

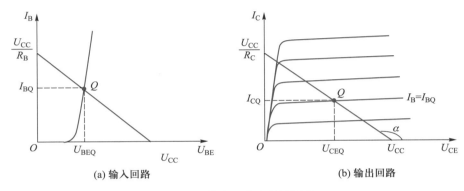

(a)输入回路　　　　　　　　　　(b)输出回路

图 5-11　静态工作点的图解法

5.2.3　共发射极放大电路的动态分析

放大电路有输入电压信号 u_i 时,电路中各处的电压、电流都处于变动的状态,简称动态。分析的对象是交流信号,动态分析的目的是确定信号在放大电路中的传输特征,并求出电路的电压放大倍数 A_u、输入电阻 r_i、输出电阻 r_o 等性能指标。

1. 动态信号的传输过程

以图 5-12(a)为例来讨论,设输入信号 u_i 为正弦信号,通过耦合电容 C_1 加到晶体管的基-射极,产生电流 i_b,因而基极电流 $i_B = I_B + i_b$;集电极电流受基极电流的控制 $i_C = \beta(I_B + i_b) = I_C + i_c$;电阻 R_C 上的压降为 $i_C R_C$,它随 i_C 成比例地变化。而集-射极的管压降 $u_{CE} = U_{CC} - i_C R_C$ 随 $i_C R_C$ 的增大而减小。

耦合电容 C_2 阻隔直流分量 U_{CE},将交流分量 $u_{ce} = -i_c R_C$ 送至输出端,这就是放大后的信号电压 $u_o = u_{ce} = -i_c R_C$。u_o 表达式中的负号说明 u_o 与 u_i、i_b、i_c 反相。

图 5-12(b)～(g)为放大电路中各有关电压和电流的信号波形。

综上所述,可归纳以下几点:

(1)无输入信号时,晶体管的电压、电流都是直流分量。有输入信号后,i_B、i_C、u_{CE} 都在原来静态值的基础上叠加了一个交流分量。虽然 i_B、i_C、u_{CE} 的瞬时值是变化的,但它们的方向始终不变,即均是脉动直流量。

(2)输出 u_o 与输入 u_i 频率相同,且 u_o 的幅度比 u_i 大得多。

(3)电流 i_b、i_c 与输入 u_i 同相,输出电压 u_o 与 u_i 反相,即共发射极电路具有反

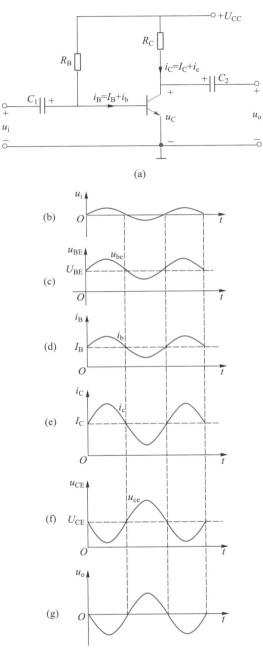

(a)

(b)

(c)

(d)

(e)

(f)

(g)

图 5-12　放大电路中电压、电流的波形

相放大作用。

2. 微变等效电路法

　　微变等效电路法和图解法是动态分析的基本方法。对于多级放大电路，微变等效电路法表现出了其独特的优越性，而图解法虽然直观，但较为烦琐，因此不再

介绍图解法。

（1）晶体管的线性模型

当晶体管中传输的是微小信号时，可认为其工作在特性曲线的线性段，因此可以将晶体管（非线性元件）当作线性元件来处理。

由图 5-13（a）晶体管的输入特性曲线可知，在微小信号作用下，静态工作点 Q 邻近的 $Q_1 \sim Q_2$ 工作范围内的曲线可视为直线，其斜率不变，可以等效为一个线性电阻。这个电阻称为晶体管的输入电阻，即

$$r_{be} = \frac{\Delta U_{BE}}{\Delta I_B}\bigg|_{U_{CE}=常数} = \frac{u_{be}}{i_b} \tag{5-9}$$

其等效电路如图 5-14（b）所示。根据半导体理论及文献资料，工程中低频小功率晶体管的 r_{be} 可用下式估算

$$r_{be} = 300\ \Omega + (1+\beta)\frac{26\ \text{mV}}{I_{EQ}} \tag{5-10}$$

这个电阻一般为几百到一千欧姆。

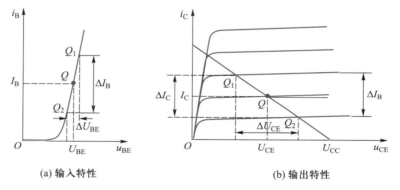

(a) 输入特性　　　　　(b) 输出特性

图 5-13　线性区工作时晶体管的特性曲线示意图

由图 5-13（b）晶体管的输出特性曲线可知，在小信号作用下的静态工作点 Q 邻近的 $Q_1 \sim Q_2$ 工作范围内，当 i_b 等距变化时，放大区 i_c 的曲线是一组近似平行等距的水平线，它反映了集电极电流 I_C 只随基极电流 I_B 变化，而与晶体管两端电压 U_{CE} 基本无关，因而晶体管的输出回路可等效为一个受控电流源，即

$$\Delta I_c = \beta \Delta I_B \quad 或 \quad i_c = \beta i_b \tag{5-11}$$

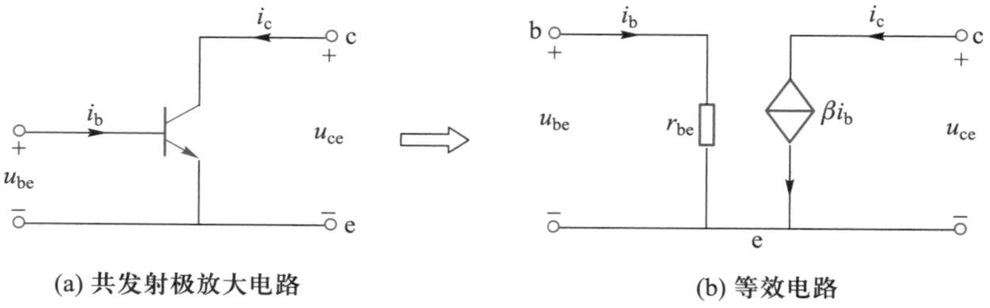

(a) 共发射极放大电路　　　　　(b) 等效电路

图 5-14　晶体管的线性模型

（2）放大电路的微变等效电路

放大电路的交流通路反映信号的传输与放大过程,进一步作出它的微变等效电路便可以通过它分析计算放大电路的各种性能指标。

由于 C_1、C_2 的容抗很小,对交流信号而言可视作短路。直流电源 U_{CC} 内阻很小,对交流信号也可视作短路。据此作出的图 5-15(a)便是图 5-12(a)共发射极放大电路的等效交流通路。将交流通路中的晶体管用线性化模型来取代,可得如图 5-15(b)所示共发射极放大电路的微变等效电路。

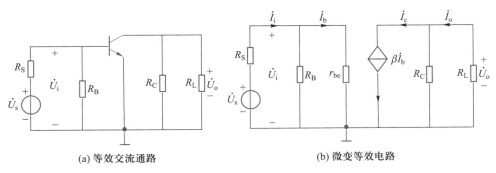

(a) 等效交流通路　　　　　　　　　(b) 微变等效电路

图 5-15　图 5-12(a)的等效交流通路及微变等效电路

（3）放大电路的动态性能指标及其计算

① 电压放大倍数 A_u

电压放大倍数是指放大电路的输出电压与输入电压的比值,它是放大电路的主要技术指标之一。设输入为正弦信号,由图 5-15(b)的微变等效电路可得

$$A_u = \frac{\dot{U}_o}{\dot{U}_i} = \frac{-\beta \dot{I}_b (R_C /\!/ R_L)}{\dot{I}_b r_{be}} = -\beta \frac{R'_L}{r_{be}} \qquad (5-12)$$

其中,$R'_L = R_C /\!/ R_L$,称为等效交流负载,式中负号表示输出电压与输入电压的相位相反。当放大电路输出端开路时,电压放大倍数为

$$A_{uo} = -\beta \frac{R_C}{r_{be}} \qquad (5-13)$$

因为 $R'_L < R_C$,可见有负载 R_L 时的电压放大倍数降低了,R_L 愈小,电压放大倍数愈低。

另外,输出电压 $\dot{U}_o$ 与输入信号源电压 $\dot{U}_s$ 之比,称为源电压放大倍数 A_{us},即

$$A_{us} = \frac{\dot{U}_o}{\dot{U}_s} = \frac{\dot{U}_o}{\dot{U}_i} \cdot \frac{\dot{U}_i}{\dot{U}_s} = A_u \cdot \frac{r_i}{R_S + r_i} \approx \frac{-\beta R'_L}{R_S + r_{be}} \qquad (5-14)$$

式中 $r_i = R_B /\!/ r_{be} \approx r_{be}$(通常 $R_B \gg r_{be}$)。可见 R_S 愈大,源电压放大倍数愈低。一般共射极放大电路为提高源电压放大倍数,总希望信号源内阻 R_S 小一些。

② 放大电路的输入电阻 r_i 与输出电阻 r_o。

一个放大电路的输入端总是与信号源(或前一级放大电路)相连,其输出端总是与负载(或后一级放大电路)相接。因此,放大电路与信号源和负载之间都是相

互联系、相互影响的。它们之间的联系如图 5-16 所示。输入电阻 r_i 和输出电阻 r_o 都是放大电路主要的性能指标。

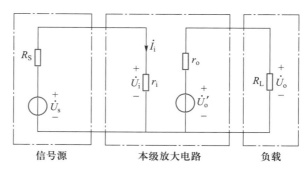

图 5-16　放大电路与信号源及负载的联系

（a）输入电阻 r_i

放大电路是信号源（或前一级放大电路）的负载,其输入端的等效电阻就是信号源（或前一级放大电路）的负载电阻,也就是放大电路的输入电阻 r_i。其定义为输入电压与输入电流之比,即

$$r_i = \frac{\dot{U}_i}{\dot{I}_i} \tag{5-15}$$

图 5-12（a）的输入电阻可由图 5-17 所示的等效电路得出。即

$$r_i = \frac{\dot{U}_i}{\dot{I}_i} = R_B /\!/ r_{be} \approx r_{be} \tag{5-16}$$

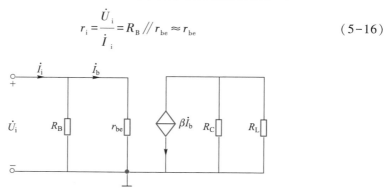

图 5-17　放大电路的输入电阻

一般输入电阻越大越好。原因是:第一,较小的 r_i 需从信号源取用较大的电流而增加信号源的负担。第二,电压信号源内阻 R_S 和输入电阻 r_i 为串联关系,r_i 上得到的分压才是放大电路的输入电压 $\dot{U}_i$,显然应为 $r_i \gg R_S$。第三,若与前级放大电路相连,则本级的 r_i 就是前级的等效负载,若 r_i 较小,则前级放大电路的电压放大倍数也就越小。

（b）输出电阻 r_o

放大电路是负载（或后级放大电路）的等效信号源,其等效内阻就是放大电路的输出电阻 r_o,它的大小影响本级和后级的工作情况。输出电阻 r_o 即从放大电路输出端看进去的戴维南等效内阻。由于一般情况下其含有受控源,所以实际中常采用如下方法计算输出电阻。

去掉输入信号源,保留信号源内阻,在输出端加一信号 $\dot{U}_o'$ 以产生一个电流 $\dot{I}_o'$,则放大电路的输出电阻为

$$r_o = \frac{\dot{U}_o'}{\dot{I}_o'}\bigg|_{\dot{U}_s=0} \tag{5-17}$$

至于图 5-12(a)的输出电阻可由图 5-18 所示的等效电路得出。当 $\dot{U}_s = 0$ 时,$\dot{I}_b = 0$,$\dot{I}_c = \beta\dot{I}_b = 0$,则 $r_o = R_C$。

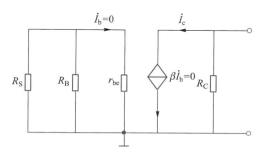

图 5-18　放大电路的输出电阻

一般输出电阻越小越好。原因是:第一,对后一级放大电路来说,前级的等效信号源的内阻 r_o 越小,后一级放大电路的有效输入电压信号越大,使后一级放大电路的 A_{us} 增大;第二,放大电路的负载发生变动,若 r_o 较高,必然引起放大电路输出电压有较大的波动,也即放大电路的带负载能力变差。所以 r_o 越小,带负载能力越强。

例 5-4　已知图 5-10(a)所示的共发射极放大电路中 $U_{CC} = 12$ V,$R_B = 300$ kΩ,$R_C = 4$ kΩ,$R_L = 4$ kΩ,$R_S = 100$ Ω,晶体管的 $\beta = 40$。(1)估算静态工作点;(2)计算电压放大倍数;(3)计算输入电阻和输出电阻。

解:(1)估算静态工作点。由图 5-10(b)所示直流通路得

$$I_B \approx \frac{U_{CC}}{R_B} = \frac{12}{300} \text{ mA} = 40 \text{ μA}$$

$$I_C = \beta I_B = 40\times40 \text{ μA} = 1.6 \text{ mA}$$

$$U_{CE} = U_{CC} - I_C R_C = (12-1.6\times4) \text{ V} = 5.6 \text{ V}$$

(2)计算电压放大倍数。首先画出如图 5-15(a)所示的等效交流通路,然后画出如图 5-15(b)所示的微变等效电路,可得

$$r_{be} = 300 \ \Omega + (1+\beta)\frac{26 \text{ mV}}{I_E} = \left(300+41\times\frac{26}{1.6}\right) \Omega = 0.966 \text{ k}\Omega$$

$$A_u = \frac{\dot{U}_o}{\dot{U}_i} = -\beta\frac{(R_C /\!/ R_L)}{r_{be}} = -40\times\frac{2}{0.966} = -82.8$$

（3）计算输入电阻和输出电阻。

$$r_i = \frac{U_i}{I_i} = R_B /\!/ r_{be} \approx 0.966 \ k\Omega$$

$$r_o = R_C = 4 \ k\Omega$$

③ 放大电路的通频带

由于放大电路含有电容元件(耦合电容 C_1、C_2 及 PN 结的结电容)，当频率太高或太低时，微变等效电路不再是电阻性电路，输出电压与输入电压的相位发生了变化，电压放大倍数也将降低，当电压放大倍数 A_u 下降到 $\frac{1}{\sqrt{2}}A_{um} = 0.707A_{um}$ 时，所对应的两个频率分别称为上限频率 f_H 和下限频率 f_L，$f_L \sim f_H$ 的频率范围称为放大电路的通频带(或称带宽) BW，它是放大电路频率特性的一个重要指标，如图 5-19(a)所示，通频带越宽，放大电路的工作频率范围越大。

$$BW = f_H - f_L \tag{5-18}$$

图 5-19(a)为电压放大倍数 A_u 与频率 f 的曲线(幅频特性曲线)。在低频段，A_u 有所下降是因为低频时耦合电容(串联关系)的容抗不可忽略，信号在耦合电容上的电压降增加，因此造成 A_u 下降；在高频段，由于晶体管存在结电容(与负载并联)以及电流放大倍数的下降也会使 A_u 下降。

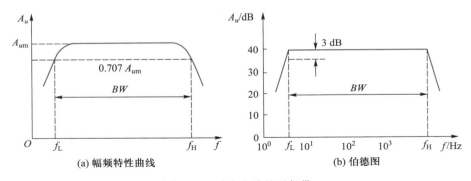

图 5-19　放大电路的通频带

在研究放大电路的频率响应时，输入信号的频率范围常常设置在几赫到上百兆赫，而放大倍数也可从几倍到上百万倍，为了在同一坐标系中表示如此宽的变化范围，在画频率特性曲线时常采用对数坐标，称为伯德图，如图 5-19(b)所示。伯德图的横轴采用对数刻度 $\lg f$，纵轴采用 $20\lg A_u$，单位是分贝(dB)，即 $A_u(dB) = 20\lg A_u$，因为 $20\lg(1/\sqrt{2}) = -3 \ dB$，所以工程上通常把 $f_L \sim f_H$ 的频率范围称为放大电路的"$-3 \ dB$"通频带(简称 3 dB 带宽)。

3. 图解法与放大电路的非线性失真

静态工作点是否合适会影响放大电路的质量。静态工作点合适，才能保证放大效果且不引起非线性失真。

如果静态工作点太低，如图 5-20 所示 Q' 点，从输出特性可以看到，当有信号

（设为正弦）输入时,晶体管的工作范围进入了截止区。这样就使 i'_c 的负半周波形和 u'_o 的正半周波形都严重失真。这种失真称为截止失真。

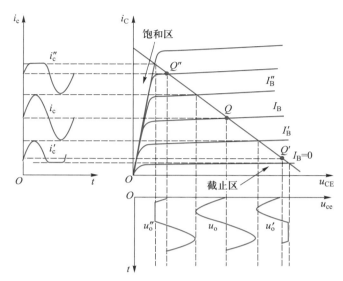

图 5-20 静态工作点与非线性失真的关系

如果静态工作点太高,如图 5-20 所示 Q'' 点,从输出特性可以看到,当有信号输入时,晶体管的工作范围进入了饱和区。这样就使 i''_c 的正半周波形和 u''_o 的负半周波形都严重失真。这种失真称为饱和失真。

由于上述两种失真均为晶体管的工作超出线性区而进入非线性区所致,故统称为非线性失真。

消除截止失真的方法是提高静态工作点的位置。对于图 5-12(a)的共发射极放大电路,可适当减小 R_B 阻值,增大 I_{BQ},使静态工作点上移来消除截止失真。

消除饱和失真的方法是降低静态工作点的位置。对于图 5-12(a)的共发射极放大电路,可增大 R_B 阻值,减小 I_{BQ},使静态工作点下移来消除饱和失真。

总之,设置合适的静态工作点,可避免放大电路产生非线性失真。如图 5-20 所示 Q 点选在放大区的中间,相应的 i_c 和 u_o 都没有失真。但是,还应注意到若输入的信号幅度过大,即使 Q 点设置合适,也可能既产生饱和失真又产生截止失真。

【练习与思考】

5-2-1　放大电路为什么要设置静态工作点?静态值 I_B 能否为零?为什么?

5-2-2　在放大电路中,为使电压放大倍数 $A_u(A_{us})$ 高,希望负载电阻 R_L 大一些好,还是小一些好?为什么?希望信号源内阻 R_s 大一些好,还是小一些好?为什么?

5-2-3　什么是放大电路的输入电阻和输出电阻,它们的数值是大一些还是小一些好?为什么?

5-2-4　什么是放大电路的非线性失真?有哪几种?如何消除?

5-2-5   在图 5-12(a)所示电路中,用直流电压表测得的集电极对"地"电压和负载 R_L 上的电压是否一样?用示波器观察集电极对"地"的交流电压波形和集电极电阻 R_C 及负载电阻 R_L 上的交流电压波形是否一样?并说明原因。

5-2-6   在图 5-10(a)所示电路中,电容两端的直流电压各应等于多少?并说明其上直流电压的极性。

5.3   分压式偏置放大电路

5.3.1   温度对工作点的影响

图 5-10(a)固定偏置电路中,由 $I_B = \dfrac{U_{CC}-U_{BE}}{R_B} \approx \dfrac{U_{CC}}{R_B}$ 可知,该电路中 U_{CC} 及 R_B 一经选定,I_B 就被确定,但温度升高将导致集电极电流增大,输出特性曲线族上移,静态工作点从 Q 到 Q' 向饱和区移动,造成工作不稳定,如图 5-21 虚线所示。

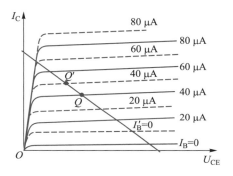

图 5-21   温度对 Q 点的影响

5.3.2   分压式偏置放大电路

为稳定静态工作点,引出分压式偏置放大电路,如图 5-22(a)所示。当 $I_1 \approx I_2 \gg I_B$ 时,R_{B1}、R_{B2} 的分压为基极提供了一个固定电压

$$U_B = \frac{R_{B2}}{R_{B1}+R_{B2}}U_{CC} \tag{5-19}$$

另外,在发射极串接电阻 R_E,可起到稳定静态工作点的作用。其稳定过程如下所示。

$$温度\ T\uparrow \to I_C\uparrow \to I_E\uparrow \to U_E\uparrow \xrightarrow{U_B\ 固定} U_{BE}\downarrow$$
$$I_C\downarrow \leftarrow I_B\downarrow \leftarrow$$

发射极串接电阻 R_E 势必造成电压放大倍数 A_u 下降(见例 5-5 的微变等效电路)。为了克服这一不足,在 R_E 两端并联一个旁路电容 C_E,如图 5-22(a)中虚线所示。对于直流,C_E 相当于开路,仍能稳定工作点;而对于交流信号,C_E 相当于短路,如图 5-22(c)中虚线所示,电压放大倍数 A_u 不会因为稳定了工作点而下降。一般

旁路电容 C_E 取几十微法到几百微法。

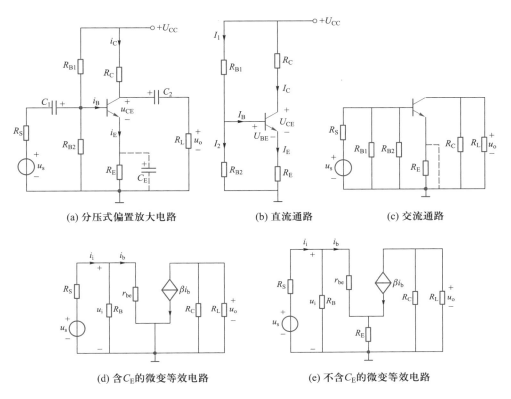

(a) 分压式偏置放大电路　　　　(b) 直流通路　　　　(c) 交流通路

(d) 含C_E的微变等效电路　　　　(e) 不含C_E的微变等效电路

图 5-22　分压式偏置的共发射极放大电路

R_E 越大,静态稳定性越好,这实际上是直流负反馈对放大电路性能的影响,负反馈内容将在下一章讨论。但过大的 R_E 会使 U_{CE} 下降,影响 u_o 输出的幅度,通常小信号放大电路中 R_E 取几百到几千欧。

例 5-5　在图 5-22(a) 所示的分压式偏置放大电路中,已知 $U_{CC} = 24$ V,$R_{B1} = 33$ kΩ,$R_{B2} = 10$ kΩ,$R_C = 3.3$ kΩ,$R_E = 1.5$ kΩ,$R_L = 5.1$ kΩ,晶体管的 $\beta = 66$,设 $R_S = 0$。(1) 估算静态工作点;(2) 画微变等效电路;(3) 计算电压放大倍数;(4) 计算输入、输出电阻;(5) 当 R_E 两端未并联旁路电容时,画其微变等效电路,计算电压放大倍数和输入、输出电阻。

解:(1) 静态工作点估算

作出直流通路如图 5-22(b) 所示,由直流通路得

$$U_B = \frac{R_{B2}}{R_{B1} + R_{B2}} U_{CC} = \frac{10}{33+10} \times 24 \text{ V} = 5.6 \text{ V}$$

$$I_C \approx I_E = \frac{U_B - U_{BE}}{R_E} \approx \frac{U_B}{R_E} = \frac{5.6 \text{ V}}{1.5 \text{ k}\Omega} = 3.7 \text{ mA}$$

$$U_{CE} \approx U_{CC} - I_C(R_C + R_E) = [24 - 3.7 \times (3.3 + 1.5)] \text{ V} = 6.2 \text{ V}$$

（2）画微变等效电路如图 5-22(d) 所示。图中 $R_B = R_{B1} /\!/ R_{B2}$。

（3）计算电压放大倍数

由微变等效电路得

$$A_u = \frac{\dot{U}_o}{\dot{U}_i} = \frac{-\beta(R_L /\!/ R_C)}{r_{be}} = \frac{-66 \times \dfrac{5.1 \times 3.3}{5.1 + 3.3} \times 1000}{300 + (1+66)\dfrac{26}{3.7}} = -172$$

其中

$$r_{be} = 300\ \Omega + (1+\beta)\frac{26\ mV}{I_E} = \left(300 + 67 \times \frac{26}{3.7}\right)\ \Omega = 771\ \Omega = 0.771\ k\Omega$$

（4）计算输入电阻、输出电阻

$$r_i = \frac{1}{\dfrac{1}{R_{B1}} + \dfrac{1}{R_{B2}} + \dfrac{1}{r_{be}}} = \frac{1}{\dfrac{1}{33} + \dfrac{1}{10} + \dfrac{1}{0.771}}\ k\Omega = 0.70\ k\Omega$$

$$r_o = R_C = 3.3\ k\Omega$$

（5）当 R_E 两端未并联旁路电容时，其微变等效电路如图 5-22(e) 所示。图中 $R_B = R_{B1} /\!/ R_{B2}$。

① 计算电压放大倍数

$$A_u = \frac{\dot{U}_o}{\dot{U}_i} = \frac{-\beta(R_L /\!/ R_C)}{r_{be} + (1+\beta)R_E} = \frac{-66 \times \dfrac{5.1 \times 3.3}{5.1 + 3.3}}{0.771 + (1+66) \times 1.5} = -1.3$$

其中 $(1+\beta)R_E$ 为由集电极回路折算到基极回路的等效电阻。

② 计算输入电阻、输出电阻

利用上述折算电阻可得

$$r_i = R_{B1} /\!/ R_{B2} /\!/ [r_{be} + (1+\beta)R_E]$$

$$= \frac{1}{\dfrac{1}{33} + \dfrac{1}{10} + \dfrac{1}{0.771 + (1+66) \times 1.5}}\ k\Omega = 7.13\ k\Omega$$

$$r_o = R_C = 3.3\ k\Omega$$

从计算结果可知，去掉旁路电容后，电压放大倍数降低了，输入电阻提高了。这是因为电路引入了串联负反馈，负反馈内容将在下一章讨论。

【练习与思考】

5-3-1　温度对放大电路的静态工作点有何影响？

5-3-2　分压式偏置放大电路是怎样稳定静态工作点的？旁路电容 C_E 影响静态工作点吗？它的作用是什么？

5-3-3　在实际中调整分压式偏置放大电路的 Q 时，调节哪个元器件的参数比较方便？

5-3-4　针对图 5-22(a) 所示的分压式偏置放大电路，若出现以下情况，对放大电路的工作会有何影响？（1）R_{B1} 断开；（2）R_{B1} 短路；（3）R_{B2} 断开；（4）R_{B2} 短路；（5）C_E 断开；（6）C_E 短路；

（7）C_2 断开；（8）C_2 短路。

5.4 共集电极放大电路

5.4.1 电路的结构

模拟电子电路中常用的另一种放大电路是共集电极放大电路，如图 5-23（a）所示，从其等效的交流通路图 5-23（c）可以看出，集电极是输入回路和输出回路的公共端。所以，从电路连接特点而言，该电路称为共集电极放大电路。另外，此放大电路的交流信号由晶体管的发射极经耦合电容 C_2 输出，故又名射极输出器。

5.4.2 电路的分析

静态分析和动态分析示例如下。

例 5-6 已知图 5-23（a）所示的射极输出器 $U_{CC} = 12$ V，$R_B = 120$ kΩ，$R_E = 4$ kΩ，$R_L = 4$ kΩ，$R_S = 100$ Ω，晶体管的 $\beta = 40$。（1）估算静态工作点；（2）画出微变等效电路；（3）计算电压放大倍数；（4）计算输入电阻、输出电阻。

解：（1）估算静态工作点

由图 5-23（b）的直流通路可得

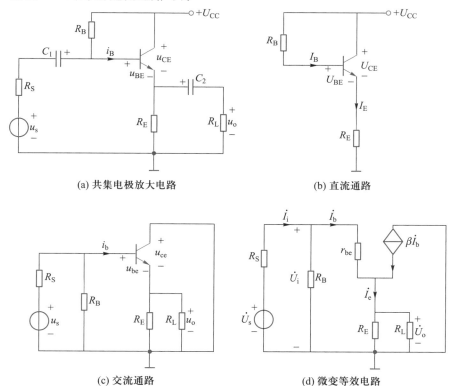

(a) 共集电极放大电路 　　　　　(b) 直流通路

(c) 交流通路 　　　　　(d) 微变等效电路

图 5-23 共集电极放大电路

151

$$I_B = \frac{U_{CC} - U_{BE}}{R_B + (1+\beta) R_E} = \frac{12 - 0.6}{120 + (1+40) \times 4} \text{ mA} = 40 \text{ μA}$$

$$I_C = \beta I_B = 40 \times 40 \text{ μA} = 1.6 \text{ mA}$$

$$U_{CE} = U_{CC} - I_E R_E \approx (12 - 1.6 \times 4) \text{ V} = 5.6 \text{ V}$$

（2）画微变等效电路如图 5-23（d）所示。

（3）计算电压放大倍数

由微变等效电路图 5-23（d）及电压放大倍数的定义得

$$\dot{U}_o = (1+\beta) \dot{I}_b (R_E /\!/ R_L)$$

$$\dot{U}_i = \dot{I}_b r_{be} + \dot{U}_o = \dot{I}_b r_{be} + (1+\beta) \dot{I}_b (R_E /\!/ R_L)$$

$$A_u = \frac{\dot{U}_o}{\dot{U}_i} = \frac{(1+\beta) \dot{I}_b (R_E /\!/ R_L)}{\dot{I}_b r_{be} + (1+\beta) \dot{I}_b (R_E /\!/ R_L)} = \frac{(1+\beta)(R_E /\!/ R_L)}{r_{be} + (1+\beta)(R_E /\!/ R_L)} \tag{5-20}$$

其中 $r_{be} = 300 \text{ Ω} + (1+\beta) 26 \text{ mV} / I_E = 0.97 \text{ kΩ}$，代入数据可得 $A_u \approx 0.99$。

从式（5-20）可以看出：若 $(1+\beta)(R_E /\!/ R_L) \gg r_{be}$，则 $A_u \approx 1$，输出电压 $\dot{U}_o \approx \dot{U}_i$，即输出电压紧紧跟随输入电压的变化。因此，射极输出器又称为电压跟随器。

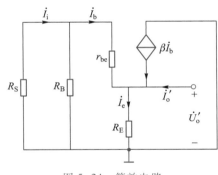

图 5-24　等效电路

（4）计算输入电阻 r_i、输出电阻 r_o

① $r_i = R_B /\!/ [r_{be} + (1+\beta)(R_E /\!/ R_L)] =$

$$\frac{1}{\dfrac{1}{120} + \dfrac{1}{0.97 + 41 \times \dfrac{4 \times 4}{4 + 4}}} \text{ kΩ} = 49 \text{ kΩ}$$

② 求 r_o：令信号源 $\dot{U}_s$ 为零，其等效电路如图 5-24 所示。输出端加上电压 $\dot{U}_o'$，产生电流 $\dot{I}_o'$。一般，$R_B \gg R_S$，$r_{be} \gg R_S$，所以

$$\dot{I}_b \approx -\frac{\dot{U}_o'}{r_{be}}$$

$$\dot{I}_o' = -\dot{I}_b - \beta \dot{I}_b + \dot{I}_e = -(1+\beta) \dot{I}_b + \dot{I}_e = (1+\beta) \frac{\dot{U}_o'}{r_{be}} + \frac{\dot{U}_o'}{R_E}$$

$$r_o = \frac{\dot{U}_o'}{\dot{I}_o'} = R_E /\!/ \frac{r_{be}}{1+\beta} \tag{5-21}$$

通常 $R_E \gg \dfrac{r_{be}}{1+\beta}$，则

$$r_o \approx \frac{r_{be}}{\beta} \tag{5-22}$$

所以 $r_o \approx 24 \text{ Ω}$。

5.4.3 电路的特点及应用

1. 射极输出器的特点

从例 5-6 不难看出射极输出器具有以下特点：

（1）输出 u_o 与输入 u_i 同相位，且其电压放大倍数 A_u 近于小于 1；

（2）输入电阻 r_i 很大，高达几十千欧到几百千欧；

（3）输出电阻 r_o 很小，一般在几欧到几十欧。

值得指出的是：尽管射极输出器无电压放大作用，但射极电流 I_e 是基极电流 I_b 的 $(1+\beta)$ 倍，输出功率也近似是输入功率的 $(1+\beta)$ 倍，所以射极输出器具有一定的电流放大作用和功率放大作用。

2. 射极输出器的应用

由于射极输出器的输入电阻大，常被用于多级放大电路的输入级。这样，既可减轻信号源的负担，又可获得较大的信号电压，这对内阻较高的电压信号源来讲更有意义。在电子测量仪器的输入级采用共集电极放大电路作为输入级，较高的输入电阻可减小对测量电路的影响。

由于射极输出器的输出电阻小，常被用于多级放大电路的输出级。当负载变动时，因为射极输出器具有近似输出恒压特性，输出电压不随负载变动，始终保持稳定，所以带负载能力较强。

讲义：共集电极放大电路特点总结

射极输出器也常作为多级放大电路的中间级。射极输出器的输入电阻大，即前一级的负载电阻大，可提高前一级的电压放大倍数；射极输出器的输出电阻小，即后一级的信号源内阻小，可提高后一级的电压放大倍数。这对多级共发射极放大电路来讲，射极输出器起到了阻抗变换的作用，提高了多级共发射极放大电路的总电压放大倍数，改善了多级共发射极放大电路的工作性能。

【练习与思考】

5-4-1 为什么说射极输出器是共集电极电路？

5-4-2 射极输出器有何特点？射极输出器主要应用在哪些场合？

5.5 多级放大与差分放大电路

5.5.1 多级放大电路

在实际应用中，当单级放大电路不能满足电路对放大倍数、输入电阻和输出电阻等性能指标的综合要求时，往往采用多级放大电路。

1. 级间耦合

多级放大电路的级间耦合方式是指信号源和放大器之间，放大器级与级之间，放大器与负载之间的连接方式。下面介绍最常用的阻容耦合和直接耦合连接方式。

（1）阻容耦合放大电路

图 5-25（a）是两级阻容耦合共发射极放大电路。两级间通过电容 C_2 将前级的输出电压加在后级的输入电阻上（即前级的负载电阻上），故称其为阻容耦合放大电路。阻容耦合放大电路只能放大交流信号，各级间直流通路互不相通，即每一级的静态工作点各自独立。

图 5-25（b）所示为两级阻容耦合共发射极放大电路的微变等效电路。多级放大电路的电压放大倍数为各级电压放大倍数的乘积，由于 $u_{o1} = u_{i2}$，故有

$$A_u = \frac{u_o}{u_i} = \frac{u_o}{u_{i2}} \cdot \frac{u_{o1}}{u_i} = A_{u2} \cdot A_{u1}$$

通式为

$$A_u = \prod_{i=1}^{n} A_{ui} \tag{5-23}$$

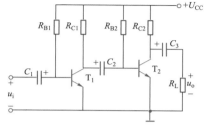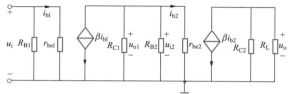

(a) 两级阻容耦合共发射极放大电路　　　(b) 两级阻容耦合共发射极放大电路的微变等效电路

图 5-25　阻容耦合放大电路

计算各级电压放大倍数时必须考虑到后级的输入电阻对前级的负载效应，因为后级的输入电阻就是前级放大电路的负载电阻。如图 5-25 中，$R'_{L1} = R_{C1} /\!/ r_{i2} = R_{C1} /\!/ R_{B2} /\!/ r_{be2}$。

（2）直接耦合放大电路

放大器各级之间、放大器与信号源或负载直接或经电阻连接起来，称为直接耦合方式，如图 5-26 所示。直接耦合方式不仅能放大交流信号，而且能放大低频信号以及直流信号。

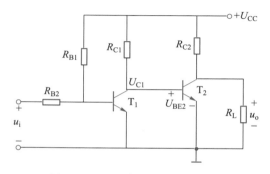

图 5-26　两级直接耦合放大电路

154

直接耦合放大电路的结构特点使得前后级的静态工作点相互影响,但由于集成大容量的电容较难且成本高,集成电路都采用直接耦合方式。

2. 零点漂移

实验表明,在直接耦合放大电路中,即使输入端短接(让输入信号为零),用灵敏的直流表仍可测量出缓慢无规则的输出信号,这种现象称为零点漂移,简称零漂。零点漂移现象严重时,能够淹没真正的输出信号,使电路无法正常工作。

引起零漂的原因很多,最主要的是温度对晶体管参数的影响会造成静态工作点波动。在直接耦合放大器中,前级静态工作点微小的波动都能被逐级放大并且输出。因而,整个放大电路的零漂程度主要由第一级决定。因温度变化对零漂影响最大,故常称零漂为温漂。

5.5.2 差分放大电路

差分放大电路是抑制零点漂移的有效电路。多级直接耦合放大电路的第一级常采用这种电路。图 5-27 所示电路是典型的差分放大电路。

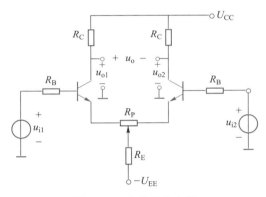

图 5-27 差分放大电路

1. 差分放大电路的工作情况

差分放大电路如图 5-27 所示,它由两个共发射极放大电路组成,共用一个发射极电阻 R_E,信号从两管的基极输入,从两管的集电极输出。它具有镜像对称的特点,在理想情况下,两只晶体管的参数对称,集电极电阻对称,基极电阻对称,而且两个管子感受完全相同的温度,因而两管的静态工作点必然相同。

(1)零点漂移的抑制

若将图 5-27 中两边输入端短路($u_{i1} = u_{i2} = 0$),则电路工作在静态,此时 $I_{B1} = I_{B2}$,$I_{C1} = I_{C2}$,$U_{C1} = U_{C2}$,输出电压为 $u_o = U_{C1} - U_{C2} = 0$。当温度变化引起两管集电极电流发生变化时,两管的集电极电位也随之变化,这时两管的静态工作点都发生变化,由于对称性,两管集电极电位大小、方向的变化完全相同,所以输出电压 $u_o = \Delta U_{C1} - \Delta U_{C2}$ 仍然等于 0,因此有效地抑制了温度引起的零点漂移。

(2)输入信号

差分放大电路的输入信号一般有以下三种情况。

① 共模输入

若 $u_{i1}=u_{i2}$，即输入一对大小相等、极性相同的信号时，称为共模输入。这时两管的工作情况完全相同，所以输出电压 $u_o=\Delta u_{C1}-\Delta u_{C2}=0$，可见差分放大电路能抑制共模信号。

② 差模输入

若 $u_{i1}=-u_{i2}$，即输入一对大小相等、极性相反的信号时，称为差模输入。设 $u_{i1}<0,u_{i2}>0$，这时 u_{i1} 使 T_1 管的集电极电流减小 Δi_{C1}，集电极电位增加 Δu_{C1}；u_{i2} 使 T_2 管的集电极电流增加 Δi_{C2}，集电极电位减小 Δu_{C2}。这样，两个集电极电位一增一减，呈现异向变化，其差值便是输出电压 $u_o=\Delta u_{C1}-(-\Delta u_{C2})=2\Delta u_{C1}$，可见差分放大电路能放大差模信号。

③ 差分输入（任意输入）

当输入为任意信号时，即非共也非差，总可以将其分解为一对共模信号和一对差模信号的组合

$$u_{i1}=u_{id}+u_{ic}$$
$$u_{i2}=-u_{id}+u_{ic}$$

式中 u_{id} 是差模信号，u_{ic} 是共模信号。

例如 $u_{i1}=9\ mV$，$u_{i2}=-3\ mV$，则有 $u_{ic}=3\ mV$，$u_{id}=6\ mV$，即 $u_{i1}=6\ mV+3\ mV$，$u_{i2}=-6\ mV+3\ mV$。

由于其只能放大差模部分，即 u_{i1} 与 u_{i2} 的差，故其输出电压为

$$u_o=A_u(u_{i1}-u_{i2}) \tag{5-24}$$

从而称其为差分输入信号，差分放大电路名称的含义也在于此。

（3）发射极电阻 R_E 及 R_P 的作用

输出 u_o 为双端输出，此时，抑制共模信号靠的是电路的对称性和 R_E 的负反馈作用。输出 u_{o1} 或 u_{o2} 为单端输出，此时，抑制共模信号靠的是电阻 R_E，由于共模信号在 R_E 上的电流大小、方向一样，对于每个管子来说就像是在发射极与地之间连接了一个 $2R_E$ 电阻。由 5.2 节共射极放大电路可知，电阻 R_E 可以降低各个单管对共模信号的放大倍数。并且 R_E 越大，抑制共模信号的能力越强。但是 R_E 太大会使电路的静态电压 U_{CE} 大大减小，因此常在 R_E 下方加接负电源（$-U_{EE}$）以补偿这种压降。

对于差模信号，由于两管发射极电流大小一样，但是方向相反，所以电阻 R_E 上的差模信号压降为零，即电阻 R_E 对差模信号无作用，两管的发射极相当于接"地"。

电位器 R_P 是为调整电路的对称程度设置的。当输入为零（对地短接）时，调节 R_P 使输出电压也为零，才能确保电路的对称性。但 R_P 对差模信号有抑制作用，其阻值不宜大，能实现调零功能足矣。

2. 差分放大电路的共模抑制能力

差分放大电路在共模信号作用下的输出电压与输入电压之比称为共模电压放大倍数，用 A_{oc} 表示。在理想情况下，电路完全对称，共模信号作用时，由于 R_E 的作用，每管的集电极电流和集电极电压均不变化，因此 $u_o=0$，即 $A_{oc}=0$。

但实际上由于每管的零点漂移依然存在,电路不可能完全对称,因此共模电压放大倍数实际并不为零。通常将差模电压放大倍数 A_{od} 与共模电压放大倍数 A_{oc} 之比定义为差分放大电路的共模抑制比,用 K_{CMRR} (common mode rejection ratio)表示,即

$$K_{CMRR} = \frac{A_{od}}{A_{oc}} \qquad (5-25)$$

共模抑制比反映了差分放大电路抑制共模信号的能力,其值越大,电路抑制共模信号(零点漂移)的能力越强。对于差分放大电路,希望差模放大倍数大、共模放大倍数小,即共模抑制比 K_{CMRR} 越大越好。

讲义:差分放大电路输入输出方式总结

● 【练习与思考】

5-5-1 如何计算多级放大电路的电压放大倍数?

5-5-2 与阻容耦合放大电路相比,直接耦合放大电路有哪些特殊的问题?

5-5-3 什么是零点漂移?采取什么措施来抑制零点漂移?

5-5-4 图 5-27 中的电阻 R_E 起什么作用?什么情况下对差模信号无影响?

5-5-5 什么是共模抑制比?

*5.6 功率放大电路

*5.6.1 功率放大电路的特点与类型

1. 特点

为驱动负载,多级放大电路的末级或末前级一般都是功率放大电路。与电压放大电路不同,功率放大电路追求的是,以尽可能小的失真和尽可能高的效率输出尽可能大的功率。

2. 类型

功率放大电路按静态工作点 Q 的不同设置,分为甲类功放、乙类功放和甲乙类功放。

(1)甲类功放

甲类功放的 Q 点设在放大区的中间,如图 5-28(a)所示。这时静态电流 I_C 较大,没有信号时,电源提供的功率全部消耗在管子上,所以,甲类功放的缺点是损耗大、效率低,即使在理想情况下,效率也仅为 50%。

(2)乙类功放

乙类功放的 Q 点如图 5-28(b)所示,Q 点在截止区,管子只在信号的半个周期内导通,称此为乙类状态。乙类状态下,信号等于零时,电源输出的功率也为零。信号增大时,电源供给的功率也随着增大,从而极大地提高了效率。但此时波形也严重失真。

(3)甲乙类功放

甲乙类功放的 Q 点如图 5-28(c)所示,Q 点在接近截止区的放大区,管子在信

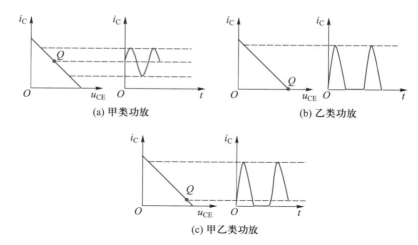

(a) 甲类功放　　　　　　　(b) 乙类功放

(c) 甲乙类功放

图 5-28　功率放大电路的三种工作状态和对应的电流波形

号的半个周期以上的时间内导通,称此为甲乙类状态,其工作状态接近乙类工作状态。

　　功率放大电路按输出方式的不同有:变压器耦合功放,不用变压器耦合的功放又分为 OTL(output transformer less)电路和 OCL(output capacitor less)电路。其中 OTL 电路可以单电源供电,但需要大容量电容与负载耦合,而 OCL 电路不需要输出端接耦合电容,但要双电源供电。

5.6.2　互补对称功率放大电路

1. 乙类 OCL 互补对称功率放大电路

　　图 5-29 为乙类 OCL 互补对称功率放大电路。电路由两只特性及参数完全对称、类型却不同(NPN 和 PNP)的晶体管组成射极输出器电路。输入信号接于两管的基极,负载 R_L 接于两管的发射极,由正、负等值的双电源供电。

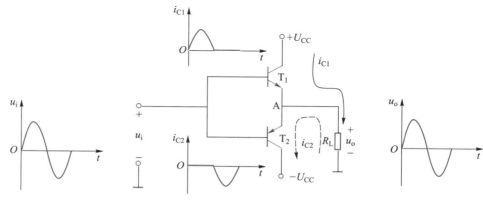

图 5-29　乙类 OCL 互补对称功率放大电路

　　静态时($u_i = 0$),两管均无直流偏置,A 点电位 $U_A = 0$,两管处于乙类工作状态。

动态时($u_i \neq 0$),设输入为正弦信号。当 $u_i > 0$ 时,T_1 导通,T_2 截止,R_L 中有如图 5-29 中实线所示的经放大的信号电流 i_{C1} 流过,R_L 两端获得正半周输出电压 u_o;当 $u_i < 0$ 时,T_2 导通,T_1 截止,R_L 中有如虚线所示的经放大的信号电流 i_{C2} 流过,R_L 两端获得输出电压 u_o 的负半周。可见在一个周期内两管轮流导通,使输出 u_o 获得完整的正弦信号。T_1、T_2 在正、负半周交替导通,互相补充,故名互补对称电路。采用射极输出器的形式,提高了输入电阻和带负载的能力。

互补对称电路中,一管导通,一管截止,截止管承受的最高反向电压接近 $2U_{CC}$。

2. 甲乙类 OCL 互补对称功率放大电路

工作在乙类状态的互补电路,由于发射结存在"死区",晶体管没有直流偏置,管子中的电流只有在 u_{be} 大于死区电压 U_T 后才会有明显的变化。当 $|u_{be}| < U_T$ 时,T_1、T_2 都截止,此时负载电阻上电流为零,出现一段死区,使输出波形在正、负半周交接处出现失真,如图 5-30 所示,这种失真称为交越失真。

为了克服交越失真,静态时,给两个管子提供较小的能消除交越失真所需的正向偏置电压,使两管均处于微导通状态,如图 5-31 所示,这时放大电路处在甲乙类工作状态,因此,称为甲乙类 OCL 互补对称功率放大电路。

图 5-31 是由电阻和二极管组成的偏置电路,给 T_1、T_2 的发射结提供所需的正偏压。静态时,$I_{C1} = I_{C2}$,在负载电阻 R_L 中无静态压降,所以两管发射极的静态电位 $U_E = 0$。在输入信号作用下,因 D_1、D_2 的动态电阻都很小,T_1 和 T_2 管的基极电位对交流信号而言可认为是相等的。正半周时,T_1 继续导通,T_2 截止;负半周时,T_1 截止,T_2 继续导通。这样,可在负载电阻 R_L 上输出已消除了交越失真的正弦波。

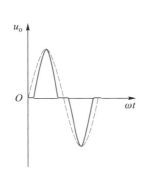 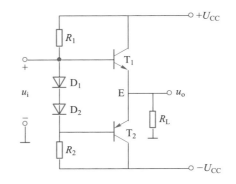

图 5-30 交越失真　　图 5-31 甲乙类 OCL 互补对称功率放大电路

3. 单电源 OTL 互补对称功率放大电路

图 5-32 为单电源的 OTL 互补对称功率放大电路。电路中放大元件仍是两个不同类型但特性和参数对称的晶体管,其特点是由单电源供电,输出端通过大电容量的耦合电容 C_L 与负载电阻 R_L 相连。

OTL 电路工作原理与 OCL 电路基本相同。静态时,因两管对称,穿透电流 $I_{CEO1} = I_{CEO2}$,所以 A 点电位 $U_A = \frac{1}{2}U_{CC}$。

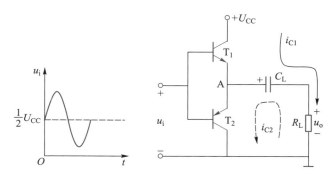

图 5-32　单电源 OTL 互补对称功率放大电路

动态有信号时,若不计 C_L 的容抗及电源内阻,在 u_i 正半周 T_1 导通、T_2 截止,电源 U_{CC} 向 C_L 充电并在 R_L 两端输出正半周波形;在 u_i 负半周 T_1 截止、T_2 导通,C_L 向 T_2 放电提供电源,并在 R_L 两端输出负半周波形。只要 C_L 容量足够大,放电时间常数 $R_L C_L$ 远大于输入信号最低工作频率所对应的周期,则 C_L 两端的电压可认为近似不变,始终保持为 $\frac{1}{2}U_{CC}$。因此,T_1 和 T_2 的电源电压都是 $\frac{1}{2}U_{CC}$。

当然,这里也存在交越失真问题,为了有效防止这种问题,也可以采用甲乙类工作状态。

4. 复合管

互补对称电路需要两个异型管配对,大容量功率管的配对尤为困难。为了解决这个问题,采用了复合管,即用两个管子组成一个复合管。如图 5-33 所示复合

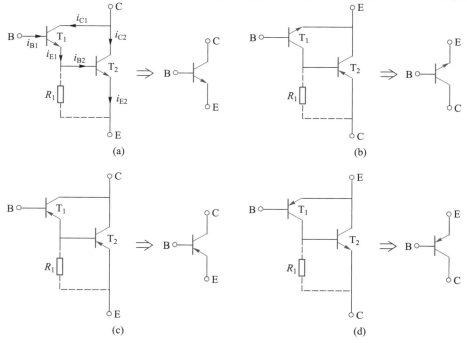

图 5-33　四种类型的复合管及等效类型

160

管有四种类型。其中 T_1 为小功率管,易配对;T_2 为大功率管,不管哪种等效晶体管的类型都与复合管中第一个管子的类型相同。T_1、T_2 为同类型管的复合管称为达林管。作为功放对管,图 5-33 中(a)与(d)为一对,(b)与(c)为一对。复合管中电阻 R_1 为泄放电阻,其作用是为了减小复合管的穿透电流 I_{CEO}。如果两管电流放大系数分别为 β_1、β_2,等效电流放大系数近似为 $\beta \approx \beta_1 \beta_2$。

讲义:复合管及等效类型

【练习与思考】

5-6-1 与电压放大电路相比,功率放大电路有何特点?

5-6-2 从功率放大电路的甲类、甲乙类和乙类三种工作状态分析效率和失真。

5-6-3 什么是 OCL 电路?什么是 OTL 电路?它们是如何工作的?

5-6-4 乙类功率放大电路为什么会产生交越失真?如何消除交越失真?

*5.7 绝缘栅型场效应管及其放大电路

5.7.1 概述

1. 概念

场效应管(field effect transistor,FET)是一种较新型的半导体器件,利用电场效应来控制晶体管的输出电流,只有一种载流子参与导电,也称作单极型晶体管。场效应管具有输入电阻高($10^9 \sim 10^{15}$ Ω),噪声低,受温度、辐射等影响小,耗电低,结构和制作工艺简单,便于集成等优点,因此得到广泛应用。

场效应管按结构的不同可分为结型和绝缘栅型,结型场效应管因其漏电流较大已基本不用。绝缘栅型场效应管按工作性能可分为耗尽型和增强型;按所用基片(衬底)材料不同,又可分为 P 沟道和 N 沟道导电型。本节重点讨论 N 沟道绝缘栅型场效应管。

绝缘栅型场效应管具有金属(metal)-氧化物(oxide)-半导体(semiconductor)结构,简称为 MOS 管。

2. 基本结构与工作原理

(1) N 沟道增强型 MOS 管

图 5-34(a)是 N 沟道增强型 MOS 管的结构示意图。用一块 P 型半导体为衬底,在衬底上面的左、右两边制成两个高掺杂浓度的 N 型区,用 N⁺ 表示,在这两个 N⁺ 区各引出一个电极,分别称为源极 S 和漏极 D,管子的衬底也引出一个电极称为衬底引线 b。工作时 b 通常与 S 相连接。在这两个 N⁺ 区之间的 P 型半导体表面做出一层很薄的二氧化硅绝缘层,再在绝缘层上面喷一层金属铝电极,称为栅极 G,图 5-34(b)是 N 沟道增强型 MOS 管的符号。P 沟道增强型 MOS 管是以 N 型半导体为衬底,再制作两个高掺杂浓度的 P⁺ 区做源极 S 和漏极 D,其符号如图 5-34(c)所示,衬底引线 b 的箭头方向是区别 N 沟道和 P 沟道的标志。

如图 5-35 所示,当 $U_{GS} = 0$ 时,由于漏源极之间有两个背向的 PN 结而不存在导电(载流子)沟道,所以即使 D、S 间电压 $U_{DS} \neq 0$,也有 $I_D = 0$。只有 U_{GS} 增大到某

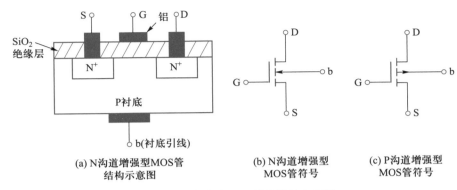

(a) N沟道增强型MOS管
　　结构示意图

(b) N沟道增强型
　　MOS管符号

(c) P沟道增强型
　　MOS管符号

图 5-34　增强型 MOS 管的结构和符号

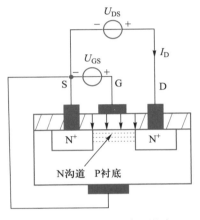

图 5-35　U_{GS} 对沟道的影响

一值时,在由栅极指向 P 型衬底的电场作用下,衬底中的电子被吸引到两个 N^+ 区之间形成了漏源极之间的(载流子)导电沟道,电路中才有电流 I_D。与此对应的 U_{GS} 称为开启电压 $U_{GS(th)}$。U_{GS} 值越大,电场作用越强,能导电的载流子数越多,沟道越宽,沟道电阻越小,一定 U_{DS} 下的 I_D 就越大,这就是增强型的含义。

（2）N 沟道耗尽型 MOS 管

N 沟道耗尽型 MOS 管的结构与增强型一样,所不同的是在制造过程中,在 SiO_2 绝缘层中掺入大量的正离子。当 $U_{GS} = 0$ 时,由正离子产生的电场就能吸收足够的电子产生原始沟道,如果加上正向 U_{DS} 电压,就可在原始沟道中产生电流。其结构、符号如图 5-36（a）（b）所示。

当 U_{GS} 正向增加时,将增强由绝缘层中正离子产生的电场,感生沟道加宽,I_D 将增大;当 U_{GS} 加反向电压时,将削弱绝缘层中正离子的电场,感生沟道变窄,I_D 将减小;当 U_{GS} 达到某一负电压值 $U_{GS(off)}$ 时,完全抵消了由正离子产生的电场,则导电沟道消失,使 $I_D \approx 0$,$U_{GS(off)}$ 称为夹断电压。

图 5-36（c）（d）所示分别为 N 沟道耗尽型 MOS 管的输出特性、转移特性曲线。由特性曲线可见,耗尽型 MOS 管的 U_{GS} 值在正、负一定范围内都可控制管子的 I_D,因此,此类管子使用较灵活,在模拟电子技术中得到广泛应用。增强型场效应管在集成数字电路中被广泛采用,可利用 $U_{GS} > U_{GS(th)}$ 和 $U_{GS} < U_{GS(th)}$ 来控制场效应管的导通和截止,使管子工作在开关状态。

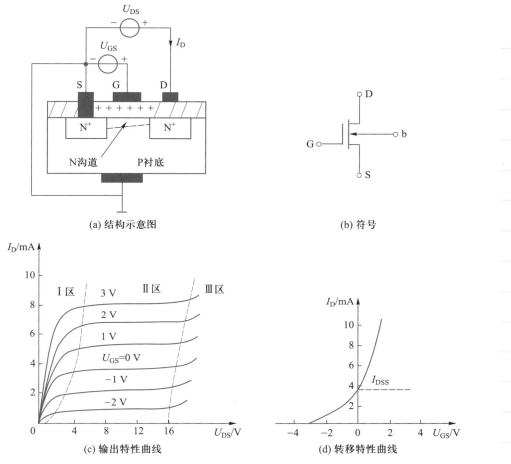

(a) 结构示意图　　　　　　　　　　　(b) 符号

(c) 输出特性曲线　　　　　　　(d) 转移特性曲线

图 5-36　N 沟道耗尽型 MOS 管及其特性曲线

5.7.2　场效应管主要参数及与晶体管的比较

1. 场效应管的主要参数

（1）直流参数

直流参数是指耗尽型 MOS 管的夹断电压 $U_{\mathrm{GS(off)}}$，增强型 MOS 管的开启电压 $U_{\mathrm{GS(th)}}$，漏极饱和电流 I_{DSS}，以及直流输入电阻 R_{GS}。

（2）交流参数

低频跨导 g_{m}：g_{m} 的定义是当 U_{DS}＝常数时，u_{GS} 的微小变量与它引起的 i_{D} 的微小变量之比，即

$$g_{\mathrm{m}}=\frac{\mathrm{d}i_{\mathrm{D}}}{\mathrm{d}u_{\mathrm{GS}}}\bigg|_{U_{\mathrm{DS}}=\text{常数}} \tag{5-26}$$

它是表征栅源电压对漏极电流控制作用大小的一个参数，单位为 S 或 mS。

极间电容：场效应管三个电极间存在极间电容。栅源电容 C_{gs} 和栅漏电容 C_{gd}

163

一般为 $1 \sim 3$ pF，漏源电容 C_{ds} 在 $0.1 \sim 1$ pF 之间。极间电容的存在决定了管子的最高工作频率和工作速度。

（3）极限参数

最大漏极电流 I_{DM}：管子工作时允许的最大漏极电流。

最大耗散功率 P_{DM}：由管子工作时允许的最高温升所决定的参数。

漏源击穿电压 $U_{(BR)DS}$：U_{DS} 增大时使 I_D 急剧上升时的 U_{DS} 值。

栅源击穿电压 $U_{(BR)GS}$：在 MOS 管中使绝缘层击穿的电压。

与晶体管放大电路相对应，场效应管放大电路有共源极、共漏极和共栅极放大电路。

2. 场效应管与晶体管的比较

（1）场效应管的沟道中只有一种极性的载流子（电子或空穴）参与导电，故称为单极型晶体管。而在晶体管里有两种不同极性的载流子（电子和空穴）参与导电，称为双极型晶体管。

（2）场效应管通过栅源电压 u_{GS} 来控制漏极电流 i_D，称为电压控制器件。晶体管利用基极电流 i_B 来控制集电极电流 i_C，称为电流控制器件。

（3）场效应管的输入电阻很大，有较高的热稳定性，可抗辐射性和较低的噪声。而晶体管的输入电阻较小，温度稳定性差，抗辐射及噪声能力也较低。

（4）场效应管的 g_m 值较小，而晶体管的 β 值很大。在同样的条件下，场效应管的放大能力不如晶体管高。

（5）场效应管在制造时，如衬底没有和源极接在一起，也可将 D、S 互换使用。而晶体管的 C 和 E 不可互换使用。

（6）工作在可变电阻区的场效应管，可作为压控电阻来使用。

另外，由于 MOS 管的输入电阻很高，使得栅源极间感应电荷不易泄放，而且绝缘层做得很薄，容易在栅源极间感应产生很高的电压，超过 $U_{(BR)GS}$ 而造成管子击穿。因此 MOS 管在使用时应避免使栅极悬空。不使用时，必须将 MOS 管各极间短接。焊接时，电烙铁外壳要可靠接地。

讲义：场效应管与晶体管的比较

5.7.3　输出特性与转移特性

1. 输出特性

输出特性是指 U_{GS} 为一固定值时，I_D 与 U_{DS} 之间的关系，即

$$I_D = f(U_{DS}) \big|_{U_{GS}=常数} \tag{5-27}$$

与晶体管类似，输出特性也有三个区：可变电阻区、恒流区和截止区，如图 5-37 所示。

（1）可变电阻区：图 5-37（a）的 I 区。该区对应 $U_{GS} > U_{GS(th)}$，U_{DS} 很小的情况。该区的特点是：若 U_{GS} 不变，I_D 随着 U_{DS} 的增大而线性增加，可以看成一个电阻，对应不同的 U_{GS} 值，各条特性曲线直线部分的斜率不同，即阻值发生改变。因此该区是一个受 U_{GS} 控制的可变电阻区，工作在这个区的场效应管相当于一个压控电阻。

（2）恒流区（亦称饱和区、放大区）：图 5-37（a）的 II 区。该区对应 $U_{GS} >$

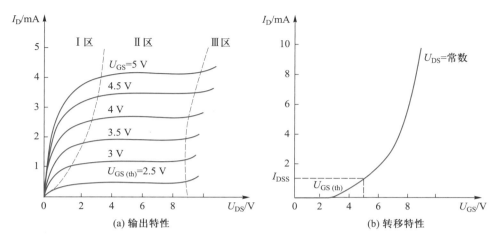

图 5-37　N 沟道增强型 MOS 管的特性曲线

$U_{GS(th)}$,U_{DS} 较大。该区的特点是若 U_{GS} 固定为某个值时,I_D 基本不随 U_{DS} 的变化而变化,特性曲线近似为水平线,因此称为恒流区。而不同的 U_{GS} 值可感应出不同宽度的导电沟道,产生不同大小的漏极电流 I_D,可以用一个参数——跨导 g_m 来表示 U_{GS} 对 I_D 的控制作用。g_m 定义为

$$g_m = \frac{\Delta I_D}{\Delta U_{GS}}\bigg|_{U_{DS}=常数} \tag{5-28}$$

（3）截止区（夹断区）：该区对应于 $U_{GS} \leqslant U_{GS(th)}$ 的情况,这个区的特点是,由于没有感生出沟道,故电流 $I_D = 0$,管子处于截止状态。

另外,图 5-37（a）的Ⅲ区为击穿区,当 U_{DS} 增大到某一值时,栅漏极间的 PN 结会反向击穿,使 I_D 急剧增加。如不加限制,会造成管子损坏。

2. 转移特性

转移特性是指 U_{DS} 为固定值时,I_D 与 U_{GS} 之间的关系,表示了 U_{GS} 对 I_D 的控制作用。即

$$I_D = f(U_{GS})\big|_{U_{DS}=常数} \tag{5-29}$$

由于工作在恒流区,不同的 U_{DS} 所对应的转移特性曲线基本上是重合在一起的,如图 5-37（b）所示。这时 I_D 可以近似地表示为

$$I_D = I_{DSS}\left(1 - \frac{U_{GS}}{U_{GS(th)}}\right)^2 \tag{5-30}$$

其中 I_{DSS} 是 $U_{GS} = 2U_{GS(th)}$ 时的 I_D 值。

5.7.4　场效应管放大电路

与晶体管放大电路相对应,场效应管放大电路有共源极、共漏极和共栅极三种接法。下面仅对低频小信号共源极和共漏极场效应管放大电路进行静态和动态分析。

165

1. 共源极放大电路

图 5-38 是场效应管共源极放大电路。电路结构和晶体管共射极放大电路类似。其中源极对应发射极,漏极对应集电极,栅极与基极相对应。放大电路采用分压式偏置,R_{G1} 和 R_{G2} 为分压电阻。R_S 为源极电阻,作用是稳定静态工作点,C_S 为旁路电容,R_G 远小于场效应管的输入电阻,它与静态工作点无关,却提高了放大电路的输入电阻。C_1 和 C_2 为耦合电容。

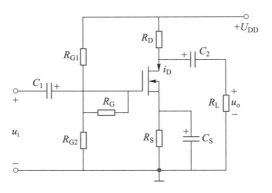

图 5-38　场效应管共源极放大电路

（1）静态分析

由于场效应管的栅极电流为零,所以 R_G 中无电流通过,两端压降为零。因此,按图可求得栅极电位为

$$U_G = \frac{R_{G2}}{R_{G1}+R_{G2}}U_{DD}$$

$$U_{GS} = U_G - U_S = U_G - I_D R_S \tag{5-31}$$

只要参数选取得当,可使 U_{GS} 为负值。在 $U_{GS(off)} \leqslant U_{GS} \leqslant 0$ 范围内,可用下式计算 I_D。

$$I_D = I_{DSS}\left(1 - \frac{U_{GS}}{U_{GS(off)}}\right)^2 \tag{5-32}$$

联立解式（5-31）和式（5-32）方程,就可求得直流工作点 I_D、U_{GS}。而

$$U_{DS} = U_{DD} - I_D(R_D + R_S) \tag{5-33}$$

（2）动态分析

小信号场效应管放大电路的动态分析也可用微变等效电路法,和晶体管放大电路一样,先作出场效应管的近似微变等效电路如图 5-39（a）所示。图 5-39（b）则是图 5-38 的微变等效电路。

① 放大倍数 A_u（设输入为正弦量）

$$A_u = \frac{\dot{U}_o}{\dot{U}_i} = -\frac{\dot{I}_d R'_L}{\dot{U}_{gs}} = -\frac{g_m \dot{U}_{gs} R'_L}{\dot{U}_{gs}} = -g_m R'_L \tag{5-34}$$

式中负号表示输出电压与输入电压反相,$R'_L = R_D /\!/ R_L$。

166

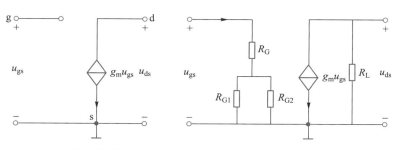

(a) 场效应管的近似微变等效电路　　　　(b) 图5-38的微变等效电路

图 5-39　场效应管放大电路的微变等效电路

② 输入电阻 r_i

$$r_i = \frac{\dot{U}_i}{\dot{I}_i} = R_G + (R_{G1} + R_{G2}) \approx R_G \qquad (5-35)$$

可见，R_G 的接入不影响静态工作点和电压放大倍数，却提高了放大电路的输入电阻（如无 R_G，则 $r_i = R_{G1} /\!/ R_{G2}$）。

③ 输出电阻 r_o

显然，场效应管的输出电阻在忽略管子输出电阻 r_{ds} 时，为

$$r_o \approx R_D \qquad (5-36)$$

2. 共漏极放大电路(源极输出器)

图 5-40(a) 为场效应管的共漏极放大电路，也叫源极输出器或源极跟随器。现讨论其动态性能。图 5-40(b) 是源极输出器的微变等效电路。图 5-40(c) 是改画的微变等效电路。由图得 $\dot{U}_o = \dot{I}_d R_L' = g_m \dot{U}_{gs} R_L'$，式中 $R_L' = R_S /\!/ R_L$，而 $\dot{U}_{gs} = \dot{U}_i - \dot{U}_o$，所以 $\dot{U}_o = g_m(\dot{U}_i - \dot{U}_o)R_L'$。则电压放大倍数

$$A_u = \frac{\dot{U}_o}{\dot{U}_i} = \frac{g_m R_L'}{1 + g_m R_L'} \qquad (5-37)$$

由图 5-40(b) 得输入电阻

$$r_i = R_{G1} /\!/ R_{G2} \qquad (5-38)$$

用加压求流法或开路电压短路电流法可求出源极输出器的输出电阻

$$r_o = \frac{R_S}{1 + g_m R_S} = R_S /\!/ \frac{1}{g_m} \qquad (5-39)$$

分析结果可见，场效应管共漏极放大电路的电压放大倍数小于 1，但接近 1；输出电压与输入电压同相。它具有输入电阻高，输出电阻低等特点。由于它与晶体管共集电极放大电路的特点相同，所以可用作多级放大电路的输入级、输出级和中间阻抗变换级。

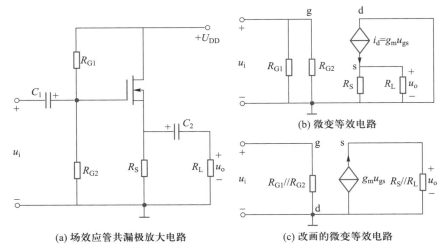

图 5-40   场效应管共漏极放大电路及其等效电路

● 【练习与思考】

5-7-1   场效应管与晶体管比较有何特点？

5-7-2   说明场效应管的夹断电压 $U_{GS(off)}$ 和开启电压 $U_{GS(th)}$ 的意义。

5-7-3   为什么绝缘栅型场效应管的栅极不能开路？

5-7-4   场效应管采用何种控制方式？

习题

5.1.1   测得工作在放大电路中的晶体管三个电极电位 U_1、U_2、U_3 分别为下列各组数值，判断它们是 NPN 型还是 PNP 型，是硅管还是锗管，并确定 E、B、C。

（1）$U_1 = 3.5$ V，$U_2 = 2.8$ V，$U_3 = 12$ V   （2）$U_1 = 3$ V，$U_2 = 2.8$ V，$U_3 = 9$ V

（3）$U_1 = -6$ V，$U_2 = -6.3$ V，$U_3 = -12$ V   （4）$U_1 = -6$ V，$U_2 = -5.3$ V，$U_3 = -10$ V

5.1.2   测得某一晶体管的 $I_B = 10$ μA，$I_C = 1$ mA，能否确定它的电流放大系数？在什么情况下可以，什么情况下不可以？

5.1.3   测得工作在放大电路中两个晶体管的两个电极电流如题 5.1.3 图所示。

（1）求另一个电极电流，并在图中标出实际方向。

（2）判断它们各是 NPN 还是 PNP 型管，标出 E、B、C 极，并估算它们的 β 值。

5.2.1   分析题 5.2.1 图所示电路在输入电压 U_I 为下列各值时，晶体管的工作状态（放大、截止或饱和）。

（1）$U_I = 0$ V   （2）$U_I = 3$ V   （3）$U_I = 5$ V

5.2.2   判断题 5.2.2 图所示各电路对输入的正弦交流信号有无放大作用？原因是什么？

5.2.3   在题 5.2.3 图（a）所示电路中，输入为正弦信号，输出端得到如题 5.2.3 图（b）所示的信号波形，试判断放大电路产生何种失真？是何原因？采用什么措施能消除这种失真？

5.2.4   电路如题 5.2.4 图所示。若 $R_B = 560$ kΩ，$R_C = 4$ kΩ，$\beta = 50$，$R_L = 4$ kΩ，$R_S = 1$ kΩ，$U_{CC} = 12$ V，$U_s = 20$ mV，你认为下面结论正确吗？

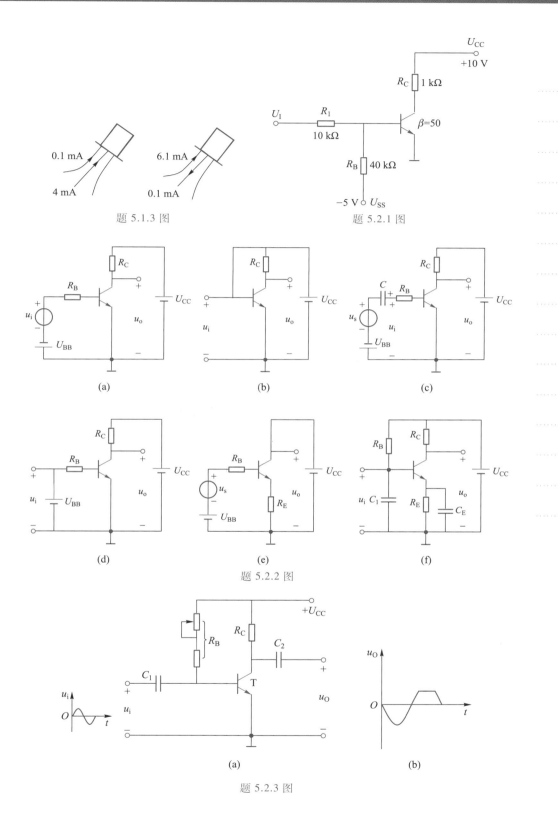

题 5.1.3 图　　　　　　　　　　题 5.2.1 图

(a)　　　　　　　　　(b)　　　　　　　　　(c)

(d)　　　　　　　　　(e)　　　　　　　　　(f)

题 5.2.2 图

(a)　　　　　　　　　　　　　　　(b)

题 5.2.3 图

（1）直流电压表测出 $U_{CE}=8$ V，$U_{BE}=0.7$ V，$I_B=20$ μA，所以 $A_u=\dfrac{8}{0.7}\approx11.4$。

（2）
$$r_i=\frac{20\ \text{mV}}{20\ \mu\text{A}}=10^3\ \Omega=1\ \text{k}\Omega$$

（3）
$$A_{us}=-\frac{\beta R_L}{r_i}=-\frac{50\times4}{1}=-200$$

（4）
$$r_o=R_C\ /\!/\ R_L=2\ \text{k}\Omega$$

5.2.5　在题 5.2.5 图所示电路中，晶体管的 $\beta=50$，$R_C=3.2$ kΩ，$R_B=320$ kΩ，$R_S=100$ Ω，$R_L=6.8$ kΩ，$U_{CC}=15$ V。（1）估算静态工作点；（2）画出微变等效电路，计算 A_u、r_i 和 r_o。

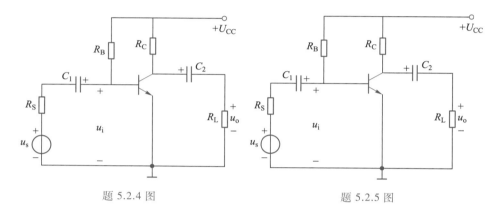

题 5.2.4 图　　　　　　　　　　　题 5.2.5 图

5.2.6　电路如题 5.2.6 图所示。（1）若 $U_{CC}=12$ V，$R_C=3$ kΩ，$\beta=75$，要将静态值 I_C 调到 1.5 mA，则 R_B 为多少？（2）在调节电路时若不慎将 R_B 调到 0，对晶体管有无影响？为什么？通常采取何种措施来防止发生这种情况？

5.3.1　题 5.3.1 图所示的分压式偏置电路中，已知 $U_{CC}=24$ V，$R_{B1}=33$ kΩ，$R_{B2}=10$ kΩ，$R_E=1.5$ kΩ，$R_C=3.3$ kΩ，$R_L=5.1$ kΩ，$\beta=66$，晶体管为硅管。试求：（1）静态工作点；（2）画出微变等效电路，计算电路的电压放大倍数、输入电阻、输出电阻；（3）放大电路输出端开路时的电压放大倍数，并说明负载电阻 R_L 对电压放大倍数的影响。

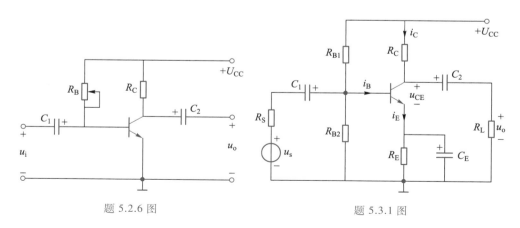

题 5.2.6 图　　　　　　　　　　　题 5.3.1 图

5.4.1　题 5.4.1 图所示电路为射极输出器。已知 $U_{CC}=20$ V，$R_B=200$ kΩ，$R_E=3.9$ kΩ，$R_L=$

$1.5\ \mathrm{k\Omega}$, $R_\mathrm{S} = 100\ \Omega$, $\beta = 60$,晶体管为硅管。试求:(1)静态工作点;(2)画出微变等效电路,计算电路的电压放大倍数、输入电阻、输出电阻。

5.4.2 题 5.4.2 图所示电路中,已知 $U_\mathrm{CC} = 12\ \mathrm{V}$, $R_\mathrm{B} = 280\ \mathrm{k\Omega}$, $R_\mathrm{C} = R_\mathrm{E} = 2\ \mathrm{k\Omega}$, $r_\mathrm{be} = 1.4\ \mathrm{k\Omega}$, $\beta = 100$,晶体管为硅管。试求:(1)在 A 端输出时的电压放大倍数 A_{u_o1} 及输入电阻、输出电阻;(2)在 B 端输出时的电压放大倍数 A_{u_o2} 及输入电阻、输出电阻;(3)比较在 A 端、B 端输出时,输出与输入的相异处,及输入电阻、输出电阻的情况。

扫描二维码,购买第 5 章习题解答电子版

注:
扫描本书封面后勒口处二维码,可优惠购买全书习题解答促销包。

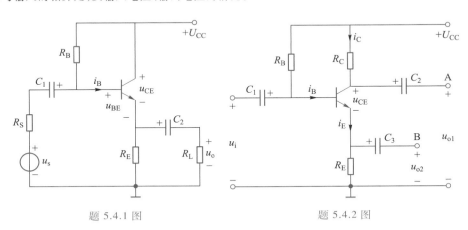

题 5.4.1 图　　　　　　　　　　题 5.4.2 图

5.7.1 题 5.7.1 图所示电路中,已知 $U_\mathrm{DD} = 20\ \mathrm{V}$, $R_\mathrm{G1} = 150\ \mathrm{k\Omega}$, $R_\mathrm{G2} = 50\ \mathrm{k\Omega}$, $R_\mathrm{G} = 1\ \mathrm{M\Omega}$, $R_\mathrm{D} = 10\ \mathrm{k\Omega}$, $R_\mathrm{S} = 10\ \mathrm{k\Omega}$, $R_\mathrm{L} = 10\ \mathrm{k\Omega}$,场效应管的参数为 $I_\mathrm{DSS} = 1\ \mathrm{mA}$, $U_\mathrm{GS(off)} = -5\ \mathrm{V}$, $g_\mathrm{m} = 0.312\ \mathrm{mA/V}$ 。试求:(1)放大电路的静态值 $(I_\mathrm{D}, U_\mathrm{DS})$;(2)画出微变等效电路,计算电路的电压放大倍数、输入电阻、输出电阻。

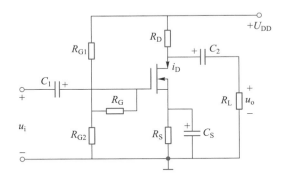

题 5.7.1 图

第6章 集成运算放大器

相对于分立元件而言,集成电路(integrate circuit,IC)是在半导体制造工艺的基础上,将电路元器件以及连线等集成在同一半导体基片并封装而成的。集成电路按功能分为模拟集成电路、数字集成电路和模拟/数字混合集成电路三大类;按其集成度可分为小规模集成电路(简称 SSI)、中规模集成电路(简称 MSI)、大规模集成电路(简称 LSI)、超大规模集成电路(简称 VLSI)和特大规模集成电路(简称 ULSI)。

集成运算放大器简称集成运放,其实质是一个直接耦合的多级放大电路,具有微型化、低功耗和高性能等优点,已逐步取代了分立元件成为模拟电子技术领域中的核心器件。

本章重点介绍集成运放的基本组成、主要技术指标、性能特点,最后讨论其主要应用。

6.1 集成运算放大器简介

6.1.1 结构与符号

1. 电路组成

集成运算放大器的型号各异,但用得最为普遍的是通用型集成运放,其内部电路一般由差分输入级、中间级和互补输出级、电流源偏置电路等 4 部分组成,结构框图如图 6-1 所示。

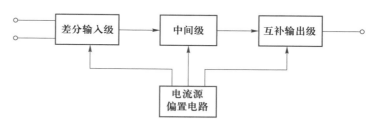

图 6-1 集成运放结构框图

为了减少零点漂移和抑制共模干扰信号,输入级一般采用双端输入的差分放大电路,其静态电流小,输入电阻高,差模放大倍数较大。

中间级的主要作用是提供足够大的电压放大倍数,为了减小前级的影响,还应具有较高的输入电阻。

输出级的主要作用是提供足够大的输出电压和输出电流以满足负载的需要,同时还要具有较低的输出电阻和较高的输入电阻,实现将放大级和负载隔离的作用,一般采用互补对称输出电路。此外,电路中还设有过载保护,用以防止输出端短路或负载电流过大时烧毁输出级晶体管。

偏置电路的作用是向各级提供合适的偏置电流,确定各级静态工作点,一般采用理想电流源电路组成。

2. 集成运放的外形结构与管脚功能

集成运算放大器的内部结构非常复杂,但从应用角度考虑,应主要掌握不同型号集成运放的管脚功能、性能参数。图 6-2 所示为 DIP 封装的 LM324 外形与管脚排列图,它的内部包含四个形式完全相同的运算放大器,除电源共用外,四个运放相互独立。

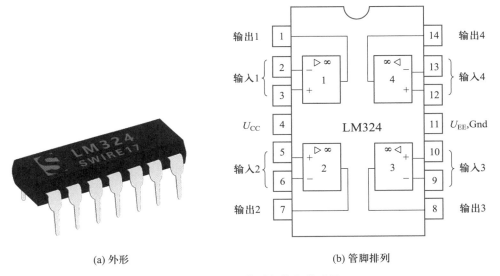

(a) 外形　　　　　　　　　　　　(b) 管脚排列

图 6-2　LM324 外形与管脚排列图

由图 6-2(b)可见,LM324 的每个运算放大器有两个输入端,一个输出端,同时四个运算放大器还共用两个端子(U_{CC} 和 U_{EE}),因此一个运算放大器有五个外接端子,其定义如下。

(1)两个输入端:反相输入端(u_-)和同相输入端(u_+)。信号从反相输入端输入时,输出信号与输入信号反相;信号从同相输入端输入时,输出信号与输入信号同相。

(2)输出端:通常为对地输出电压,标注为 u_o。

(3)电源端:U_{CC} 和 U_{EE} 是直流偏置电源的接入端,集成运放为有源器件,工作时必须外接电源。运算放大器通常采用双电源供电方式。

此外,由于集成运算放大器的输入级为差分电路,考虑晶体管生产工艺的特点,其特性不可能完全对称,因而当输入信号为零时,输出一般不为零,欲调零时,有些运放还需外设调零端。同时考虑运算放大器对一定频率的信号有相移的作用,进而引起放大电路工作不稳定甚至振荡,因此需加相应的电容进行相位补偿,有些型号的集成运放内置补偿电容,有些运算放大器则需外设相位补偿(或校正）端。

集成运放的外形和管脚分布具有多种形式，画原理图时，为简化电路图，只标出两个输入端和一个输出端，而将电源端、调零端、相位补偿端略去。集成运放的符号如图 6-3 所示，图 6-3（a）是国家标准符号，图 6-3（b）是国际流行符号。本书集成运放符号均采用国家标准符号。

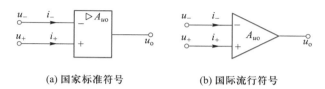

(a) 国家标准符号　　　　　　(b) 国际流行符号

图 6-3　集成运放符号

6.1.2　主要技术指标

集成运放实质是一个双端输入、单端输出，且具有高差模放大倍数、高输入电阻、低输出电阻和抑制温度漂移能力的放大电路。其参数是评价其性能好坏的主要指标，是正确选择和使用集成运放的重要依据。现将主要技术指标介绍如下。

1. 开环电压放大倍数 A_{uo}

开环电压放大倍数 A_{uo} 指在无外加反馈情况下的电压放大倍数，它是决定运放精度的重要指标，通常用分贝（dB）表示，即

$$A_{uo} = 20 \lg \left| \frac{\Delta U_o}{\Delta U_{i1} - \Delta U_{i2}} \right| \tag{6-1}$$

不同型号运放的 A_{uo} 相差悬殊，LM324 约为 100 dB，目前高增益型集成运放的开环电压放大倍数可达 140～200 dB（$10^7 \sim 10^{10}$ 倍）。

2. 共模抑制比 K_{CMRR}

K_{CMRR} 是差模电压放大倍数与共模电压放大倍数之比，其含义与差分放大器中所定义的 K_{CMRR} 相同，高质量运放的 K_{CMRR} 可达 180 dB。

3. 差模输入电阻 r_{id}

r_{id} 是集成运放开环时，输入电压变化量与由它引起的输入电流的变化量之比，即从输入端看进去的动态电阻。r_{id} 越大，集成运放由差模信号源输入的电流就越小，精度就越高。r_{id} 一般为 MΩ 量级，如用场效应管作为输入级的 r_{id} 可达 10^{11} MΩ。

4. 开环输出电阻 r_o

r_o 是集成运放开环时，从输出端向里看进去的等效电阻。其值越小，运放的带负载能力越强。一般 r_o 为几百欧，性能较好的运放 r_o 都小于 100 Ω。

5. 输入失调电压 U_{io}

实际的集成运放难以做到差分输入级完全对称，当输入电压为零时，输出电压并不为零。规定在室温（25 ℃）及标准电源电压下，输入电压为零时，为了使输出电压为零，在集成运放输入端所加的补偿电压称为输入失调电压 U_{io}。U_{io} 越小越好，

一般 U_{io} 的值为 $1\ \mu V \sim 5\ mV$。LM324 的 U_{io} 约为 $3\ mV$。

6. 输入失调电流 I_{io}

I_{io} 是当运放输入信号为零时,两输入端静态基极电流之差,即 $I_{io} = |I_{B1} - I_{B2}|$。它是由内部元件参数不一致等原因造成的,反映了输入级差分管输入电流的对称性,I_{io} 越小越好,一般为 $1\ nA \sim 0.1\ \mu A$。LM324 输入失调电流为 $5 \sim 50\ nA$。

7. 最大输出电压 U_{OPP}

最大输出电压 U_{OPP} 是指能使输出电压失真不超过允许值时的最大输出电压。它与集成运放的电源电压有关,如当 LM324 电源电压为 $\pm 15\ V$ 时,U_{OPP} 为 $\pm 12\ V \sim \pm 13\ V$。

除上述各参数外,还有输入偏置电流 I_{iB}、共模输入电压 U_{icmax}、静态功耗 P_{CM} 等其他参数,具体使用时可查阅有关手册。

6.1.3 电压传输特性与理想化模型

1. 集成运放的电压传输特性

集成运放输出电压 u_O 与输入电压 $(u_+ - u_-)$ 之间的关系曲线称为电压传输特性。对于采用正负电源供电的集成运放,电压传输特性如图 6-4 所示。

从传输特性可以看出,集成运放有两个工作区,线性放大区和饱和区。在线性放大区 $u_0 = A_{uo}(u_+ - u_-)$,曲线的斜率就是放大倍数。在饱和区域 $u_0 \neq A_{uo}(u_+ - u_-)$,当 $u_+ > u_-$ 时,$u_0 = +U_{O(sat)}$;当 $u_+ < u_-$ 时,$u_0 = -U_{O(sat)}$。$+U_{O(sat)}$ 与 $-U_{O(sat)}$ 为接近正电源与负电源的电压值,而 $u_+ = u_-$ 为 $+U_{O(sat)}$ 与 $-U_{O(sat)}$ 的转折点。

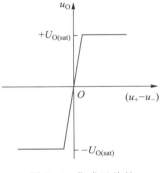

图 6-4 集成运放的
电压传输特性

2. 理想运算放大器

理论分析时,常将具有高增益、高输入电阻、低输出电阻及高共模抑制比等特点的实际运放由理想运放代替,由此引起的误差很小,可满足工程要求。理想运放条件如下:

（1）开环电压放大倍数 $A_{uo} \to \infty$;

（2）差模输入电阻 $r_{id} \to \infty$;

（3）开环输出电阻 $r_o \to 0$;

（4）共模抑制比 $K_{CMRR} \to \infty$;

（5）输入失调电压 U_{io}、输入失调电流 I_{io} 及它们的温漂均为零。

3. 理想运放的工作特性

理想运放的符号及电压传输特性如图 6-5 所示。由于理想运放的差模输入电阻 $r_{id} \to \infty$,所以无论其工作在线性区还是饱和区,同相输入端与反相输入端的电流都等于零,即

$$i_{+} = i_{-} = 0 \tag{6-2}$$

如同这两个输入端的内部被断路一样,故称为"虚断"。

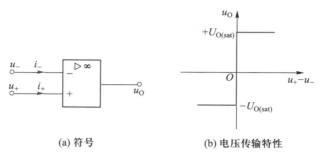

(a) 符号　　　　　　(b) 电压传输特性

图 6-5　理想运放符号及电压传输特性

理想运放工作于线性区时,满足

$$u_{O} = A_{uo}(u_{+} - u_{-}) \tag{6-3}$$

由于开环放大倍数 $A_{uo} \to \infty$,而输出电压是一个有限值,因此

$$u_{+} - u_{-} = \frac{u_{O}}{A_{uo}} \approx 0$$

即

$$u_{+} \approx u_{-} \tag{6-4}$$

可见当理想运放工作在线性区时,其同相输入端与反相输入端的电位相等,如同这两个输入端短路一样,所以称为"虚短"。

【练习与思考】

6-1-1　理想运放输入端的"虚断"和"虚短"指的是什么?

6-1-2　哪些技术指标是集成运放可以按理想运放进行简单分析的主要依据?

6-1-3　集成运算放大器采用何种耦合方式?简述这种耦合方式的优点。

6-1-4　通用型集成运算放大器的输入级大多采用＿＿＿＿＿＿电路,输出级大多采用＿＿＿＿＿＿电路。

6.2　放大电路中的负反馈

通常集成运放的线性工作范围很小,即使输入为毫伏级以下的信号,也足以使集成运放进入饱和区,所以要使集成运放工作于线性区,通常要引入负反馈。实际工程中,为改善放大电路性能,放大电路通常引入反馈,因此掌握反馈的基本概念与判断方法是研究集成运放电路的基础。

6.2.1　反馈的基本概念

在放大电路中,将放大电路输出量的一部分或全部通过反馈网络反送给输入回路称为反馈。引入反馈后的放大电路叫闭环放大电路,未引入反馈的放大电路则称为开环放大电路。

所有反馈放大电路都是由基本放大电路和反馈网络组成,如图 6-6 所示。在图中,X_i、X_d、X_o、X_f 分别表示输入信号、净输入信号、输出信号、反馈信号,它们可以是电压信号,也可以是电流信号。

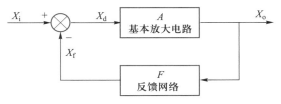

图 6-6 反馈放大器框图

放大电路中的反馈,按照极性的不同,可分为负反馈和正反馈。若反馈信号削弱了放大器的输入信号,使净输入信号减小,导致放大器的放大倍数降低,称为负反馈;反之若反馈信号使放大器的净输入信号增强,导致放大器的放大倍数增大,则为正反馈。

若图 6-6 中引入的是负反馈,则基本放大电路的净输入信号为

$$X_d = X_i - X_f \tag{6-5}$$

基本放大电路的开环放大倍数为

$$A = \frac{X_o}{X_d} \tag{6-6}$$

反馈网络的反馈系数为

$$F = \frac{X_f}{X_o} \tag{6-7}$$

引入负反馈后的闭环放大倍数为

$$A_f = \frac{X_o}{X_i} \tag{6-8}$$

将式(6-5)~(6-7)代入式(6-8)中,可得

$$A_f = \frac{A}{1+AF} \tag{6-9}$$

式(6-9)是分析反馈放大器的基本关系式。式中 $1+AF$ 称为反馈深度,是衡量放大电路信号反馈强弱的一个重要指标。若 $AF \gg 1$,称为深度负反馈,此时式(6-9)可写为

$$A_f = \frac{1}{F} \tag{6-10}$$

6.2.2 反馈放大电路的基本类型及判别方法

1. 有无反馈存在的判别

若放大电路中存在着将输出信号反送回输入端的通路,即反馈通路,并因此影响了放大器的净输入信号,则表明电路引入了反馈。

例如判断如图 6-7 所示电路是否存在反馈:首先在图 6-7(a)所示的电路中,只有信号的正向传送通路,所以无反馈;图 6-7(b)所示的电路中,电阻 R_2 将输出信号反送到输入端与输入信号一起共同作用于放大器输入端,所以有反馈;而在图 6-7(c)所示的电路中,由于电阻 R_1 接地,输出端的信号没有引回到输入端,所以无反馈。

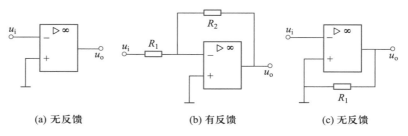

(a) 无反馈   (b) 有反馈   (c) 无反馈

图 6-7   反馈是否存在的判断

2. 反馈极性的判别

放大电路中的反馈,按照极性的不同,可分为负反馈和正反馈。反馈极性的判断方法是瞬时极性法,其方法是:首先规定输入信号在某一时刻的极性,然后逐级判断电路中各个相关点的电流流向与电位的极性,从而得到输出信号的极性;再根据输出信号的极性判断出反馈信号的极性;若反馈信号使净输入信号增加,就是正反馈,若反馈信号使净输入信号减小,就是负反馈。

例如,在图 6-8(a)所示的电路中,首先设输入电压瞬时极性为正,所以集成运放的输出为正,产生电流流过 R_2 和 R_1,此时 R_1 上反馈电压 u_f 的极性如图所示,由于 $u_d=u_i-u_f$,u_f 与 u_i 同极性,所以 $u_d<u_i$,净输入减小,说明该电路引入负反馈。

在图 6-8(b)所示的电路中,首先设输入电压 u_i 瞬时极性为正,所以集成运放的输出为负,产生电流流过 R_2 和 R_1,此时 R_1 上反馈电压 u_f 的极性如图所示,由于 $u_d=u_i-u_f$,u_f 与 u_i 极性相反,所以 $u_d>u_i$,净输入增大,说明该电路引入正反馈。

在图 6-8(c)所示的电路中,首先假设 i_i 的瞬时方向是流入放大器的反相输入端 u_-,相当于在放大器反相输入端加入了正极性的信号,所以放大器输出为负,放大器输出的负极性电压使流过 R_2 的电流 i_f 的方向是从 u_- 节点流出,有 $i_d=i_i-i_f$,所以 $i_i>i_d$,净输入电流比输入电流小,所以电路引入负反馈。

3. 电压反馈与电流反馈的判别

从放大电路的输出端看,按照反馈网络在输出端的取样不同,可分为电压反馈和电流反馈。如反馈量取自输出电压,并与之成比例,称为电压反馈;若反馈量取自输出电流,并与之成比例,称为电流反馈。

电压反馈与电流反馈的判断方法是虚拟短路法:假设将放大器输出端的负载 R_L 短路,若反馈量不存在,称为电压反馈;否则就是电流反馈。

例如,图 6-9(a)所示电路,如果把负载 R_L 短路,则 u_o 等于 0,这时反馈电流 i_f 就不存在了,所以是电压反馈。而图 6-9(b)所示的电路中,若把负载 R_L 短路,反馈电压 u_f 仍然存在,所以是电流反馈。

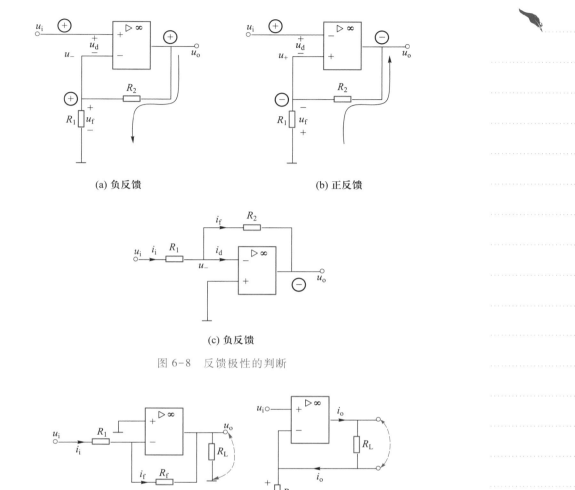

(a) 负反馈   (b) 正反馈

(c) 负反馈

图 6-8　反馈极性的判断

(a) 电压反馈   (b) 电流反馈

图 6-9　电压反馈与电流反馈的判断

4. 串联反馈与并联反馈的判别

从放大电路的输入端看,按照反馈信号与输入信号的连接方式的不同,可分为串联反馈和并联反馈。若放大电路两个信号串联在一个回路中,输入电压 u_i 是净输入电压 u_d 与反馈电压 u_f 之和,则为串联反馈;若放大电路的两个信号连接在一个节点上,输入电流 i_i 是净输入电流 i_d 与反馈电流 i_f 之和,则为并联反馈。

串联反馈与并联反馈的判断方法是相加法:从输入端看,若反馈信号与放大器的输入信号以电压加减的形式出现,则为串联反馈,等效电路如图 6-10(a)所示,实际电路可参考见图 6-8 的(a)(b);若反馈信号与放大器的输入信号以电流加减的形式出现,则为并联反馈,等效电路如图 6-10(b)所示,实际电路可参见图 6-8(c)。

讲义：反馈的判断

5. 负反馈的四种组态

（1）电压串联负反馈

首先判断如图 6-11 所示电路的反馈组态,将负载 R_L 短路,就相当于输出端接地,这时 $u_o=0$,反馈不存在,所以是电压反馈,从输入端来看,净输入信号 u_d 等于输入信号 u_i 与反馈信号 u_f 之差,就是说输入信号与反馈信号是串联关系,所以该电路的反馈组态是电压串联反馈。使用瞬时极性法判断正负反馈,各瞬时极性如图所示,可见 u_i 与 u_f 极性相同,净输入信号小于输入信号,故是负反馈。

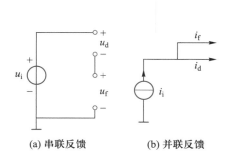

(a) 串联反馈　　　(b) 并联反馈

图 6-10　串联反馈与并联反馈的等效电路

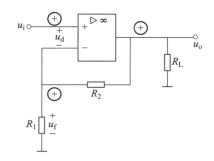

图 6-11　电压串联负反馈电路

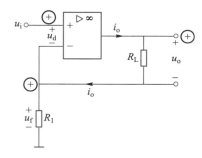

图 6-12　电流串联负反馈电路

（2）电流串联负反馈

首先判断图 6-12 所示电路的反馈组态,将负载 R_L 短路,这时仍有电流流过 R_1 电阻,产生反馈电压 u_f,所以是电流反馈,从输入端来看,净输入信号 u_d 等于输入信号 u_i 与反馈信号 u_f 之差,就是输入信号与反馈信号是串联关系,所以该电路的反馈组态是电流串联反馈。使用瞬时极性法判断正负反馈,各瞬时极性如图 6-12 所示,可见 u_i 与 u_f 极性相同,净输入信号小于输入信号,故是负反馈。

（3）电压并联负反馈

首先判断图 6-13 所示电路的反馈组态,将负载 R_L 短路,就相当于输出端接地,这时 $u_o=0$,反馈不存在,所以是电压反馈,从输入端来看,输入信号 i_i 与反馈信号 i_f 并联在一起,净输入电流信号 i_d 等于输入电流信号 i_i 与反馈电流信号 i_f 之差,所以该电路的反馈组态是电压并联反馈。使用瞬时极性法判断正负反馈,各瞬时极性和瞬时电流方向如图所示,可见 i_f 瞬时流向是对 i_i 分流,使 i_d 减小,净输入信号 i_d 小于输入信号 i_i,故是负反馈。

（4）电流并联负反馈

首先判断图 6-14 所示电路的反馈组态,将负载 R_L 短路,这时仍有电流流过 R_1 电阻,产生反馈电流 i_f,所以是电流反馈,从输入端来看,输入信号 i_i 与反馈信号 i_f 并联在一起,净输入电流信号 i_d 等于输入电流信号 i_i 与反馈电流信号 i_f 之差,所以

讲义：分立元件组成放大电路的反馈判别

该电路的反馈组态是电流并联反馈。使用瞬时极性法判断正负反馈,各瞬时极性和瞬时电流方向如图所示,可见 i_f 瞬时流向是对 i_i 分流,使 i_d 减小,净输入信号 i_d 小于输入信号 i_i,故是负反馈。

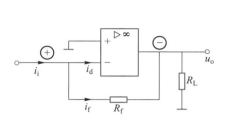

图 6-13　电压并联负反馈电路

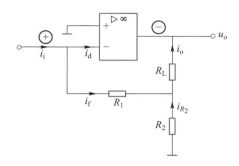

图 6-14　电流并联负反馈电路

6.2.3　负反馈对放大电路性能的影响

在反馈放大电路中,若反馈量只包含直流信号,称为直流反馈;若反馈量只包含交流信号,称为交流反馈;若反馈量中既有交流信号又有直流信号,则称为交直流反馈。直流负反馈一般用于稳定静态工作点,而交流负反馈用于改善放大器的性能,如提高放大电路放大倍数的稳定性、减小非线性失真、抑制干扰、降低电路内部噪声和扩展通频带宽度等。这些指标的改善对于提高放大电路的性能是非常有益的,虽然由式(6-9)可知引入负反馈后,放大倍数有所降低,但降低的放大倍数可以通过增加放大器的级数来提高。

1. 提高放大倍数的稳定性

对式(6-9)求微分,可得

$$\mathrm{d}A_f = \frac{(1+AF) \cdot \mathrm{d}A - AF \cdot \mathrm{d}A}{(1+AF)^2} = \frac{\mathrm{d}A}{(1+AF)^2}$$

对上式两边同除以 A_f,得

$$\frac{\mathrm{d}A_f}{A_f} = \frac{1}{1+AF}\frac{\mathrm{d}A}{A} \qquad (6-11)$$

上式表明,引入负反馈后,闭环放大倍数的相对变化量只有其开环放大倍数相对变化量的 $1/(1+AF)$,相对变化量减小。反馈越深,放大电路的放大倍数就越稳定。

2. 减小非线性失真

放大电路中由于元件的非线性特性或输入信号幅度较大会产生非线性失真,引入负反馈后,可以使非线性失真得到改善。假设正弦信号 x_i 经过开环放大电路后,使输出信号波形产生失真,如图 6-15(a)所示。此时放大电路中引入负反馈,如图 6-15(b)所示,若反馈信号 x_f 与输出信号 x_o 的失真情况相似,则与输入信号相减后得到的净输入信号 x_d 的波形变为另外半周失真,这样相当于将一个信号根据放大器的非线性特性进行预失真处理,经过这个失真的放大器后,将使输出波形

181

的失真情况得到改善。负反馈只能减少非线性失真,而不能消除失真。

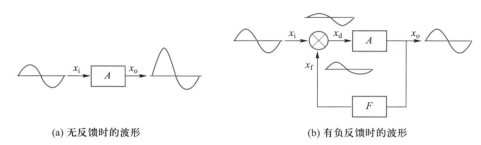

(a) 无反馈时的波形　　　　　　　　　　(b) 有负反馈时的波形

图 6-15　非线性失真的改善

3. 扩展放大器的通频带

图 6-16 所示为集成运算放大电路的幅频特性,由于集成运放采用直接耦合,故其低频特性好。引入负反馈后,在中频段,开环放大倍数较高,反馈信号也较高,因而使闭环放大倍数降低得较多;而在高频段,开环放大倍数较低,反馈信号也较低,净输入信号增加,使闭环放大倍数降低得较少,从而使放大电路可以工作在更高的频段,展宽了放大器的通频带。

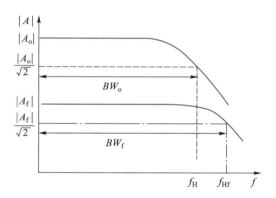

图 6-16　集成运放电路的幅频特性

4. 稳定输出电压与输出电流

负反馈具有取自什么信号,就可稳定该信号的特点。

电压负反馈具有稳定输出电压的作用,其原理如下所示:

$$u_o\uparrow \rightarrow x_f\uparrow \rightarrow x_d\downarrow \rightarrow u_o\downarrow$$

电流负反馈具有稳定输出电流的作用,其原理如下所示:

$$i_o\uparrow \rightarrow x_f\uparrow \rightarrow x_d\downarrow \rightarrow i_o\downarrow$$

5. 影响输出电阻和输入电阻

引入负反馈后,电路的结构发生变化,放大电路的输入电阻 r_i 和输出电阻 r_o 都将受到一定的影响,反馈类型不同,这种影响也不同。输入电阻与输入端反馈信号的连接有关;输出电阻与输出端反馈信号的取样有关。

串联负反馈使输入电阻 r_i 增大,并联负反馈使输入电阻 r_i 减小。

电压负反馈具有稳定输出电压的作用,因此使输出电阻 r_o 减小。

电流负反馈具有稳定输出电流的作用,因此使输出电阻 r_o 增大。

【练习与思考】

6-2-1 反馈有几种类型? 改善电路性能的反馈类型是哪种?

6-2-2 若需要输出电压稳定、电路对信号源负载效应小,应选择哪种反馈? 要求输入电阻大、输出电流稳定,应选择哪种负反馈?

6-2-3 负反馈能改善反馈环路内的放大性能,对反馈环路之外是否有效?

6.3 集成运放的线性应用

集成运放的最早应用是构成各种运算电路,在运算电路中,要求电路的输出与输入的模拟信号之间实现一定的数学关系,因此,集成运放必须工作在线性区,在引入深度负反馈条件下,它的输出电压和输入电压的关系基本决定于反馈电路和输入电路的结构和参数,而与运算放大器本身的参数关系不大。改变输入电路和反馈电路的结构形式,就可以实现各种数学运算。在线性应用中,理想运放工作在线性区时的两个特点,即"虚短"和"虚断",是分析运算电路的基本依据。

6.3.1 比例运算电路

将输入信号按比例放大的电路,称为比例运算电路。按输入信号加在集成运放的不同输入端,比例运算又分为反相比例运算和同相比例运算。

1. 反相比例运算电路

电路如图 6-17 所示,由于运放的同相端经电阻 R_2 接地,根据"虚断"的概念,该电阻上没有电流,所以没有电压降,虽然没有直接接地,但其电位值与地电位相同,即运放的同相端是接地的,由"虚短"的概念可知,同相端与反相端的电位差近似为零,所以反相端也相当于接地,由于没有实际接地,所以称为"虚地"。

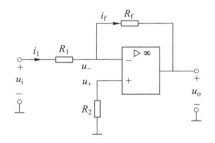

图 6-17 反相比例运算电路

为了使集成运放两输入端的外接电阻对称,同相输入端所接电阻 R_2 等于反相输入端对地的等效电阻,即 $R_2 = R_1 /\!/ R_f$,称为平衡电阻。

利用"虚断"概念,由图得 $i_1 = i_f$。

利用"虚地"概念 $u_+ = u_- = 0$,得

$$i_1 = \frac{u_i - u_-}{R_1} = \frac{u_i}{R_1}$$

$$i_f = \frac{u_- - u_o}{R_f} = -\frac{u_o}{R_f}$$

从而得

183

$$u_o = -\frac{R_f}{R_1}u_i \tag{6-12}$$

由于引入并联负反馈减低了输入电阻,这时的输入电阻为 $r_i = \dfrac{u_i}{i_i} = R_1$。若取 $R_f = R_1$,则

$$u_o = -u_i \tag{6-13}$$

可见,输出电压 u_o 与输入电压 u_i 大小相等,相位相反。此时电路称为反相器。闭环放大倍数为

$$A_f = -\frac{u_o}{u_i} = -1$$

2. 同相比例运算电路

同相比例运算电路如图 6-18(a) 所示,利用"虚断"的概念有

$$i_1 = i_f$$

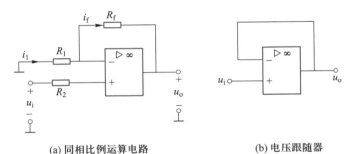

(a) 同相比例运算电路　　　　　(b) 电压跟随器

图 6-18　同相比例运算电路

利用"虚短"的概念有

$$i_1 = \frac{0 - u_-}{R_1} = \frac{-u_+}{R_1} = -\frac{u_i}{R_1}$$

$$i_f = \frac{u_- - u_o}{R_f} = \frac{u_i - u_o}{R_f}$$

最后得到输出电压的表达式

$$u_o = \left(1 + \frac{R_f}{R_1}\right)u_i \tag{6-14}$$

由于其引入的是串联负反馈电路,所以输入电阻很大,理想情况下 $r_i = \infty$。由于信号加在同相输入端,而反相端和同相端电位一样,相当于输入端加上了共模信号,对理想运放而言,共模抑制能力无穷大,没有影响;而对实际运放而言,共模抑制能力是有限的,要降低这种共模信号的影响,就要求运放有较好的共模抑制能力。

同理,R_2 也是为输入对称而设置的平衡电阻,即 $R_2 = R_1 /\!/ R_f$。

图 6-18(a) 中,若有 $R_1 = \infty$、$R_f = 0$,则

讲义:比例运算

184

$$u_o = u_i \tag{6-15}$$

即输出电压跟随输入电压同步变化,该电路称为电压跟随器,如图 6-18(b)所示。

6.3.2 加法与减法运算电路

1. 加法运算电路

反相加法运算电路如图 6-19 所示。由图可知

$$i_1 + i_2 + i_3 = i_f$$

其中

$$i_1 = \frac{u_{i1}}{R_1} \quad i_2 = \frac{u_{i2}}{R_2} \quad i_3 = \frac{u_{i3}}{R_3} \quad i_f = -\frac{u_o}{R_f}$$

所以有

$$u_o = -R_f\left(\frac{u_{i1}}{R_1} + \frac{u_{i2}}{R_2} + \frac{u_{i3}}{R_3}\right) \tag{6-16}$$

若 $R_1 = R_2 = R_3 = R_f$ 则有

$$u_o = -(u_{i1} + u_{i2} + u_{i3}) \tag{6-17}$$

由上述两式可知,加法运算电路的结果与集成运放本身的参数无关,只要各个电阻的阻值足够精确,就可保证加法运算的精度和稳定性。R 是平衡电阻,应保证 $R = R_1 \parallel R_2 \parallel R_3 \parallel R_f$。

若在同相输入端增加若干个输入电路则可构成同相加法运算电路。同相加法运算电路与反相加法运算电路相比较,其数学表达式较复杂,电路调试也较麻烦,但其输入电阻比较大,对信号源所提供的信号衰减小,所以在仪器、仪表电路中仍得到广泛的使用。

2. 减法运算电路

减法运算电路如图 6-20 所示,运放的两个输入端分别输入信号 u_{i1} 和 u_{i2},由图可知

$$\frac{u_{i1} - u_-}{R_1} = \frac{u_- - u_o}{R_f}$$

$$\frac{u_{i2} - u_+}{R_2} = \frac{u_+}{R_3}$$

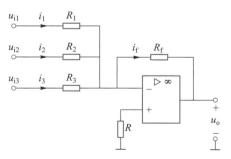

图 6-19 反相加法运算电路

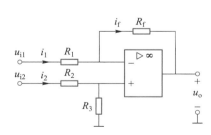

图 6-20 减法运算电路

由于 $u_- = u_+ = \dfrac{R_3}{R_2+R_3}u_{i2}$，所以

$$u_o = \left(1+\dfrac{R_f}{R_1}\right)\dfrac{R_3}{R_2+R_3}u_{i2} - \dfrac{R_f}{R_1}u_{i1} \tag{6-18}$$

当 $R_1 = R_2$、$R_3 = R_f$ 时

$$u_o = -\dfrac{R_f}{R_1}(u_{i1}-u_{i2}) \tag{6-19}$$

当 $R_1 = R_2 = R_3 = R_f$ 时，$u_o = -(u_{i1}-u_{i2})$，此时实现减法运算电路。

例 6-1　如图 6-21 所示电路，已知 $u_{i1} = 0.4$ V，$u_{i2} = 0.6$ V，$R_1 = 100$ kΩ，$R_{f1} = 10$ kΩ，$R_3 = 10$ kΩ，$R_{f2} = 100$ kΩ。试分析各级运放作用，并求输出电压 u_o 及平衡电阻 R_2 和 R_4 的值。

讲义：加减运算

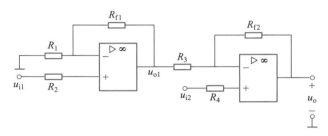

图 6-21　例 6-1 图

解：该电路由两级运放构成，前一级实现同相比例运算，后一级实现差分放大。

前一级同相比例运算为

$$u_{o1} = \left(1+\dfrac{R_{f1}}{R_1}\right)u_{i1}$$
$$= (1+0.1)\times 0.4 \text{ V}$$
$$= 0.44 \text{ V}$$

平衡电阻 $R_2 = R_1 /\!/ R_{f1} = 9.1$ kΩ。

后一级实现差分放大倍数为

$$u_o = \left(1+\dfrac{R_{f2}}{R_3}\right)u_{i2} - \dfrac{R_{f2}}{R_3}u_{o1}$$
$$= \left[(1+10)\times 0.6 - 10\times 0.44\right] \text{ V}$$
$$= 2.2 \text{ V}$$

平衡电阻 $R_4 = R_3 /\!/ R_{f2} = 9.1$ kΩ。

例 6-2　如图 6-22 所示为信号测量放大器，试分析各级运放作用，并求该电路的电压放大倍数。

解：如图 6-22 所示电路由两级运放组成。第一级由两个输入阻抗很高、电路结构对称的同相放大器 A_1、A_2 构成了并联差分电路。第二级 A_3 组成差分放大器，以实现差模信号放大。

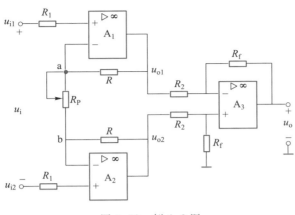

图 6-22 例 6-2 图

输入差模电压为 u_i，由图可知

$$u_i = u_{i1} - u_{i2} = u_a - u_b = \frac{R_P}{2R + R_P}(u_{o1} - u_{o2})$$

所以

$$u_{o1} - u_{o2} = \left(1 + \frac{2R}{R_P}\right)(u_{i1} - u_{i2})$$

可见，第一级同相放大器 A_1、A_2 构成的并联差分电路可抑制零点漂移，且共模输入时，共模增益等于零。

由第二级 A_3 差分电路可得

$$u_o = \left(1 + \frac{R_f}{R_2}\right)\frac{R_f}{R_2 + R_f}u_{o2} - \frac{R_f}{R_2}u_{o1} = \frac{R_f}{R_2}(u_{o2} - u_{o1})$$

进一步有

$$u_o = -\frac{R_f}{R_2}\left(1 + \frac{2R}{R_P}\right)u_i$$

因此，第二级 A_3 的差模增益为

$$A_{ud2} = \frac{u_o}{u_{o2} - u_{o1}} = \frac{R_f}{R_2}$$

该测量放大器的差模增益为

$$A_u = \frac{u_o}{u_i} = -\frac{R_f}{R_2}\left(1 + \frac{2R}{R_P}\right)$$

可见，改变电阻 R_P 的数值，就可以改变该电路的放大倍数。

若输入为共模电压 $u_{i1} = u_{i2} = u_{ic}$，则有 $u_{o1} = u_{o2}$，第二级的共模增益为

$$A_{uc2} = \frac{u_o}{u_{ic}} = \left(1 + \frac{R_f}{R_2}\right)\frac{R_f}{R_2 + R_f} - \frac{R_f}{R_2} = 0$$

第二级放大器的共模抑制比

$$K_{CMRR} = \frac{A_{ud2}}{A_{uc2}} = \infty$$

由此可见,只要第二级四个电阻元件的精度足够高,即可保证测量放大器具有很高的共模抑制比。对于交流共模信号,由于输入信号的传输线存在线电阻和分布电容,其在两个输入端产生不同的分压,出现差模信号,从而产生交流共模干扰,因此还需在输入端接保护电路并把信号线屏蔽,以抑制交流共模信号的干扰。

6.3.3　积分与微分运算电路

1. 积分运算电路

反相积分运算电路如图 6-23 所示。利用"虚短"的概念,有 $i_1 = i_f = \dfrac{u_i}{R_1}$,设电容的初始电压为零,所以

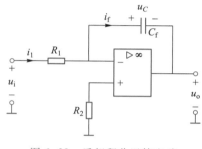

图 6-23　反相积分运算电路

$$u_o = -u_C = -\frac{1}{C_f} \int i_f dt = -\frac{1}{C_f R_1} \int u_i dt$$

$$(6-20)$$

上式表明 u_o 与 u_i 的积分成比例,$R_1 C_f$ 为积分时间常数。

若输入为阶跃电压 U_i,则有

$$u_o = -\frac{U_i}{R_1 C_f} t$$

在本积分运算电路前加一级反相比例运算电路,就构成了同相积分运算电路,如图 6-24 所示。

> **注意:**
> 积分电路输出值是受电源电压制约的,一定时间后输出电压将趋于饱和。

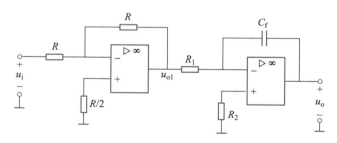

图 6-24　同相积分运算电路

2. 微分运算电路

微分运算电路如图 6-25 所示。根据"虚短""虚断"的概念,电容两端的电压 $u_C = u_i$,所以有 $i_f = i_C = C \dfrac{du_i}{dt}$。输出电压

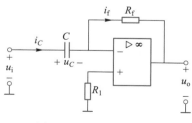

图 6-25　微分运算电路

$$u_o = -i_f R_f = -R_f C \frac{du_i}{dt} \qquad (6-21)$$

即输出电压与输入电压对时间的一次微分成正比。

讲义：微分积
分运算

*6.3.4 有源滤波器

在前面交流电路频率特性中介绍的由无源元件 R、C 组成的无源滤波器,由于其电路与负载之间没有隔离,故其带负载能力差。本节介绍的由 R、C 和有源元件(集成运放)构成的有源滤波器,因其体积小、频率特性好、效率高、受负载影响小等优点,而得到广泛的应用。下面介绍两种常用的有源滤波器。

1. 低通滤波器

图 6-26 为同相输入的有源低通滤波器,若输入电压 u_i 为正弦信号,则有

$$\dot{U}_o = \left(1 + \frac{R_f}{R_1} \right) \dot{U}_+$$

$$\dot{U}_+ = \dot{U}_C = \frac{-j\frac{1}{\omega C}}{R - j\frac{1}{\omega C}} \dot{U}_i$$

因此

$$\frac{\dot{U}_o}{\dot{U}_i} = \left(1 + \frac{R_f}{R_1} \right) \frac{1}{1 + j\omega RC} = \left(1 + \frac{R_f}{R_1} \right) \frac{1}{1 + j\frac{\omega}{\omega_0}} \tag{6-22}$$

式中 $\omega_0 = \frac{1}{RC}$ 称为截止频率。

如果频率 ω 为变量,该电路的传递函数为

$$A_u(j\omega) = \frac{\dot{U}_o(j\omega)}{\dot{U}_i(j\omega)} = \frac{A_{uo}}{1 + j\frac{\omega}{\omega_0}} \tag{6-23}$$

式中,$A_{uo} = 1 + \frac{R_f}{R_1}$。幅频特性为

$$|A_u(j\omega)| = \frac{|A_{uo}|}{\sqrt{1 + \left(\frac{\omega}{\omega_0} \right)^2}} \tag{6-24}$$

曲线如图 6-27 所示。可见,输入信号的频率 $\omega < \omega_0$ 时,输出电压衰减不多,信号容

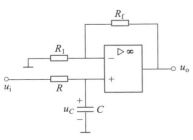

图 6-26　有源低通滤波器

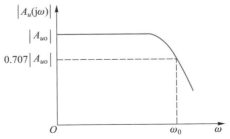

图 6-27　有源低通滤波器的幅频特性

易通过。

为改善滤波效果,使 $\omega > \omega_0$ 时信号衰减得快些,通常采用二阶或高阶有源滤波电路。二阶有源低通滤波器及一、二阶幅频特性比较如图 6-28 和图 6-29 所示。

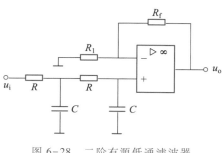

图 6-28　二阶有源低通滤波器

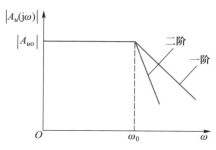

图 6-29　一、二阶幅频特性比较

2. 高通滤波器

高通滤波器和低通滤波器一样,也有一阶和高阶之分。将如图 6-26 所示的有源低通滤波器的电阻和电容对调,则成为一阶有源高通滤波器,如图 6-30 所示。同样传递函数为

$$A_u(j\omega) = \frac{\dot{U}_o(j\omega)}{\dot{U}_i(j\omega)} = \frac{A_{uo}}{1 - j\dfrac{\omega_0}{\omega}} \tag{6-25}$$

式中,$A_{uo} = 1 + \dfrac{R_f}{R_1}$,截止频率 $\omega_0 = \dfrac{1}{RC}$。

幅频特性为

$$|A_u(j\omega)| = \frac{|A_{uo}|}{\sqrt{1 + \left(\dfrac{\omega_0}{\omega}\right)^2}} \tag{6-26}$$

曲线如图 6-31 所示。输入信号的频率 $\omega > \omega_0$ 时,信号容易通过。

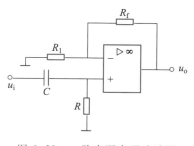

图 6-30　一阶有源高通滤波器

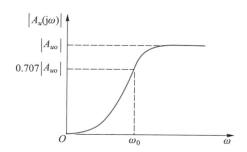

图 6-31　一阶有源高通滤波器的幅频特性

例 6-3　图 6-32 是一无源 RC 滤波电路,若 $R = 10\ \text{k}\Omega$,负载电阻 $R_L = 1\ \text{k}\Omega$,截止频率为5 Hz。试求所需的电容值。如果用图 6-26 所示的有源低通滤波器,其他

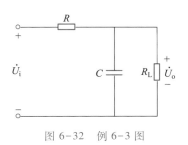

图 6-32　例 6-3 图

条件不变,所需的电容值是多少?

解:对于无源滤波电路

$$A_{uf} = \frac{\dot{U}_o}{\dot{U}_i} = \frac{\dfrac{R_L}{1+j\omega R_L C}}{R+\dfrac{R_L}{1+j\omega R_L C}} = \frac{\dfrac{R_L}{R_L+R}}{1+j\omega R'_L C}$$

式中,$R'_L = R /\!/ R_L = 909\ \Omega$,截止频率为 $\omega_0 = \dfrac{1}{R'_L C}$,故所需的电容为

$$C = \frac{1}{R'_L \omega_0} = \frac{1}{2\pi \times 5 \times 909}\ \mu F = 35\ \mu F$$

若用图 6-26 所示的有源低通滤波器,则所需的电容为

$$C' = \frac{1}{\omega_0 R} = \frac{1}{2\pi \times 5 \times 10 \times 10^3}\ \mu F = 3.18\ \mu F$$

由此可见,有源滤波电路所需的电容值仅由滤波电路本身的电阻值决定,与负载电阻无关,有源滤波电路中电容不及无源滤波电路所需电容值的 10%。而无源滤波器的带负载能力差,当负载值较小时,其负载效应不仅会影响输出信号幅度,还会影响滤波电路的截止频率。

【练习与思考】

6-3-1　运算电路输出与输入一般为反相关系,如果要得到同相运算关系该如何构建电路?

6-3-2　多输入变量的加法电路如何构建? 若参加运算的变量太多时会有什么影响?

6.4　集成运放的非线性应用

电压比较器是一种常用的信号处理电路,主要应用于高速 A/D 转换、时间测量电路、信号的产生与变换、脉冲宽度调制器、峰值检测器、过压检测器、高速触发器、开关驱动器等场合。本节主要介绍几种常用比较器的基本原理和在信号处理方面的应用。

6.4.1　单限电压比较器

单限电压比较器是比较器中最简单的一种电路,图 6-33 所示为它的电路图和传输特性。图中有一个参考电压 U_{REF} 或称门限电压,当输入电压 u_i 超过或低于它时,比较器输出的逻辑电平发生转换。

由于运放处于开环工作状态,它具有很高的开环电压放大倍数,只要运放的输入端有很小的扰动,即可使运放处于饱和状态。

当参考电压 U_{REF} 加在运放的反相端,输入信号 u_i 加于运放的同相端,该比较器的传输特性见图 6-33(b),又称为上行特性。当 $u_i > U_{REF}$ 时 $u_o = +U_{O(sat)}$,为正饱和值;当 $u_i < U_{REF}$ 时 $u_o = -U_{O(sat)}$,为负饱和值。

讲义:单限电压比较器

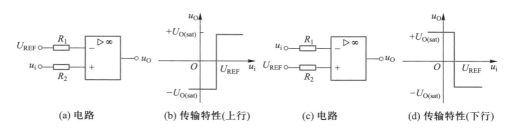

(a) 电路　　　(b) 传输特性(上行)　　　(c) 电路　　　(d) 传输特性(下行)

图 6-33　单限电压比较器

参考电压 U_{REF} 加在运放的同相端,输入信号 u_i 加于运放的反相端,该比较器的传输特性见图 6-33(d),又称为下行特性。当 $u_i < U_{REF}$ 时 $u_O = +U_{O(sat)}$,为正饱和值;当 $u_i > U_{REF}$ 时 $u_O = -U_{O(sat)}$,为负饱和值。

如果令上述电路中的参考电压 $U_{REF} = 0$,则输入信号每次经过零时,输出电压就要产生翻转,这种比较器称为零电压比较器。

单限电压比较器的优点是电路简单,灵敏度高,但是抗干扰能力较差,当输入信号中伴有干扰(在门限电压值上下波动),比较器就会反复地动作,如果去控制一个系统的工作,会出现误动作。为了克服这一缺点,实际工作中常使用迟滞电压比较器。

例 6-4　过零电压比较器的简单应用。

解:图 6-34(a)为利用过零电压比较器将输入正弦电压波形变换成正向过零点的检测电路。

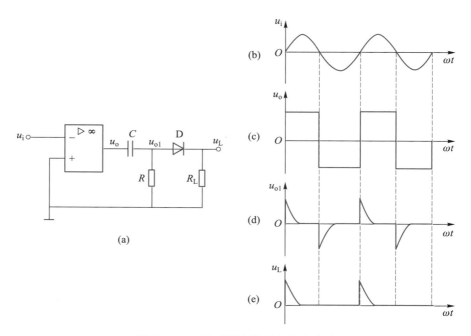

图 6-34　正向过零点检测电路及波形

电路分析:设输入电压为如图 6-34(b)所示的正弦波,每过零点一次,比较器的输出端将产生一次电压跳变,其正向和负向幅度均受到供电电源的限制。其输出的方波电压波形如图 6-34(c)所示。该方波经过时间常数 $RC<<T/2$ 的微分电路后,输出电压变为一连串正负相间的尖脉冲,如图 6-34(d)所示。

该波形再经过由二极管 D 和负载 R_L 组成的削波电路,利用二极管的单向导电性,削去了负向的尖脉冲,于是在负载上得到了如图 6-34(e)所示的波形。该波形反映了正弦波的过零点,且为波形从负值到正值变化的过零点,可用于晶闸管可控整流电路。

6.4.2 迟滞电压比较器

从反相端输入的迟滞电压比较器电路如图 6-35(a)所示,迟滞电压比较器中引入了正反馈。由集成运放输出端的限幅电路可以看出 $u_O = \pm U_Z$,集成运放反相输入端电位为 u_i,同相输入端的电位为

$$u_+ = \pm \frac{R_1}{R_1 + R_2} U_Z$$

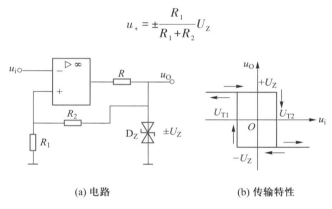

(a) 电路　　　　　　　　　(b) 传输特性

图 6-35　迟滞电压比较器

讲义:迟滞电压比较器

令 $u_- = u_+$,则有门限电压

$$U_{T1} = \frac{R_1}{R_1 + R_2}(-U_Z) \tag{6-27}$$

$$U_{T2} = \frac{R_1}{R_1 + R_2}(+U_Z) \tag{6-28}$$

该电路的传输特性如图 6-35(b)所示,输入电压的变化方向不同,门限电压也不同,但输入电压单调变化使输出电压只跃变一次。U_{T1} 称为下门限电压,U_{T2} 称为上门限电压,两者之差所得门限宽度 $U_{T2} - U_{T1}$ 称为回差电压。常将这类比较电路称为迟滞比较器或施密特触发器。

当输入电压 u_i 小于 U_{T1},则 u_- 一定小于 u_+,所以 $u_O = +U_Z$,$u_+ = U_{T2}$。

当输入电压 u_i 增加并达到 U_{T2} 后,如再继续增加,输出电压就会从 $+U_Z$ 向 $-U_Z$ 跃变,此时 $u_O = -U_Z$,$u_+ = U_{T1}$。

当输入电压 u_i 减小并达到 U_{T1} 后,如再继续减小,输出电压就又会从 $-U_Z$ 向

$+U_Z$ 跃变。此时 $u_O = +U_Z$，$u_+ = U_{T2}$。

若将电阻 R_1 的接地端接参考电压 U_R，如图 6-36(a) 所示。

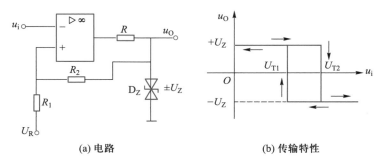

(a) 电路　　　　　　(b) 传输特性

图 6-36　具有参考电压的迟滞电压比较器

根据叠加定理可得同相端电压

$$u_+ = \frac{R_2}{R_1+R_2}U_R \pm \frac{R_1}{R_1+R_2}U_Z$$

令 $u_- = u_+$，门限电压为

$$U_{T1} = \frac{R_2}{R_1+R_2}U_R - \frac{R_1}{R_1+R_2}U_Z \tag{6-29}$$

$$U_{T2} = \frac{R_2}{R_1+R_2}U_R + \frac{R_1}{R_1+R_2}U_Z \tag{6-30}$$

该电路的传输特性如图 6-36(b) 所示。

上述迟滞电压比较器与单限电压比较器相比，有以下特点：

（1）引入正反馈后可以加速输出电压的转换过程，改善输出波形跃变时的速度。

（2）回差提高了电路的抗干扰能力，而且回差越大，电路抗干扰的能力就越强。

因此，迟滞电压比较器在波形的整形、变换、幅值的鉴别以及自动控制系统等方面得到广泛应用。如图 6-37 所示，利用迟滞电压比较器可以将一个受干扰导致

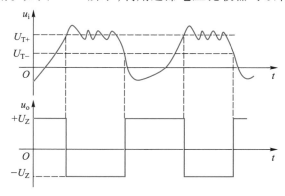

图 6-37　迟滞电压比较器对矩形波的整形

波形较差的矩形波整形为比较理想的矩形波。

例 6-5 图 6-38 为电冰箱的电子温度控制电路,对电路的要求:电冰箱内温度达 10 ℃时,接通电源使压缩机工作,当电冰箱内温度下降到 6 ℃时,切断电源使压缩机停止工作。试分析其工作原理。

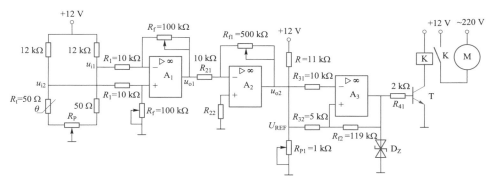

图 6-38 例 6-5 图

解:图中热敏电阻 R_t、电位器 R_P 和 50 Ω、12 kΩ 电阻构成测温电桥,接在差分放大电路 A_1 的两个输入端,用于检测温度的变化。正常情况下,电桥处于平衡状态,无电压输出,继电器触点不闭合,压缩机不工作。当温度升高时,热敏电阻阻值增大,电桥失去平衡,电桥输出电压经 A_1 比较放大,再经反相比例运算放大电路 A_2 放大为负电位信号,使迟滞比较器输出高电平,晶体管 T 导通,继电器线圈 K 得电,相应的触点 K 闭合,接通电路,压缩机开始工作,直到温度降到所规定的范围,压缩机停止工作。由此可见,通过迟滞比较器可实现对电冰箱温度的自动控制,且改变比较器门限电压的值,电冰箱的温控值也相应改变。

例 6-6 如图 6-39 所示为常用于自动干手器、自动水龙头以及报警器等设备中的红外探测自动开关电路,试分析其工作原理。

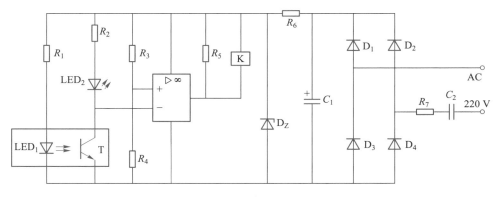

图 6-39 例 6-6 图

解:(1) 电路结构与原理

如图 6-39 所示,C_1、C_2 和 $D_1 \sim D_4$、D_Z 组成整流滤波稳压电路,为主电路提供

15 V 左右的直流电压。正常情况下,无障碍物遮挡时,在直流电压的作用下,红外发射接收头(光电耦合器)中的发射管 LED_1 导通,经反射板反射到接收管 T 上,接收管饱和导通,致使接收管的集电极与发射极间电阻变小,使电压比较器的输出为高电平,LED_2 发光管亮,固态继电器控制端失电,输出断路,自动干手器或水龙头不工作。当有障碍物时,反射到接收管上的光量被遮住,接收管截止,比较器反相端电位升高,使得比较器输出低电平,LED_2 发光管灭,固态继电器控制端得电,输出导通,接通电路,使得自动干手器或水龙头工作。

（2）元器件选择

在图 6-39 中,比较器选用 LM311,该比较器的电源电压为 2~36 V 或 ±18 V,输出电流大,可直接驱动 TTL 和 LED;T、LED_1 选用一体化红外发射接收头 TLP947;$D_1 \sim D_4$ 选用 1N4004 硅整流二极管;D_Z 选用 1N5352B 稳压二极管;C_1 选用 470 μF 电解电容器;C_2 选用 1 μF/400 V 电容;R_7 选用 10 Ω、RTX-2W 电阻;R_1 选用 2 kΩ,R_2 选用 2 kΩ,R_3 选用 220 kΩ,R_4 选用 51 kΩ,R_5 选用 10 kΩ,R_6 选用 100 Ω 的 RTX-1W 碳膜电阻器;LED_2 选用红色发光二极管;K 选用 12 V 固态继电器。

【练习与思考】

6-4-1　比较器有几种？哪种抗干扰能力强？

6-4-2　迟滞电压比较器与单限电压比较器相比,有哪些特点？

*6.5　正弦波振荡器

正弦波振荡器又称自激振荡器,它可产生几赫到几百兆赫的正弦信号。广泛应用于电子测量、广播、通信、工业生产等技术领域,如音乐合成器、手机发出的和弦铃声等都是由正弦波振荡器产生的。多数的正弦波振荡器都是建立在放大反馈的基础上的,因此又称为反馈振荡器。要想产生等幅持续的振荡信号,振荡器必须满足从无到有地建立起振荡的起振条件,以及保证进入平衡状态、输出等幅信号的平衡条件。

6.5.1　自激振荡

振荡电路的组成框图如图 6-40 所示,它在输入端无外接信号的前提下,利用反馈电压作为输入电压,输出端有一定频率和一定幅值的信号输出,这种现象称为自激振荡。

1. 自激振荡的条件

在振荡电路与电源接通的瞬间,电路的各部分存在各种扰动,如接通电源瞬间引起的电流突变,

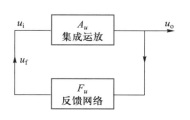

图 6-40　振荡电路组成框图

或管子和回路的内部噪声等,这些扰动将使放大电路产生瞬间的输出电压 u_o,经反馈网络反馈到输入端,得到瞬间输入电压 u_i。再经过放大、反馈的反复作用,使电压振幅不断加大。最后由于饱和的原因使输出电压的幅度自动稳定在一个数值。

可见,自激振荡必须满足平衡条件

$$u_f = F_u u_o = u_i$$
$$u_o = A_u u_i = A_u u_f = A_u F_u u_o$$

故

$$A_u F_u = 1 \qquad (6-31)$$

由于振荡信号中包含着丰富的频率分量,这里的 A_u 和 F_u 包含着相位关系。如果电路具有选频作用,它对某一频率分量满足式(6-31)时,便会建立稳定的振荡。因此,自激振荡条件可表示为

$$|A_u| \angle \varphi_A \cdot |F_u| \angle \varphi_F = |A_u F_u| \angle (\varphi_A + \varphi_F) = 1 \angle 0°$$

分别表示为

$$|A_u F_u| = 1 \qquad (6-32)$$
$$\varphi_A + \varphi_F = \pm 2n\pi \quad (n = 0,1,2,\cdots) \qquad (6-33)$$

上面两式分别称为幅度平衡条件和相位平衡条件。由相位平衡条件可知,闭环相移必须是 2π 的整数倍,即必须保证反馈极性为正反馈;幅度平衡条件表明,反馈必须具有足够的强度。

事实上,这两个平衡条件是指振荡已经建立,电路能够维持等幅振荡必须满足的条件,但不是充分条件。只有使环路的 $|A_u F_u|$ 大于 1,才能经过反复的反馈放大,使幅值迅速增大而建立起振荡。随着幅度的逐渐增大,放大电路进入饱和区,放大电路的放大倍数逐渐减小,最后满足式(6-32)时,振幅趋于稳定。故起振的条件应为

$$|A_u F_u| > 1 \qquad (6-34)$$

图 6-41 为 $|A_u F_u|$ 随 $u_i(u_f)$ 变化的曲线。在实际应用中,除少数类型外,多数的振荡器都是由放大网络来完成稳幅功能的。

2. 振荡器的组成和 RC 选频网络

起振时的信号通常为不规则的非正弦信号,包含各种不同频率、不同幅值的正弦量。为了得到单一频率的正弦输出,正弦波振荡器必须有选频网络,将所需频率的信号选出加以放大,而将其他频率信号进一步抑制。此外振荡电路中还包含稳幅环节,当外界条件变化引起输出信号变

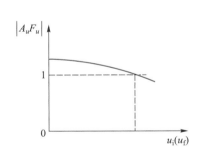

图 6-41 反馈电压与增益之间
的关系

化时,通过稳幅环节的调整,可以自动保持输出信号的幅值不变,所以正弦波振荡电路由基本放大电路、正反馈电路、选频电路和稳幅环节等组成。

根据选频网络的不同,正弦波振荡器分为 RC 振荡器、LC 振荡器和石英晶体振荡器。RC 振荡器产生的频率在 1 Hz~1 MHz 的低频范围内;LC 振荡器则产生几千赫到几百兆赫较高的正弦波信号;石英晶体振荡器广泛应用于频率较高且频率稳定的场合,如石英表、计算机时钟脉冲、通信机的载波信号源等。

图 6-42 所示为 RC 串并联选频网络的电路结构图,其频率特性曲线如图 6-43

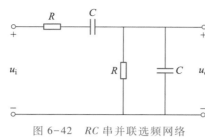

图 6-42　RC 串并联选频网络

所示。

由频率特性可见,当频率 $\omega = \omega_0 = \dfrac{1}{RC}$ $\left(f_0 = \dfrac{1}{2\pi RC} \right)$ 时,传递函数的幅值为最大值, 即 $H(\omega) = \dfrac{1}{3}$,且输出电压与输入电压同相, $\varphi(\omega) = 0°$ 。

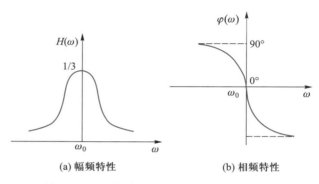

(a) 幅频特性　　　(b) 相频特性

图 6-43　RC 串并联选频网络的频率特性曲线

6.5.2　文氏电桥振荡器

文氏电桥振荡器具有波形好、振幅稳定和频率调节方便等优点,工作频率范围可以从 1 Hz 以下的超低频到 1 MHz 左右的高频段,其电路如图 6-44 所示。

讲义:文氏电桥振荡器

为保证起振的相位条件,需引入正反馈。RC 串并联电路既是正反馈电路,又是选频电路。输出电压 u_o 经 RC 串并联分压后得到反馈电压 u_f ,加在运放的同相输入端,作为它的输入电压,故放大电路是同相比例运算电路。

由 RC 选频网络的幅频特性可以知道: $\omega = \omega_0 = \dfrac{1}{RC}$ 时, $F_u = \dfrac{1}{3}$,为满足起振条件,应有 $|A_u F_u| > 1$,所以 $|A_u| > 3$ 。同相放大器

图 6-44　文氏电桥振荡器

$A_u = 1 + \dfrac{R_t}{R_1}$,因此有 $R_t > 2R_1$ 。

为稳定输出幅度,放大网络中用热敏电阻 R_t 和 R_1 构成具有稳幅作用的非线性环节,形成串联电压负反馈。R_t 是具有负温度特性的热敏电阻,加在它上面的电压越大,温度越高,它的阻值就越小。刚起振时,振荡电压振幅很小,R_t 的温度低,阻

值大,负反馈强度弱,放大器增益大,保证振荡器能够起振。随着振荡振幅的增大,R_t 上电压增大,温度上升,阻值减小,负反馈强度加深,使放大器增益下降,保证了放大器在线性工作条件下实现稳幅。另外,也可用具有正温度系数的热敏电阻代替 R_1,与普通电阻一起构成限幅电路。

可见,在满足深度负反馈时,振荡器的起振条件仅取决于负反馈支路中电阻的比值,而与放大器的开环增益无关。因此,振荡器的性能稳定。

习题

6.1.1 在题 6.1.1 图所示电路中,集成运放的最大电压为 ±13 V,稳压管的稳定电压 $U_Z = 6$ V,正向压降 $U_D = 0.7$ V,试画出电压传输特性。

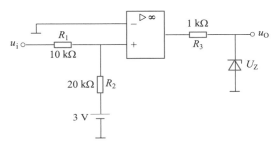

题 6.1.1 图

6.2.1 题 6.2.1 图所示的两个电路是电压-电流变换电路,R_L 是负载电阻(一般 $R << R_L$)。试求负载电流 i_o 与输入电压 u_i 的关系,并说明它们各是何种类型的负反馈电路。

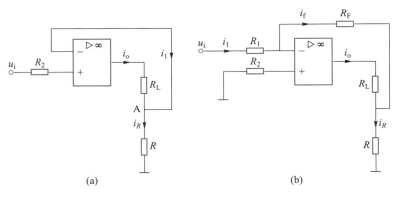

(a)　　　　　　　　　　(b)

题 6.2.1 图

6.3.1 题 6.3.1 图所示为运放构成的反相加法电路,试求输出电压 u_o。

6.3.2 同相输入加法电路如题 6.3.2 图所示,求输出电压 u_o,并与反相加法器进行比较。当 $R_1 = R_2 = R_3 = R_f$ 时,u_o 为多少?

6.3.3 在题 6.3.3 图(a)所示的加法运算电路中,u_{I1} 和 u_{I2} 的波形如题 6.3.3 图(b)和(c)所示。$R_{11} = 20$ kΩ,$R_{12} = 40$ kΩ,$R_F = 40$ kΩ。求平衡电阻 R_2 及输出电压 u_o 的波形。

6.3.4 在题 6.3.4 图所示的电路中,已知 $R_F = 4R_1$,求 u_o 与 u_{i1} 和 u_{i2} 的关系式。

6.3.5 试按照下列运算关系式设计运算电路。

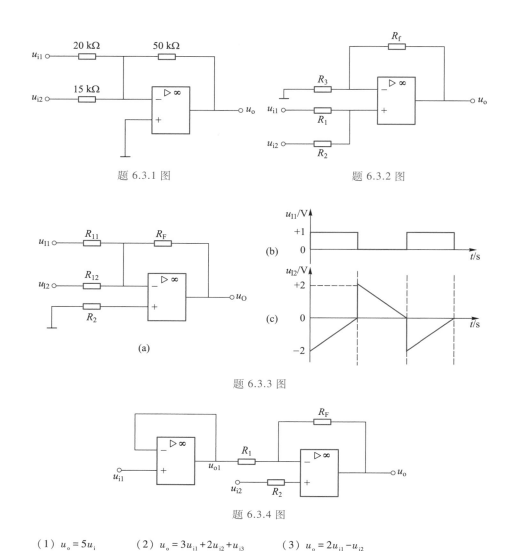

题 6.3.1 图　　　　　　　　　题 6.3.2 图

题 6.3.3 图

题 6.3.4 图

（1）$u_o = 5u_i$　　　（2）$u_o = 3u_{i1} + 2u_{i2} + u_{i3}$　　　（3）$u_o = 2u_{i1} - u_{i2}$

6.3.6　题 6.3.6 图是应用运算放大器测量电阻阻值的原理电路,输出端接有满量程为 5 V 的电压表。当电压表指示为 4 V 时,被测电阻 R_x 的阻值是多少?

6.3.7　题 6.3.7 图所示为广泛应用于自动调节系统的比例-积分-微分电路。试求电路 u_o 与 u_i 的关系式。

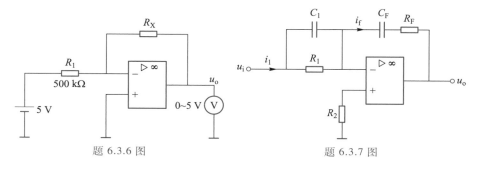

题 6.3.6 图　　　　　　　　　题 6.3.7 图

6.3.8 电路如题 6.3.8 图所示,设运放是理想的,试计算 u_o。

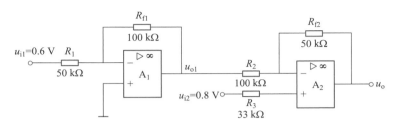

题 6.3.8 图

6.4.1 题 6.4.1 图所示为单限电压比较器的反相输入端输入电压 u_i 的波形,同相输入端接参考电压 $U_R = 3\ V$,试画出对应的输出电压 u_o 的波形。

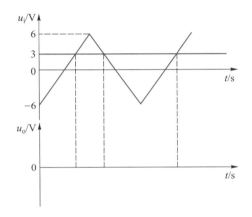

题 6.4.1 图

6.4.2 题 6.4.2 图所示电路,设集成运放的最大输出电压为 $\pm 12\ V$,稳压管稳定电压为 $U_Z = \pm 6\ V$,输入电压 u_i 是幅值为 $\pm 3\ V$ 的对称三角波。试分别画出 U_R 为 $+2\ V$、$0\ V$、$-2\ V$ 三种情况下的电压传输特性和 u_o 的波形。

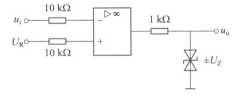

题 6.4.2 图

6.4.3 题 6.4.3 图所示是监控报警装置。如需对某一参数(如温度、压力等)进行监控,可由传感器取得监控信号 u_i,U_R 是参考电压。当超过正常值时,报警灯亮,试说明其工作原理。二极管 D 和电阻 R_3 在此起何作用?

6.5.1 在题 6.5.1 图所示 RC 正弦波振荡电路中,$R = 1\ k\Omega$,$C = 10\ \mu F$,$R_1 = 2\ k\Omega$,$R_2 = 0.5\ k\Omega$,试分析:(1) 为了满足自激振荡的相位条件,开关 S 应合向哪一端(合向某一端时,另一端接地)(2) 为了满足自激振荡的幅度条件,R_F 应等于多少?(3) 为了满足自激振荡的起振条件,R_F 应等于多少?(4) 振荡频率是多少?

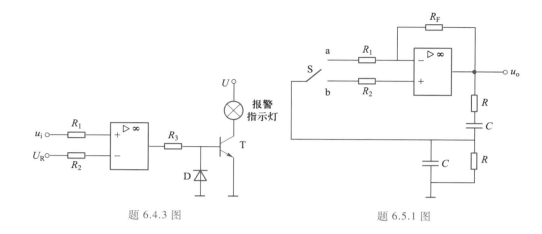

题 6.4.3 图　　　　　　　　　　　　　题 6.5.1 图

第7章 直流稳压电源

直流稳压电源分为线性稳压电源和开关稳压电源。线性稳压电源通常由50 Hz工频变压器、整流器、滤波器、稳压器组成。调整元件工作在线性放大区内,效率仅为35%~60%;开关稳压电源去除了笨重的工频变压器,代之以几万赫兹、几十万赫兹甚至数兆赫兹的高频变压器,由于功率管工作在开关状态,其功率损耗小,效率高,可达80%~95%。

直流稳压电源常用的稳压电路有4种,即并联型稳压电路、串联型稳压电路、集成稳压电路和开关稳压电路等。前面章节已介绍了并联型稳压电路,其具有电路结构简单,输出电流较小,输出电压不可调等特点。本章分别介绍串联型稳压电路、集成稳压电路和开关稳压电路,重点掌握各稳压电源的特点、工作原理及应用。

7.1 线性稳压电源

7.1.1 线性稳压电源的特点

线性稳压电源是一种发展比较成熟、稳压性能良好、应用非常广泛的直流稳压电源。之所以称其为"线性"是因为保证其输出稳定直流电压而进行调整的关键元器件——调整晶体管工作在线性放大区。线性稳压电源的特点如下。

（1）电路结构简单、可靠性高

串联线性调整型稳压电源的核心控制部分仅为一个放大器,而 PWM 型开关稳压电源除放大器外,还有振荡、调制、分频等电路。同时,为了提高电源的可靠性,还必须增设一些保护和改善性能用的电路及元器件,这就使本身已经相当复杂的电路更为复杂,如串联线性调整型稳压电源用 20~40 个元器件,而 PWM 型开关稳压电源需要 100~200 个元器件。因此,线性调整型稳压电源的结构简单、可靠性较高。

（2）输出纹波小

串联调整型稳压电源输出端纹波的有效值一般在 1 mV 以下,因而调整管工作在线性放大状态,所以本身不产生尖峰噪声,由整流元件等引起的噪声也易抑制;而 PWM 型开关稳压电源工作在开关状态,会产生较大的 di/dt 及 du/dt,尖峰噪声一般可达几百毫伏。

（3）电磁干扰小

PWM 型开关稳压电源中,开关管工作在高频的开关状态中,会对电源本身及周围的其他电子设备产生电磁干扰。而线性稳压电源的调整管工作在线性放大状态,电路中不存在高频脉冲,因此电磁干扰较小。

（4）动态响应速度快

串联线性调整型稳压电源动态响应一般为十到数百微秒,而 PWM 型开关稳压电源则为 ms 数量级。

直流线性稳压电源也存在一些缺点,由于直流线性稳压电源的调整管工作在放大状态,因而发热量大,需要体积较大的散热器;效率低;承受过载能力较差,而且输入端需要大体积的工频变压器进行降压;当要制作多组电压输出时,变压器体积会更庞大,不便于微型化,因此限制了它在一些场合的应用。

讲义:串联反馈型稳压电路

7.1.2　串联反馈型稳压电路

稳压管稳压电路的输出电压不易调节,且不能适应输入电压波动和负载变化,因此采用串联反馈型稳压电路。串联反馈型稳压电路以稳压管稳压电路为基础,利用晶体管的电流放大作用增大负载电流,通过改变网络参数和引入深度电压负反馈,得到输出电压稳定且可调的线性稳压电源,克服了并联型稳压电路输出电流小、输出电压不能调节的缺点,因而在各种电子设备中得到广泛的应用。同时这种稳压电路也是集成稳压电路的基本组成。

图 7-1 是串联反馈型稳压电路的一般结构图,其分别由调整管 T、比较放大器 A、基准电压 U_{REF}、R_1 与 R_2 反馈网络组成的取样环节等四部分组成。在稳压电路的主回路中,工作于线性状态的调整管 T 与负载近似串联,故称为串联型稳压电路。

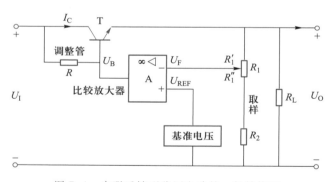

图 7-1　串联反馈型稳压电路的一般结构图

图中输入端所加电压 U_I 是经整流、滤波之后得到的电压,U_O 为输出电压。反馈网络将稳压电路输出电压 U_O 的变化量取样,经放大器放大后去控制调整管 T 的 C-E 极间的电压降,从而达到稳定输出电压 U_O 的目的。

稳压原理可简述如下:当输入电压 U_I 增加(或负载电流 I_O 减小)时,导致输出电压 U_O 增加,反馈电压 $U_F = \dfrac{R_1'' + R_2}{R_1 + R_2} U_O = F_u U_O$ 也增加(F_u 为反馈系数)。U_F 与基准电压 U_{REF} 相比较,其差值电压经比较放大器放大后使 U_B 和 I_C 减小,调整管 T 的 C-E 极间的电压 U_{CE} 增大,使 U_O 下降,从而维持 U_O 基本恒定。

同理,当输入电压 U_I 减小(或负载电流 I_O 增加)时,亦将使输出电压基本保持不变。

从反馈放大器的角度来看,这种电路属于串联电压负反馈电路。由于调整管 T 的射极跟随器作用,因而可得

$$U_B = A_u(U_{REF} - F_u U_O) \approx U_O \quad \text{或} \quad U_O = U_{REF}\frac{A_u}{1 + A_u F_u}$$

式中 A_u 是比较放大器的电压放大倍数,它考虑了所带负载的影响,与开环放大倍数 A_{uo} 不同。在深度负反馈条件下,$|1 + A_u F_u| \gg 1$ 时,可得

$$U_O = \frac{U_{REF}}{F_u}$$

上式表明,输出电压 U_O 与基准电压 U_{REF} 近似成正比,与反馈系数 F_u 成反比。当 U_{REF} 及 F_u 已定时,U_O 也就确定了,因此它是设计稳压电路的基本关系式。

值得注意的是,调整管 T 的调整作用是依靠 U_F 和 U_{REF} 之间的偏差来实现的,必须有偏差才能调整。如果 U_O 绝对不变,调整管的 U_{CE} 也绝对不变,那么电路也就不能起调整作用了。所以 U_O 不可能达到绝对稳定,只能是基本稳定。因此,图 7-1 所示的系统是一个闭环有差调整系统。

由以上分析可知,当反馈越深时,调整作用越强,输出电压 U_O 也越稳定,电路的稳压系数和输出电阻 R_O 也越小。

例 7-1 如图 7-1 所示串联反馈型稳压电路中,设 $U_I = 20$ V,$U_{REF} = 6$ V,$R_2 = 1$ kΩ,$R_1'' = 500$ Ω,$R_1' = 1.5$ kΩ。求:(1) 此位置时的输出电压;(2) 输出电压的调节范围。

解:(1) 此位置时 $U_O = 2U_{REF} = 12$ V。

(2) 滑至最上端时,$U_O = U_{REF} = 6$ V;滑至最下端时,$U_O = 3U_{REF} = 18$ V。故输出电压的调整范围为 6~18 V。

7.1.3 线性集成稳压电源

分立元件组装的线性直流稳压电路的体积大、成本高、功能单一、使用不方便。随着功率集成技术的不断发展,将直流线性稳压电源中的电源调整管、比较放大电路、基准电压电源、取样电路和过压过流保护电路等集成在一块芯片上,制成集成稳压器。而集成稳压器具有体积小、可靠性高、使用方便灵活、价格低廉等特点,在各种电子设备中得到了广泛的应用。

目前国内外生产的集成线性稳压器多达数千种,产品主要包括两类:固定输出式和可调输出式。线性集成稳压器电路中,最常用的是"三端稳压器"。之所以称它为"三端",是因其外观上总共有三根引出线,分别是三端集成稳压器的输入端、输出端和公共端。

1. 三端固定式集成稳压器

三端固定式集成稳压器有三个端子:输入端 U_I、输出端 U_O 和公共端 COM。输入端接整流滤波电路,输出端接负载,公共端接输入、输出的公共连接点。其内部

讲义:集成稳压电路

205

由采样、基准、放大、调整和保护等电路组成。电路具有过流、过热及短路保护功能。

三端固定式集成稳压器有许多品种。常用的是 78XX/79XX 系列,后面的 XX 表示该稳压集成电路输出直流电压的大小,一般用两位数字来表示。78XX 系列输出正电压,其有输出电压为 5 V、6 V、8 V、10 V、12 V、15 V、18 V、20 V、24 V 等品种。该系列的输出电流分 5 挡,78XX 系列是 1.5 A,78MXX 是 0.5 A,78LXX 是 0.1 A,78TXX 是 3 A,78HXX 是 5 A。与 78XX 系列所不同的是 79XX 系列输出电压为负值。如图 7-2 所示为塑料封装的三端固定式集成稳压器 78XX 和 79XX 的外形和符号,外形封装有多种形式,使用时应注意三个端子所对应管脚的不同用途。

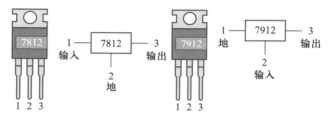

图 7-2　三端固定式集成稳压器外形和符号

如图 7-3 所示为塑料封装的三端固定式集成稳压器 78XX 和 79XX 的标准应用电路。正常工作时,输入、输出电压差 2~3 V。C_1 为输入稳定电容,用来抵消输入端接线较长时的电感效应,防止产生自激振荡,抑制高频和脉冲干扰,C_1 一般为 0.1~0.47 μF。C_2 为输出稳定电容,其作用是当瞬时增减负载电流时,不致引起输出电压有较大的波动,即用来改善负载的瞬态响应,C_2 一般为 0.1 μF。

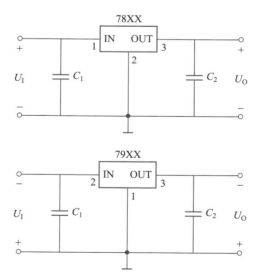

图 7-3　三端固定式集成稳压器的标准应用电路

三端固定式集成稳压器 78XX 正常工作时,输入输出之间必须维持 2~3 V 的电压差,使得功耗增大。如图 7-4 所示,如 7805 在输出 1.5 A 时自身的功耗达到 4.5 W,不仅浪费能源还需要散热器,否则不能工作到额定电流。而低压差三端固定式集成稳压器在调整管的 U_{CE} 低到等于 U_{CES} 时仍能正常工作。如 Micrel 公司生产的三端稳压器 MIC29150,具有3.3 V、5 V 和 12 V 三种电压,输出电流为1.5 A,具有和 78XX 系列相同的封装,其使用与 7805 完全一样,可与 7805 互换使用。该器件的特点是:压差低,在 1.5 A 输出时的典型值为 350 mV,最大值为 600 mV;输出电压精度为±2%;最大输入电压可达 26

图 7-4 加散热器
三端稳压器

V,输出电压的温度系数为 $20×10^{-6}$/℃,工作温度为-40~125 ℃;有过流保护、过热保护、电源极性接反及瞬态过压保护(-20~60 V)功能。该稳压器输入电压为 5.6 V,输出电压为 5.0 V,功耗仅为 0.9 W,比 7805 的 4.5 W 小得多,可以不用散热器。如果采用市电供电,则变压器功率可以相应减小。

　　许多电子仪器设备需要正、负对称的双电源供电。图 7-5 所示是一种只用正极性输出集成稳压器 7805 实现正、负对称的双电源直流稳压电路,但这时要求两个稳压集成电路必须要由变压器的两个独立绕组经过整流滤波来供电,而不能用电源变压器上线圈绕组加中心抽头来实现。图中变压器每相绕组输出为交流 8 V 左右,C_1 和 C_4 是大容量电解电容,对高频交流成分的滤波效果较差,因此需并联 C_2 和 C_5。

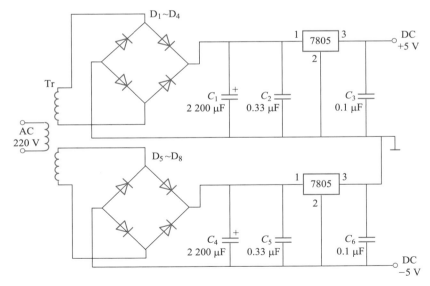

图 7-5 正、负对称的双电源直流稳压电路

2. 三端可调式集成稳压器

三端可调式集成稳压器是在固定式集成稳压器基础上发展起来的。它的三个

端子为输入端 U_I、输出端 U_O、可调端 ADJ。当输入端加上适当的电压时,就可以从输出端得到一定变化范围的输出电压。其特点是可调端 ADJ 的电流非常小,用很少的外接元件就能方便地组成精密可调的稳压电路和理想电流源电路。

三端可调式集成稳压器有 LM317/337 系列,输出电压由两个外接电阻确定。LM317 输出正电压,LM337 输出负电压。LM317/337 的输出电流为 1.5 A,输出电压在 $1.25 \sim 37$ V 范围内连续可调。

图 7-6 是三端可调式集成稳压器的典型应用电路。图中 R_1、R_2 组成可调输出电压网络,输出电压经过 R_1、R_2 分压加到 ADJ 端。

$$U_\mathrm{O} = U_\mathrm{REF}\left(1 + \frac{R_2}{R_1}\right)$$

其中 $U_\mathrm{REF} = 1.25$ V,R_2 为电位器。当 R_2 变化时,U_O 在 $1.25 \sim 37$ V 之间连续可调。C_2 起滤除纹波的作用。

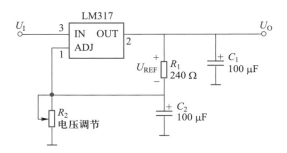

图 7-6　三端可调式集成稳压器的典型应用电路

3. 基准电压源

前面介绍的稳压管稳压电路虽说可以做基准电压源,但它的电压稳定性差,温度系数大,噪声电压大等缺点,使得稳压管稳压电路不能作为高精度的基准电压源。而稳压性能好的基准电压源是模拟集成电路极为重要的组成部分,它为串联型稳压电路、A/D 和 D/A 转换器提供了基准电压,也是大多数传感器的供电电源或激励源。另外,基准电压源也可作为标准电池、仪器表头的刻度标准和精密电流源。衡量基准电压源的主要参数是电压温度系数 S_T,它表示由于温度变化而引起的输出电压漂移量。下面介绍 MC1403 基准电压源。

（1）管脚图与主要参数

MC1403 是一种高精度、低温漂的基准电压源。其采用 DIP-8 封装,管脚排列和电路符号如图 7-7 所示。其输入电压 U_I 为 $4.5 \sim 15$ V,输出电压 U_O 的典型值为 2.5 V,温度系数 S_T 为 $10 \times 10^{-6}/℃$。

（2）应用

MC1403 基准电压源的内部电路很复杂,但应用很简单,只需外接少量元件。图 7-8 是它的典型应用。图中 R_P 为精密电位器,用于精确调节输出的基准电压值,C 为消噪电容。MC1403 的输入/输出特性列于表 7-1。由表中数据可知,U_I 从 10 V 降低到 4.5 V 时,U_O 变化 0.0001 V,变化率仅为 0.0018%。

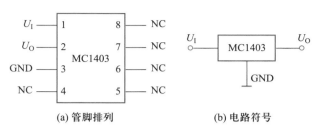

(a) 管脚排列   (b) 电路符号

图 7-7   MC1403 的管脚排列和电路符号

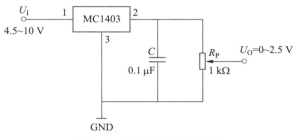

图 7-8   MC1403 的典型应用

表 7-1   **MC1403 的输入/输出特性**

输入电压 $U_{\mathrm{I}}/\mathrm{V}$	10	9	8	7	6	5	4.5
输出电压 $U_{\mathrm{o}}/\mathrm{V}$	2.5028	2.5028	2.5028	2.5028	2.5028	2.5028	2.5027

图 7-8 的电路输出电压稳定在 2.5 V,若要获得高于 2.5 V 的基准电压源,可采用如图 7-9 所示的电路。图中运放为 ICL7650 自动转换调零运算放大器,R_{f} 为反馈电阻,反相输入端通过 R_1 接地。$R_1 = R_{\mathrm{f}} = 20\ \mathrm{k\Omega}$。输出电压 U_{o} 为

$$U_{\mathrm{o}} = 2.5 \times \left(1 + \frac{R_{\mathrm{f}}}{R_1}\right)\ \mathrm{V} = 5\ \mathrm{V}$$

图 7-9   提高输出基准电压的电路

7.2 开关稳压电源

线性稳压电源中由于串联晶体管的高损耗使它很难在输出大于 5 A 的场合下应用,同时高损耗又要求有较大体积的散热器,因此不能满足电路小型化的要求。

而开关稳压电源功率管工作在开关状态,功率损耗较小,效率高;同时去除了笨重的工频变压器,代之以高频变压器,因此开关稳压电源体积小、质量轻;但电路较复杂,价格高,且输出电压纹波、噪声较高,动态响应差。

7.2.1　开关稳压电源的分类、组成与基本特点

1. PWM 技术

一个周期 T 内,电子开关接通时间 t 所占整个周期 T 的比例,称为占空比 D,$D = t/T$;占空比越大,负载上电压越高;$f = 1/T$ 称开关频率,f 固定,t 越大,负载上电压就越高。这种变换器中的开关都在某一固定频率下(如几百、几千赫兹)工作,这种保持开关频率固定但改变接通时间长短(即脉冲的宽度),从而可以调节输出电压的方法,称脉冲宽度调制法(pulse width modulation,PWM)。

2. 开关电源的分类

现代开关电源分为直流开关电源和交流开关电源两类,前者输出质量较高的直流电,后者输出质量较高的交流电。一般情况下,开关电源专指直流开关电源,开关电源的核心是电力电子变换器(开关变换器)。

电力电子变换器是应用电力电子器件将一种电能转变为另一种或多种形式电能的装置,按转换电能的种类或按电力电子的习惯称谓,可分为四种类型:

(1) AC-DC(AC 表示交流电,DC 表示直流电,下同)称为整流,AC-DC 变换器是将交流电转换为直流电的电能变换器;

(2) DC-AC 称为逆变,DC-AC 变换器是将直流电转换为交流电的电能变换器,是交流开关电源和不间断电源 UPS 的主要部件;

(3) AC-AC 称为交流-交流变频,AC-AC 变换器是将一种频率的交流电直接转换为另一种恒定频率或可变频率的交流电,或是将恒频交流电直接转换为变频交流电的电能变换器;

(4) DC-DC 称为直流-直流变换,DC-DC 变换器是将一种直流电转换成另一种或多种直流电的电能变换器,是直流开关电源的主要部件。

3. 开关电源的组成

DC-DC 按输入与输出间是否有电气隔离可分为两类;没有电气隔离的称为非隔离型 DC-DC;有电气隔离的称为隔离型 DC-DC。隔离型变换器通常采用变压器实现输入与输出间的电气隔离。变压器本身具有变压的功能,有利于扩大变换器的应用范围,变压器的应用还便于实现多路不同电压或多路相同电压的输出。无论哪一种 DC-DC 变换器,主回路使用的元件只是开关器件、电感和电容。开关器件只有开通、关断这两种状态,并且快速地进行转换。因此,只有力求快速,使开关快速地渡过线性放大工作区,状态转换引起的损耗才小。目前在直流变换器中使用的电子开关大多是电力 MOS 场效晶体管(power MOSFET)、绝缘栅双极晶体管(IGBT)等。

4. 开关电源的特点

（1）重量轻,体积小

采用高频技术,去掉了工频变压器。

（2）效率高

高频开关电源采用的功率器件一般功耗小,带功率因数补偿的开关电源其整机效率可大于 90%。

（3）功率因数高

配有功率因数校正电路的高频开关电源,功率因数一般在 0.93 以上,并且基本不受负载变化的影响。

（4）对交流输入要求低

在三相严重不平衡,甚至缺了一相时,整流及系统仍能为负载提供稳定的直流电。

7.2.2 开关稳压电源的工作原理

串联反馈式稳压电路调整管工作在线性区,管耗 $P_C = U_{CE}I_C$ 较大、电源效率较低（40% ~ 60%）,有时还要配备较大的散热装置。而开关稳压电路调整管工作在开关状态,其具有管耗小、效率高（80% ~ 90%）、稳压范围宽等优点。

开关稳压电路将快速通/断的晶体管置于输入与输出之间,通过调节通/断比例（占空比）来控制输出直流电压的平均值。此平均值电压由可调宽度的方波脉冲构成,方波脉冲的平均值就是直流输出电压。使用合适的 LC 滤波器,可以将方波脉冲平滑成无纹波的直流电压输出,其值等于方波脉冲电压的平均值。整个电路采用输出负反馈,通过检测输出电压并结合负反馈控制占空比,以稳定输出电压不受输入市电电压波动和负载变化的影响。

讲义：开关稳压电源

开关稳压电源电路原理框图如图 7-10 所示。它由调整管 T、LC 滤波电路、续流二极管 D、脉宽调制电路（PWM）和采样电路等组成。其工作原理可分为滤波和稳压两部分。

1. 滤波

当 u_B 为高电平时,调整管 T 饱和导通,电感线圈中的电流 i_L 近于线性增大,此时 L 和 C 储能,二极管 D 反偏,输入直流电压 U_I 经 LC 滤波电路后加在负载 R_L 两端,输出电压 U_O 的波形基本平滑。

当 u_B 为低电平时,调整管 T 由导通变为截止,电路与电源脱开,电感电流 i_L 不能突变,i_L 经 R_L 和续流二极管 D 衰减,此时 C 向 R_L 放电,因此 R_L 两端仍能获得连续的输出电压 U_O。

2. 稳压

取样电压 u_F 与基准电压 U_{REF} 经比较放大器 A_1 后,得到输出电压 u_A,u_A 与三角波发生器 u_T 经比较器 A_2 后,得到基极电压 u_B,u_B 加在调整管的基极上,当调整管饱和导通时,$u_E = u_D = U_I$;反之调整管截止时,$u_E = u_D = -U_D$。显然,调整管 T 的导通

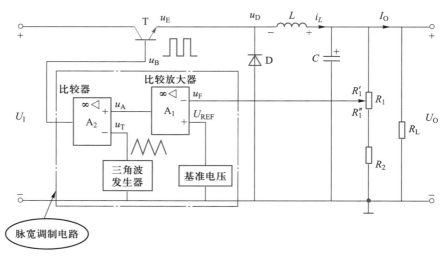

图 7-10　开关稳压电源原理图

与截止,使输入的直流电压 U_I 变成高频矩形脉冲电压 $u_E(u_D)$,经 LC 滤波得到输出电压 u_O。$u_E(u_D)$、i_L、u_O 的波形如图 7-11 所示。

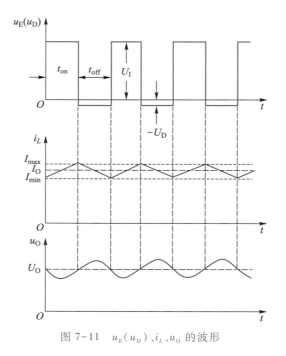

图 7-11　$u_E(u_D)$、i_L、u_O 的波形

图 7-11 中 t_{on} 是调整管 T 的导通时间,t_{off} 是调整管 T 的截止时间,$T = t_{on} + t_{off}$ 是开关转换周期。

如果忽略调整管 T 的饱和压降和二极管 D 的正向压降,则一个周期内输出电压 U_O 的平均值为

$$U_O = \frac{U_I t_{on} + (-U_D) t_{off}}{T} \approx U_I \frac{t_{on}}{T} = q U_I$$

式中 $q = t_{on}/T$ 称为脉冲波形的占空比,即一个周期持续脉冲时间 t_{on} 与周期 T 的比值。

由此可见,对于一定的 U_I 值,通过调节占空比 q 即可调节输出电压 U_O。

在闭环情况下,电路能自动调整输出电压。设在正常状态时,输出电压为某一预定值,反馈电压 $u_F = U_{REF}$,比较放大器 A_1 输出电压 $u_A = 0$,比较器 A_2 输出脉冲电压 u_B 的占空比 $q = 50\%$,其 u_T、u_B、u_E 波形如图 7-12 所示。

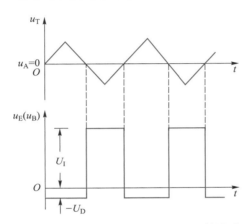

图 7-12 电路正常状态下 u_T、u_B、u_E 的波形

当输入电压波动或负载电流改变时,将引起输出电压 U_O 的改变,由于负反馈作用,电路能自动调整而使 U_O 基本维持不变。

假设输出电压 U_O 增大,稳压过程如下:

$$U_O \uparrow \rightarrow u_F \uparrow \rightarrow u_A \downarrow \quad \rceil$$
$$U_O \downarrow \longleftarrow q \downarrow \quad \lfloor$$

通过电路自动调整,U_O 基本保持不变,达到稳压的目的。同理,当输入电压 U_I 减小(或负载电流 I_O 增加)时,亦将使输出电压基本保持不变。

图 7-10 电路通过保持控制信号的周期 T 不变,而改变导通时间 t_{on} 来调节输出电压 U_O 的大小,这种电路称为脉宽调制型开关稳压电源;若保持控制信号的脉宽不变,只改变信号的周期 T,同样也能使输出电压 U_O 发生变化,这就是频率调制型开关稳压电源;若同时改变导通时间 t_{on} 和周期 T,称为混合型开关稳压电源。

7.2.3 开关稳压电源典型应用电路

集成脉宽调制器电路将基准电压源、三角波电压发生器、比较器等集成到一块芯片上,制成各种封装的集成电路,其特点是:能使电路简化、使用方便、工作可靠、性能提高。

使用集成脉宽调制器的开关电源,既可以降压,又可以升压,既可以把市电直接转换成需要的直流电压(AC-DC 变换),还可以用于由电池供电的便携设备

213

（DC-DC 变换）。

MAX668 是 MAXIM 公司的产品,被广泛用于便携产品中。该电路采用固定频率、电流反馈型集成脉宽调制器电路,脉冲占空比由 $(U_0-U_1)/U_1$ 决定,其中 U_0 和 U_1 是输出、输入电压。内部采用双极型和 CMOS 多输入比较器,可同时处理输出误差信号、电流检测信号及斜率补偿纹波。MAX668 具有低静态电流（220 μA）,工作频率可调（100~500 kHz）,输入电压范围为 3~28 V,输出电压可高至 28 V。用于升压的典型电路如图 7-13 所示,该电路把 5 V 电压升至 12 V,该电路在输出电流为 1 A 时,转换效率高于 92%。

MAX668 的引脚说明:

引脚 1:LDO　该引脚是内置 5 V 线性稳压器输出,应连接 1 μF 的陶瓷电容。

引脚 2:FREQ　工作频率设置。

引脚 3:GND　模拟地。

引脚 4:REF　1.25 V 基准输出,可提供 50 μA 电流。

引脚 5:FB　反馈输入端,FB 的门限为 1.25 V。

引脚 6:CS+　电流检测输入正极,检测电阻接到 CS+ 与 PGND 之间。

引脚 7:PGND　电源地。

引脚 8:EXT　外部 MOSFET 门极驱动器输出。

引脚 9:U_{CC}　电源输入端,旁路电容选用 0.1 μF 电容。

引脚 10:SYNC/$\overline{\text{SHDN}}$　停机控制与同步输入,有两种控制状态:低电平输入,DC-DC 关断;高电平输入,DC-DC 工作频率由 FREQ 端的外接电阻 R_1 确定。

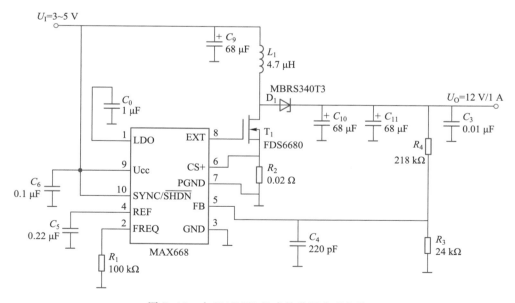

图 7-13　由 MAX668 组成的升压典型电路

【练习与思考】

7-2-1　串联开关稳压电源为什么效率高？

7-2-2　开关稳压电路是如何稳定输出电压的？

习题

7.1.1　串联型稳压电路如题 7.1.1 图所示，稳压管 D_Z 的稳定电压为 5.3 V，电阻 $R_1 = R_2 = 200$ Ω，晶体管 $U_{BE} = 0.7$ V。

（1）试说明电路如下四个部分分别由哪些元器件构成（填空）。

a. 调整环节：＿＿＿＿＿＿＿＿＿＿＿＿

b. 放大环节：＿＿＿＿＿＿＿＿＿＿＿，＿＿＿＿＿＿＿＿＿＿＿

c. 基准环节：＿＿＿＿＿＿＿＿＿＿＿，＿＿＿＿＿＿＿＿＿＿＿

d. 取样环节：＿＿＿＿＿＿＿＿＿＿＿，＿＿＿＿＿＿＿＿＿＿＿

（2）当 R_P 的滑动端在最下端时 $U_o = 15$ V，求 R_P 的值。

（3）当 R_P 的滑动端移至最上端时，U_o 为多少？

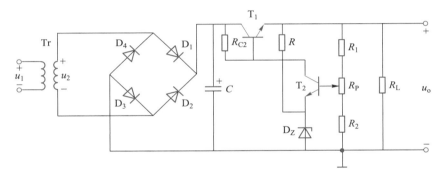

题 7.1.1 图

7.1.2　试将题 7.1.1 中的串联型晶体管稳压电路用 W7800 代替，并画出电路图；若有一个具有中心抽头的变压器，一块全桥，一块 W7815，一块 W7915 和一些电容、电阻，试组成一个可输出正、负 15 V 的直流稳压电路。

7.1.3　题 7.1.3 图所示电路是利用集成稳压器外接稳压管的方法来提高输出电压的稳压电路。若稳压管的稳定电压 $U_Z = 3$ V，试问该电路的输出电压 U_o 是多少？

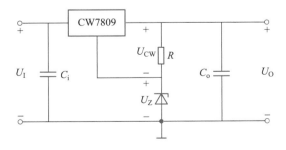

题 7.1.3 图

7.1.4　在题 7.1.4 图所示三端可调式集成稳压器稳压电路中,当 $R_2 = 0$、$R_2 = R_1$、$R_2 = 10R_1$ 时输出电压 U_0 各是多少?

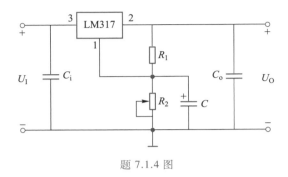

题 7.1.4 图

7.1.5　题 7.1.5 图所示电路是利用集成稳压器外接晶体管来扩大输出电流的稳压电路。若集成稳压器的输出电流 $I_{CW} = 1 \text{ A}$,晶体管的 $\beta = 10$,$I_B = 0.4 \text{ A}$,试问该电路的输出电流 I_0 是多少?

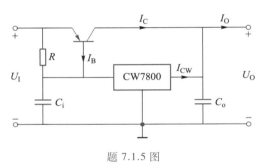

题 7.1.5 图

7.1.6　利用三端固定式集成稳压器和集成运放可以组成输出电压可调的稳压电源,其电路如题 7.1.6 图所示,运算放大器起电压跟随作用。已知 $R_1 = 1 \text{ k}\Omega$,$R_2 = 3 \text{ k}\Omega$,$R_P = 3 \text{ k}\Omega$,忽略 I_3,试计算输出电压 U_0 的可调范围。

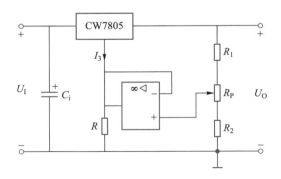

题 7.1.6 图

第8章 电力电子技术简介

电力电子技术是将电力、电子、控制三大学科交叉融合,应用于电力领域进行电能变换和控制的技术。电力电子技术已被广泛应用于工业、国防、交通、航天、能源和人民生活等各个领域,成为现代电子技术中不可或缺的内容。通常电力电子技术分为电力电子器件制造技术和变流技术,前者是基础,而后者则是核心。本章将对常用的几种电力电子器件和基本的电力电子电路进行简单的介绍。

8.1 电力电子器件

电力电子器件是电力电子电路的基础,因此掌握各种常用电力电子器件的特性和正确使用方法是学好电力电子技术的前提。本节将介绍几种常用电力电子器件的工作原理、基本特性、主要参数等。

8.1.1 晶闸管

晶闸管也称作可控硅整流器(SCR),是一种工作在开关状态下的大功率半导体电子器件。晶闸管既具有二极管的单向导电性,又具有可控的导通特性,主要用于整流、逆变、变频、调压及开关等方面。

讲义:晶闸管的发展及其应用

1. 晶闸管的结构与符号

晶闸管与二极管相比,它的单向导电能力还受到门极上的信号控制。

如图 8-1 所示为晶闸管的外形、结构和符号。从外形看,较大额定电流的晶闸管主要有螺栓型和平板型两种封装结构,而小电流的晶闸管还有塑封结构,均引出阳极 A、阴极 K 和门极(或称控制极)G 三个连接端。其内部由 PNPN 四层半导体交替叠合而成,中间形成三个 PN 结。阳极 A 从上端 P 区引出,阴极 K 从下端 N 区引出,又在中间 P 区上引出门极 G。图 8-1(c)是晶闸管的符号。晶闸管中通过阳极的电流比门极中的电流大得多,所以一般晶闸管门极的导线比阳极和阴极的导线要细。在通过大电流时,均要带上散热片。

2. 晶闸管的工作原理

在如图 8-2 所示的晶闸管导通试验中,可以反映出晶闸管的导通条件及关断方法。图 8-2(a)中,晶闸管阳极经白炽灯接电源正极,阴极接电源负极,当门极不加电压时,白炽灯不亮,说明晶闸管没有导通。如果在门极上加正电压[即图 8-2(b)中开关 S 闭合]则白炽灯亮,说明晶闸管导通。然后将开关 S 断开,如图 8-2(c)所示,去掉门极上的电压,白炽灯继续亮。若要熄灭白炽灯,可以减小阳极电流,或阳极加负电压,如图 8-2(d)所示。通过这些试验可得出以下结论:

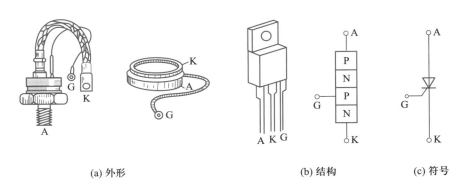

(a) 外形　　　　　　　　(b) 结构　　　　(c) 符号

图 8-1　晶闸管的外形、结构和符号

（1）晶闸管导通的条件是在阳极和阴极之间加正向电压，同时门极和阴极之间加适当的正向电压（实际工作中，门极加正触发脉冲信号）。

（2）导通以后的晶闸管，关断的方法是在阳极上加反向电压或将阳极电流减小到足够小的程度（维持电流 I_H 以下）。

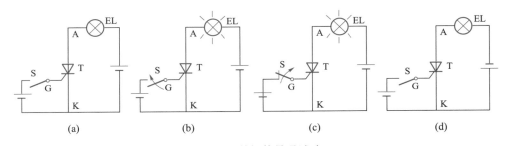

(a)　　　　　　　(b)　　　　　　　(c)　　　　　　　(d)

图 8-2　晶闸管导通试验

晶闸管的这种特性可以用图 8-3 来解释。因为晶闸管具有三个 PN 结，所以可以把晶闸管看成由一只 NPN 晶体管与一只 PNP 晶体管组成，在阳极 A 和阴极 K 之间加上正向电压以后，T_1、T_2 两只晶体管因为没有基极电流，所以晶体管中均无电流通过，此时若在 T_1 管的基极 G（即晶闸管的门极）加上正向电压，使基极产生

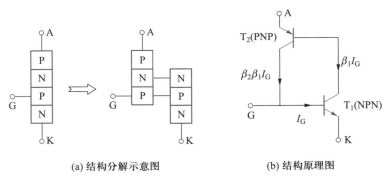

(a) 结构分解示意图　　　　　(b) 结构原理图

图 8-3　晶闸管工作原理

电流 I_G，此电流经晶体管 T_1 放大以后，在 T_1 的集电极上就产生 $\beta_1 I_G$ 电流，又因为 T_1 的集电极就是 T_2 的基极，所以经过 T_2 再次放大，在 T_2 集电极上的电流达到 $\beta_1\beta_2 I_G$。而此电流重新反馈到 T_1 基极，又一次被 T_1 放大，如此反复下去，T_1 与 T_2 之间因为强烈的正反馈，两只晶体管迅速饱和导通。此时，它的压降约 1 V。以后由于 T_1 基极上已经有正反馈电流，所以即使取掉 T_1 基极 G 上的正向电压，T_1 与 T_2 仍能继续保持饱和导通状态。

由此可知，晶闸管是一个可控单向导电开关，欲使晶闸管导通，除在阳极与阴极之间加正向电压外，还要在门极与阴极之间加正向电压。晶闸管一旦导通，门极即失去控制作用，所以晶闸管是半控型器件。

3. 晶闸管伏安特性

晶闸管的阳极电压 U_A 与阳极电流 I_A 之间的关系称为晶闸管的伏安特性，如图 8-4 所示。门极上的电压称为晶闸管的触发电压，触发电压可以是直流、交流或脉冲信号。在无触发信号时，如果在阳极和阴极之间加上额定的正向电压，则在晶闸管内只有很小的正向漏电流通过，它对应特性曲线的 OA 段，以后逐渐增大阳极电压到 B 点，此时晶闸管会从阻断状态突然转向导通状态。B 点所对应的阳极电压称为无触发信号时的正向转折电压（或称"硬开通"电压），用 U_{BO} 表示。晶闸管导通后，阳极电流 I_A 的大小就由电路中的阳极电压 U_A 和负载电阻来决定。如果晶闸管上实际承受的阳极电压大于"硬开通"电压，就会使晶闸管的性能变坏，甚至损坏晶闸管。在工作时，这种导通是不允许的。

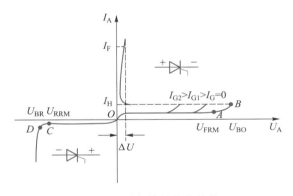

图 8-4　晶闸管的伏安特性

晶闸管导通后，减小阳极电流 I_A，并使 $I_A < I_H$，晶闸管会突然从导通状态转向阻断状态。在正常导通时，阳极电流必须大于维持电流 I_H。

当晶闸管的门极上加适当大小的触发电压 U_G（触发电流 I_G）时，晶闸管的正向转折电压会大大降低，如图 8-4 中 I_{G1}、I_{G2} 所示。触发电流越大，晶闸管导通的正向转折电压就降得越低。例如某晶闸管在 $I_G = 0$ 时，正向转折电压为 800 V；但是当 $I_G = 5$ mA 时，导通需要的正向转折电压就下降到 200 V；在 $I_G = 15$ mA 时，导通需要的正向转折电压就只有 5 V。

晶闸管的反向特性与二极管十分相似。当晶闸管的阳极和阴极两端加上较小的反向电压时,管中只有很小的反向漏电流通过,如图中 OC 段所示,这说明管子处在反向阻断状态。如果把反向电压增加到 D 点时,反向漏电流将会突然急剧增加,这个反向电压称为反向击穿电压 U_{BR}(或称为反向转折电压)。

4. 晶闸管主要参数

为了正确地选择和使用晶闸管,还必须了解它的电压、电流等主要参数的意义。晶闸管的主要参数有以下几项:

(1)正向平均电流 I_F

在规定的散热条件和环境温度及全导通的条件下,晶闸管可以连续通过的工频正弦半波电流在一个周期内的平均值,称为正向平均电流 I_F,例如 50 A 晶闸管就是指 I_F 值为 50 A。如果正弦半波电流的最大值为 I_m,则

$$I_F = \frac{1}{2\pi}\int_0^\pi I_m \sin \omega t d(\omega t) = \frac{I_m}{\pi} \tag{8-1}$$

然而,这个电流值并不是一成不变的,晶闸管允许通过的最大工作电流还受冷却条件、环境温度、元件导通角、元件每个周期的导电次数等因素的影响。工作中,阳极电流不能超过此值,以免 PN 结的结温过高,使晶闸管烧坏。

(2)维持电流 I_H

在规定的环境温度和门极断开情况下,维持晶闸管导通状态的最小电流称维持电流 I_H。当晶闸管正向工作电流小于 I_H 时,晶闸管自动关断。

(3)正向重复峰值电压 U_{FRM}

在门极断路和晶闸管正向阻断的条件下,可以重复加在晶闸管两端的正向峰值电压,称为正向重复峰值电压,用 U_{FRM} 表示。按规定此电压为正向转折电压 U_{BO} 的 80%。

(4)反向重复峰值电压 U_{RRM}

在额定结温和门极断开时,可以重复加在晶闸管两端的反向峰值电压,称为反向重复峰值电压,用 U_{RRM} 表示。按规定此电压为反向转折电压 U_{BR} 的 80%。

(5)门极触发电压 U_G 和电流 I_G

在晶闸管的阳极和阴极之间加 6 V 直流正向电压后,能使晶闸管完全导通所必需的最小门极电压和门极电流,称为晶闸管的门极触发电压 U_G 和电流 I_G。U_G 一般为 1~5 V,I_G 为 5~300 mA。

(6)浪涌电流 I_{FSM}

浪涌电流是指由于电路异常情况引起的使结温超过额定结温的不重复性最大正向过载电流。该参数可作为设计保护电路的依据。

除以上几项主要参数,晶闸管的参数还包括开通时间、关断时间、通态电流上升率、断态电压上升率等。使用时可查有关手册。

目前国产晶闸管的型号为 K P□-□□,其中 K 为晶闸管;P 为普通反向阻断型;第一个□为额定正向平均电流;第二个□为额定电压,用其百位数或千位数表示,它为 U_{FRM} 和 U_{RRM} 中较小的一个;第三个□为导通时平均电压组别(小于 100 A 不标),共九级,用 A~I 字母表示 0.4 ~1.2 V。

例如 KP200-18F 表示额定平均电流为 200 A、额定电压为 1800 V,管压降为 0.9 V 的普通晶闸管。近年来,晶闸管制造技术已有很大提高。在电流、电压等指标上有了重大突破,已制造出电流千安以上、电压达到上万伏的晶闸管,使用频率也已高达几十千赫兹。

5. 特殊晶闸管

（1）高频晶闸管

由于普通晶闸管的导通时间和关断时间较长,允许的电流上升率较小,因此工作频率受到一定的限制。为此对普通晶闸管的管芯结构和制造工艺进行改进,使导通与关断时间缩短,允许的电流上升率提高,从而可以在几百或几千赫兹的频率下工作。其中,工作频率在 10 kHz 以上的又称为高频晶闸管。由于高频晶闸管具有高的动态参数和良好的高频性能,因此适用于高频逆变装置,如感应加热电源、超声波电源、电火花加热电源、发射机电源等。

（2）双向晶闸管

双向晶闸管是一种在正反电压下均可以用门极信号来触发导通的晶闸管。它有两个主极 T_1 和 T_2,一个门极 G,原理上是一对反并联连接的普通晶闸管的集成,其内部是一种 NPNPN 五层结构三端引出线的器件。其符号和伏安特性如图 8-5 所示。门极 G 使器件在主电极的正反两个方向均可触发导通,所以双向晶闸管在第 I 和第 III 象限具有对称的伏安特性。

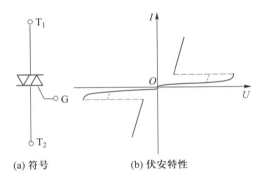

(a) 符号　　　　(b) 伏安特性

图 8-5　双向晶闸管的符号和伏安特性

双向晶闸管能在两个方向上控制电流,且具有触发电路简单、工作稳定可靠等特点,在灯光调节、温度控制、交流电动机调速、各种交流调压和无触点交流开关电路中得到广泛应用。

（3）逆导晶闸管

逆导晶闸管是将一个晶闸管与一个续流二极管反并联集成在同一硅片内的功率集成器件,这种器件不具有承受反向电压的能力,一旦承受反向电压即开通。在逆导晶闸管电路中,晶闸管与二极管是交替工作的,晶闸管通过正向电流,二极管通过反向电流。其符号和伏安特性如图 8-6 所示。与普通晶闸管相比,逆导晶闸管具有正向压降小、关断时间短、高温特性好、额定结温高等优点,可用于不需要阻断反向电压的电路中。逆导晶闸管的额定电流有两个,一个是晶闸管电流,一个是与之反并联的二极管电流。

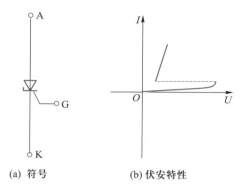

(a) 符号　　　　　　(b) 伏安特性

图 8-6　逆导晶闸管符号和伏安特性

（4）光控晶闸管

光控晶闸管又称光触发晶闸管,是利用一定波长的光照信号触发导通的晶闸管,其结构由 PNPN 四层半导体构成,其符号和伏安特性如图 8-7 所示。小功率光控晶闸管只有阳极和阴极两个端子,大功率光控晶闸管还带有光缆,光缆上装有作为触发电源的发光二极管或半导体激光器。由于采用光触发保证了主电路与控制电路之间的绝缘,而且可以避免电磁干扰的影响,因此光控晶闸管目前在高压大功率的场合,如高压直流输电和高压核聚变装置中占据重要的地位。

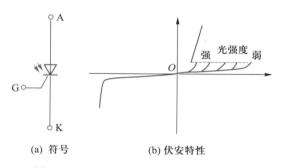

(a) 符号　　　　　　(b) 伏安特性

图 8-7　光控晶闸管图形符号和伏安特性

8.1.2　电力 MOS 场效应晶体管(power MOSFET)

第一代电力电子器件晶闸管的出现,使电力电子技术发生了根本性变化,但它是一种无自关断能力的半控型器件,限制了其在频率较高的电力电子电路中的应用。20 世纪 80 年代以来,信息技术与电力电子技术相结合产生了一代高频化、全控型、采用集成电路工艺的电力电子器件,从而将电力电子技术带入了一个崭新的时代。电力场效应晶体管分为两大类:

（1）结型场效应管　结型场效应管利用 PN 结反向电压对耗尽层厚度的控制来改变漏极、源极之间的导电沟道宽度,从而控制漏极、源极间电流的大小;

（2）绝缘栅场效应管　绝缘栅场效应管利用栅极和源极之间电压产生的电场来改变半导体表面的感生电荷，进而改变导电沟道的导电能力，从而控制漏极和源极之间的电流。在电力电子电路中常用的是绝缘栅金属氧化物半导体场效应晶体管（MOSFET）。

绝缘栅场效应管是一种单极型的电压控制器件，具有自关断能力，且输入阻抗高、驱动功率小、开关速度快，工作频率可达到 1 MHz，无二次击穿。但由于 MOSFET 电流容量小，耐压低，一般只适用功率不超过 10 kW 的电力电子装置，如在开关电源、机床伺服、汽车电子化等领域得到广泛应用。

1. MOSFET 的结构和工作原理

MOSFET 的外观如图 8-8 所示，其种类和结构繁多，根据导电沟道可分为 N 沟道和 P 沟道两种类型，其符号如图 8-9（a）和（b）所示，它有三个电极：栅极 G、源极 S 和漏极 D。目前常用的是 N 沟道增强型垂直导电结构绝缘栅场效应管，这种结构可提高 MOSFET 器件耐电压、耐电流的能力，其结构如图 8-9（c）所示。

图 8-8　MOSFET 外观图

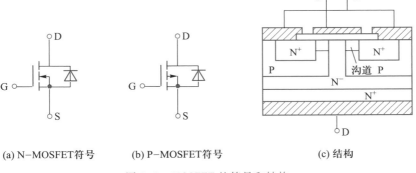

(a) N-MOSFET符号　　(b) P-MOSFET符号　　(c) 结构

图 8-9　MOSFET 的符号和结构

MOSFET 的工作原理与传统的 MOS 器件基本相同，当栅极和源极之间加正向电压时（$U_{GS} > 0$），P 区中的空穴被推开，而将电子吸引到栅极下的 P 区表面，当 U_{GS} 大于开启电压 $U_{GS(th)}$ 时，栅极下的 P 区表面的电子浓度将超过空穴浓度，P 型半导体反形成 N 型半导体，MOSFET 内沟道出现，在漏极和源极之间加电压时，电流在沟道内沿着表面流动，然后垂直地被漏极吸收，形成漏极电流 I_D，器件导通；反之当栅极和源极之间加反向电压时（$U_{GS} < 0$），沟道消失，器件关断。

2. MOSFET 的主要特性

（1）输出特性

输出特性也称漏极特性曲线，是指在栅源电压 U_{GS} 一定的情况下，漏极电流 I_D 与漏源电压 U_{DS} 关系的曲线族，如图 8-10（a）所示。它分为三个区：

① 可调电阻区 I　当 U_{GS} 一定时，漏极电流 I_D 与漏源电压 U_{DS} 几乎呈线性关系。当作为开关器件应用时，工作在此区内。

223

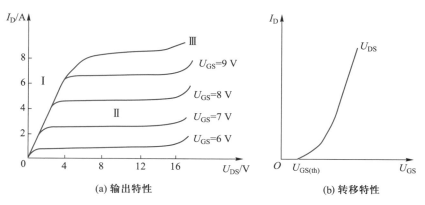

图 8-10　MOSFET 的静态特性

② 线性放大区 Ⅱ　在该区中,当 U_{GS} 不变时,I_D 几乎不随 U_{DS} 的增加而加大,I_D 近似为一常数。当用于线性放大时,工作在此区内。

③ 击穿区 Ⅲ　当漏极电压 U_{DS} 过高时,漏极电流 I_D 会急剧增加。在使用器件时应避免出现此种情况,否则会使器件损坏。

（2）转移特性

转移特性以漏源电压 U_{DS} 为参变量,反映栅源电压 U_{GS} 与漏极电流 I_D 之间的关系,如图 8-10（b）所示。转移特性反映了电力 MOSFET 的栅源电压 U_{GS} 对漏极电流 I_D 的控制能力。只有当 $U_{GS} > U_{GS(th)}$ 时,器件才会导通,所以将 $U_{GS(th)}$ 称为开启电压。开启电压具有负的温度系数,温度每升高 45 ℃,开启电压将下降约 10%。

（3）开关特性

MOSFET 是单极型电压控制器件,依靠多数载流子导电,没有少数载流子的存储效应,因此开关时间很短,典型值为 20 ns,而影响开关速度的主要是器件的极间电容。其开关特性如图 8-11 所示,其中 U_P 为输入信号,U_{GS} 为栅源电压,i_D 为漏极电流。

① 导通延迟时间 t_d　当 U_{GS} 达到开启电压 $U_{GS(th)}$ 时开始形成导电沟道,出现漏极电流 i_D,这段时间为导通延迟时间 t_d。

② 导通上升时间 t_r　导通上升时间 t_r 是指 MOSFET 的漏极电流 i_D 从零上升,直至接近饱和区所需的时间。

③ 关断延迟时间 t_s　关断延迟时间 t_s 是指输入信号 U_P 的下降沿到漏极电流 i_D 的下降沿所需的时间。

④ 下降时间 t_f　栅源电压 U_{GS} 按指数下降,i_D 亦继续下降,到 $U_{GS} < U_{GS(th)}$ 时,导电沟道消失。漏极电流 i_D 从稳定值下降到零所需的时间 t_f 称为下降时间。

3. MOSFET 的主要参数

（1）通态电阻 R_{ON}

在确定的栅源电压 U_{GS} 下,MOSFET 由可调电阻区 Ⅰ 进入线性放大区 Ⅱ 时,漏、源极之间的直流电阻为通态电阻 R_{ON}。它是 MOSFET 的主要参数,也是影响最大输

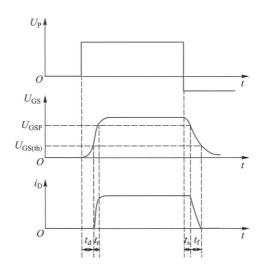

图 8-11 MOSFET 开关特性

出功率的重要参数。在开关电路中它不仅决定输出电压幅度和自身损耗的大小，还直接影响器件的通态压降。

在同样的温度条件下，耐压等级越高的器件其通态电阻越大，并且器件的通态压降越大。可见对耐压和 R_{ON} 的要求是互相矛盾的，这是 MOSFET 耐压难以提高的原因之一。由于 MOSFET 的通态电阻具有正电阻温度系数（为 0.4%~0.8%），而漏极电流具有负的温度系数，当多个器件并联时，电流分布趋向均匀。这一点是非常重要的，如果电流分布不均匀，即电流平衡受到破坏，那么电流过于集中的那个器件将可能被损坏。

（2）开启电压 $U_{GS(th)}$

开启电压又称阈值电压，是转移特性曲线与横坐标交叉点处的电压值。在实际应用中，常将在漏栅极短接条件下，漏极电流 I_D 等于 1 mA 时的栅源电压定义为开启电压。$U_{GS(th)}$ 具有负温度系数。

（3）跨导 g_m

跨导 g_m 和晶体管的 β 相似，反映了 MOSFET 的栅源电压对漏极电流的控制能力。定义为

$$g_m = \frac{\Delta I_D}{\Delta U_{GS}} \tag{8-2}$$

单位为西［门子］（S）。

（4）漏源击穿电压 U_{BDS}

漏源击穿电压 U_{BDS} 是 MOSFET 的最高工作电压，它是为避免器件进入击穿区而设的极限参数。在选定工作电压时，要依据器件的 U_{BDS} 留有余量。当 PN 结温度升高时，U_{BDS} 随之增大，耐压提高。

（5）栅源击穿电压 U_{BGS}

栅源击穿电压 U_{BGS} 是为防止栅、源极之间的电压过高而发生绝缘栅层介质击穿而设定的参数,其极限值一般规定为±20 V。

（6）漏极峰值电流 I_{DM}

漏极峰值电流 I_{DM} 表征了 MOSFET 的电流容量。当 MOSFET 工作在开关状态时,I_{DM} 为正常情况下漏极电流 I_D 的 2~4 倍。在选择器件时,必须根据实际工作情况考虑余量,防止器件在温度升高时,导致管子损坏。

8.1.3　绝缘栅双极型晶体管（IGBT）

绝缘栅双极型晶体管（insulated gate bipolar transistor,IGBT）是集高频率、高电压、大电流于一身的一种新型复合器件。其输入部分为 MOSFET,输出部分为双极型晶体管,图 8-12 为其外观图。它既具有单极型器件的输入阻抗高、开关速度快、热稳定性好和驱动电路简单的特点,又有双极型器件耐压高和输出电流大等优点,其技术指标可达到耐压 3300 V,工作电流 2000 A,工作频率 10~50 kHz,在电动机变频调速、汽车点火、逆变电源和数控机床伺服领域被广泛采用。

图 8-12　IGBT 外观图

1. IGBT 的结构和工作原理

N 沟道 IGBT 的结构、内部电路和符号如图 8-13 所示。它有三个电极,即栅极 G、集电极 C 和发射极 E。它是在 MOSFET 的基础上增加了一个高浓度 P$^+$ 层,形成了四层结构,由 PNP 型晶体管和 NPN 型晶体管构成 IGBT,其中 NPN 是 IGBT 内部的一个寄生晶体管,为了避免寄生晶体管导通,栅极失去控制作用,使 IGBT 无自关断能力(即处于擎住或闭锁状态),设计时尽可能使 NPN 型晶体管不起作用,即 IGBT 的工作基本与 NPN 型晶体管无关。所以 IGBT 相当于一个由 MOSFET 驱动的厚基区 PNP 型晶体管。

当栅极上加有正电压时 MOSFET 内部形成沟道,并为 PNP 型晶体管提供基极电流,此时从 P$^+$ 注入至 N 区的少数载流子空穴对 N 区进行电导调制,减少该区电阻,使 IGBT 由高阻断态转入低阻通态,IGBT 导通;当栅极上加有负电压时,MOSFET 中的导电沟道消除,PNP 型晶体管的基极电流被切断,IGBT 关断。

2. IGBT 的主要特性

IGBT 的特性可分为静态特性和动态特性。静态特性主要指 IGBT 的伏安特性、转移特性,动态特性主要指 IGBT 的开关特性。

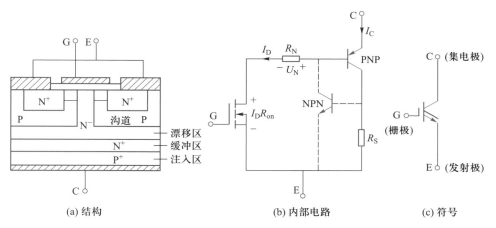

图 8-13 IGBT 的结构、内部电路和符号

（1）伏安特性

当以栅极、发射极之间的电压 U_{GE} 为参变量时，IGBT 的集电极电流 I_C 和集电极与发射极之间电压 U_{CE} 的关系曲线，称为 IGBT 的伏安特性，如图 8-14 所示。伏安特性分为饱和区、放大区和截止区。由图 8-14 可见，在 U_{CE} 不变的条件下，集电极电流的大小由栅射极电压控制，电压 U_{GE} 越大，电流 I_C 就越大。

（2）转移特性

IGBT 的转移特性是描述集电极电流 I_C 与栅极、发射极电压 U_{GE} 的关系曲线，如图 8-15 所示。只有当 U_{GE} 大于开启电压 $U_{GE(th)}$ 时，才有集电极电流，并且 I_C 和 U_{GE} 呈线性关系，当 U_{GE} 小于开启电压时，IGBT 处于关断状态。

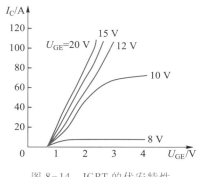

图 8-14 IGBT 的伏安特性

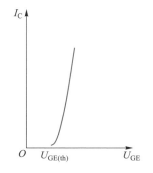

图 8-15 IGBT 的转移特性

（3）动态特性

IGBT 的动态特性也称开关特性，如图 8-16 所示。它包括开通过程和关断过程。其开通过程主要由其 MOSFET 结构决定。当栅极电压 U_G 达到开启电压 $U_{G(th)}$ 后，集电极电流 I_C 迅速增长，其中栅极电压从负偏置值增大至开启电压所需时间 $t_{d(on)}$ 为开通延迟时间；集电极电流由额定值的 10% 增长至额定值的 90% 所需时间为电流上升时间 t_{ri}，故总的开通时间为 $t_{on} = t_{d(on)} + t_{ri}$，IGBT 的开通时间为

0.5 ~ 1.2 μs。

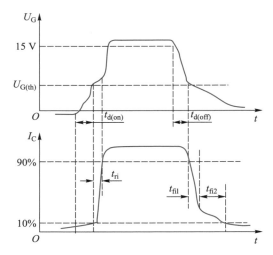

图 8-16　IGBT 的开关特性

　　IGBT 的关断过程较为复杂,其中 U_G 由正常工作电压(15 V)降至开启电压 $U_{G(th)}$ 所需时间为关断延迟时间 $t_{d(off)}$,自此 I_C 开始衰减。集电极电流由额定值的 90% 下降至额定值的 10% 所需时间为下降时间 $t_{fi} = t_{fi1} + t_{fi2}$,其中 t_{fi1} 对应器件中 MOSFET 部分的关断过程,t_{fi2} 对应器件中 PNP 型晶体管中存储电荷的消失过程。故总的关断时间为 $t_{off} = t_{d(off)} + t_{fi}$,IGBT 的关断时间为 0.55 ~ 1.5 μs。

　　3. IGBT 的主要参数

　　(1) 栅射极击穿电压 U_{GEM}

　　这个参数表示了 IGBT 控制极和发射极之间的耐压能力,其值一般为 ±20 V 左右。

　　(2) 集射极最高电压 U_{CEM}

　　该参数决定了 IGBT 的最高工作电压,目前 IGBT 的最高工作电压分为 600 V、1000 V、1200 V、1400 V、1700 V 和 3300 V 几个档次。

　　(3) 开启电压 $U_{G(th)}$

　　开启电压是 IGBT 导通所需要的最低栅极电压。这个参数随温度升高而下降,温度每升高 1 ℃,$U_{G(th)}$ 值下降 5 mV 左右。常温时的开启电压一般为 2 ~ 6 V。

　　(4) 通态压降 $U_{CE(on)}$

　　IGBT 的通态压降 $U_{CE(on)}$ 为 2 ~ 5 V。

　　(5) 集电极最大电流 I_{CM}

　　该参数表征 IGBT 的电流容量。由于 IGBT 大多工作在开关状态,因而 I_{CM} 更具有实际意义,只要不超过额定结温(150 ℃),IGBT 就可以工作在 I_{CM} 范围内。

　　【练习与思考】

　　8-1-1　晶闸管门极上几十毫安的小电流可以控制阳极上几十甚至几百安培的大电流,它与晶体管中用较小的基极电流控制较大的集电极电流有什么不同?

8-1-2 晶闸管导通的条件是什么?导通时,其中电流的大小由什么决定?晶闸管阻断时,承受电压的大小由什么决定?

8-1-3 为什么晶闸管导通后,门极就失去控制作用?在什么条件下晶闸管才能从导通转为截止?

8-1-4 在图 8-17 所示电路中,当不接负载电阻 R_L 时,调节触发脉冲的相位,发现电压表上的读数总是很小,而接上正常负载 R_L 以后,电压表上读数增大了,试分析为什么会发生这种现象。

8-1-5 功率 MOSFET 器件是一种什么类型的器件?与半控型器件相比具有哪些优点?

8-1-6 IGBT 是一种什么类型的器件?它有哪些优点?

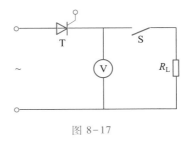

图 8-17

8.2 可控整流电路

可控整流电路是利用晶闸管的单向导电可控特性,把交流电变成大小能控制的直流电的电路。在单相可控整流电路中,最简单的是单相半波可控整流电路,应用最广泛的是单相桥式半波可控整流电路。

8.2.1 单相半波可控整流电路

1. 电路组成与工作原理

单相半波可控整流电路如图 8-18(a)所示。它与单相半波整流电路相比较,所不同的只是用晶闸管代替了整流二极管。图中变压器起变换电压和隔离作用,其二次电压为 u_2,负载为电阻性负载。接上电源,在电压 u_2 正半周,如电路中 a 端

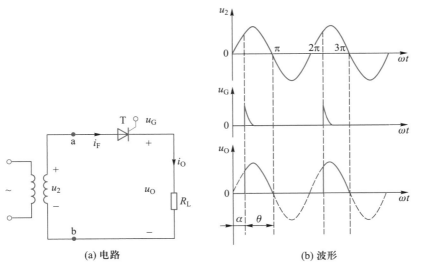

(a) 电路   (b) 波形

图 8-18 单相半波可控整流电路与波形

229

为正,b 端为负,此时晶闸管 T 两端具有正向电压,但由于晶闸管的门极上没有触发电压 u_G,因此晶闸管不能导通。经过 α 角度后,在晶闸管的门极上加触发电压 u_G,晶闸管 T 被触发导通,负载电阻中有电流通过,在负载两端出现电压 u_0,如图 8-18(b)所示。在 T 导通期间,忽略晶闸管通态压降,则直流输出电压瞬时值 u_0 与 u_2 相等。经过 π 以后,u_2 进入负半周,此时电路 a 端为负,b 端为正,晶闸管 T 两端承受反向电压而截止,所以 $i_0 = 0$,$u_0 = 0$。在第二个周期出现时,重复以上过程。由于其波形只在正半周出现,加之电路采用了可控器件晶闸管,故电路称为单相半波可控整流电路,也称为单脉波整流电路。

图中 α 角称为控制角(又称移相角),是晶闸管阳极从开始承受正向电压起到加触发电压 u_G 使其导通为止的这一期间所对应的角度。改变 α 角度,就能调节输出平均电压的大小。α 角的变化范围称为移相范围,通常要求移相范围越大越好。晶闸管在一个周期处于通态的角度称为导通角,用 θ 表示,$\theta = \pi - \alpha$。

2. 输出平均电压

当变压器二次电压为 $u_2 = \sqrt{2}\,U_2 \sin \omega t$ 时,负载电阻 R_L 上的直流平均电压为

$$U_0 = \frac{1}{2\pi} \int_{\alpha}^{\pi} \sqrt{2}\,U_2 \sin \omega t\, \mathrm{d}(\omega t) = \frac{\sqrt{2}}{2\pi} U_2 (1 + \cos \alpha) = 0.45 U_2 \cdot \frac{1 + \cos \alpha}{2} \quad (8-3)$$

从式(8-3)看出,当 $\alpha = 0$ 时($\theta = \pi$)晶闸管在正半周全导通,$U_0 = 0.45 U_2$,输出电压最高,相当于二极管单相半波整流电压。若 $\alpha = \pi$,$U_0 = 0$,这时 $\theta = 0$,晶闸管全关断。

根据欧姆定律,负载电阻 R_L 中的直流平均电流为

$$I_0 = \frac{U_0}{R_L} = 0.45 \frac{U_2}{R_L} \cdot \frac{1 + \cos \alpha}{2} \quad (8-4)$$

此电流即为通过晶闸管的平均电流。

晶闸管虽具有体积小、效率高、动作迅速、操作方便等优点,但其过载能力差,短时间的过电压或过电流都可能将其损坏,所以在各种晶闸管装置中串入快速熔断器,起过电流保护作用。对晶闸管过电压的保护措施主要是阻容保护。

例 8-1　在单相半波可控整流电路中,负载电阻为 8 Ω,交流电压有效值 $U_2 = 220$ V,控制角 α 的调节范围为 60°～180°,求:

(1)直流输出电压的调节范围;

(2)晶闸管中最大的平均电流;

(3)晶闸管两端出现的最大反向电压。

解:(1)控制角为 60°时,由式(8-3)得出直流输出电压平均值

$$U_0 = 0.45 U_2 \cdot \frac{1 + \cos \alpha}{2}$$

$$= 0.45 \times 220 \times \frac{1 + \cos 60°}{2} \text{ V} = 74.25 \text{ V}$$

控制角为 180°时直流输出电压为零。

所以控制角 α 在 60°～180°范围变化时,相对应的直流输出电压在 74.25～

0 V 之间调节。

（2）晶闸管最大的平均电流与负载电阻中最大的平均电流相等,由式(8-4)得

$$I_F = I_O = \frac{U_O}{R_L} = \frac{74.25}{8} \text{ A} = 9.28 \text{ A}$$

（3）晶闸管两端出现的最大反向电压为变压器二次电压的最大值

$$U_{FM} = U_{RM} = \sqrt{2}\,U_2 = \sqrt{2} \times 220 \text{ V} = 311 \text{ V}$$

考虑到安全系数为 2~3 倍,所以选择额定电压为 600 V 以上的晶闸管。

3. 电感性负载和续流二极管

实际工程中,常见的负载为电感性负载,如电机的励磁绕组,其可用电感元件 L 和电阻元件 R_L 串联表示,如图 8-19 所示。晶闸管触发导通时,电源一方面供给电阻 R_L 消耗的能量,另一方面使电感元件存储了磁场能量。当 u_2 过零变负时,电感中产生感应电动势,使晶闸管仍处于通态,从而维持 i_O 流动,直至电感能量释放完毕。由于电感的存在延迟了晶闸管关断时间,使 u_O 波形出现负的部分,与带电阻性负载时相比其平均值 U_O 下降。

为了防止这种现象的发生,必须采取相应措施。通常是在负载两端并联二极管 D（如图 8-19 虚线所示）来解决。当交流电压 u_2 过零值变负时,感应电动势 e_L 产生的电流可以通过这个二极管形成回路。因此这个二极管称为续流二极管。这时 D 两端的电压近似为零,晶闸管因承受反向电压而关断。有了续流二极管以后,输出电压的波形就和电阻性负载时一样。

单相半波可控整流电路虽然简单,但输出

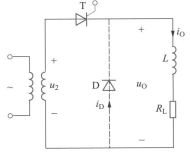

图 8-19 具有电感性负载的
单相半波可控整流电路

脉动大,变压器二次电流中含有的直流分量造成变压器铁芯直流磁化,为使变压器铁芯不饱和,需增大铁心截面积,增大设备容量。实际很少使用此种电路,分析它的目的只是利用其简单易学的特点,建立起可控整流电路的基本概念。

8.2.2 单相半控桥式整流电路

1. 电路组成与工作原理

单相半控桥式整流电路如图 8-20(a)所示。其主电路与单相桥式整流电路相比,只是其中两个桥臂中的二极管被晶闸管 T_1、T_2 所取代。其工作原理如下:接通交流电源后,在变压器二次电压 u_2 正半周时(a 端为正,b 端为负),T_1、D_1 处于正向电压作用下,当 $\omega t = \alpha$ 时,门极引入的触发脉冲 u_G 使 T_1 导通,电流的通路为:$a \rightarrow T_1 \rightarrow R_L \rightarrow D_1 \rightarrow b$,这时 T_2 和 D_2 均承受反向电压而阻断。在电源电压 u_2 过零时,T_1 阻断,电流为零。同理在 u_2 的负半周(a 端为负,b 端为正),T_2、D_2 处于正向电压作用下,当 $\omega t = \pi + \alpha$ 时,门极引入的触发脉冲 u_G 使 T_2 导通,电流的通路为:$b \rightarrow T_2 \rightarrow R_L \rightarrow D_2 \rightarrow a$,这时 T_1、D_1 承受反向电压而阻断。当 u_2 由负值过零时,T_2 阻断。可见,无

注意:
续流二极管的方向不能接反,否则将引起短路事故。

231

论 u_2 在正或负半周内,流过负载 R_L 的电流方向是相同的,其负载两端的电压波形如图 8-20(b)所示。

由图 8-20(b)可知,输出电压平均值比单相半波可控整流大一倍。即

$$U_0 = 0.9U_2 \cdot \frac{1+\cos\alpha}{2} \tag{8-5}$$

从式(8-5)看出,当 $\alpha=0$ 时($\theta=\pi$)晶闸管在半周内全导通,$U_0=0.9U_2$,输出电压最高,相当于不可控二极管单相桥式整流电压。若 $\alpha=\pi$,$U_0=0$,这时 $\theta=0$,晶闸管全关断。

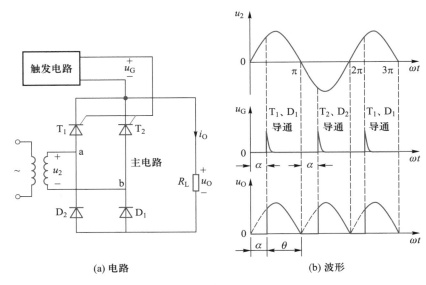

(a) 电路　　　　　　　　　　　　(b) 波形

图 8-20　单相半控桥式整流电路与波形

根据欧姆定律,负载电阻 R_L 中的直流平均电流为

$$I_0 = \frac{U_0}{R_L} = 0.9\frac{U_2}{R_L} \cdot \frac{1+\cos\alpha}{2} \tag{8-6}$$

流经晶闸管和二极管的平均电流为

$$I_T = I_D = \frac{1}{2}I_0 \tag{8-7}$$

晶闸管和二极管承受的最高反向电压均为 $\sqrt{2}\,U_2$。

综上所述,可控整流电路通过改变控制角的大小实现调节输出电压大小的目的,因此,也称为相控整流电路。

2. 应用举例——台灯调光电路

图 8-21 是台灯无极调光电路。图中白炽灯负载接在交流侧,其电流大小受直流侧的晶闸管 T 控制,调节电阻 R_P 就能改变晶闸管的控制角 α,从而控制白炽灯的亮度。

讲义:三相桥式全控整流电路

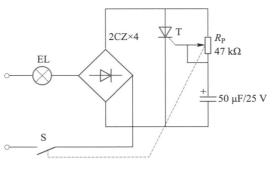

图 8-21　台灯无极调光电路

【练习与思考】

8-2-1　在图 8-18(a)所示可控整流电路中,增加控制角 α 时,导通角 θ 增加还是减小? 负载直流电压如何变化?

8-2-2　在图 8-18(a)所示电路中, $\alpha = 60°$ 和 $\alpha = 120°$ 时,负载电压的最大值是否相同?

8-2-3　为什么接电感性负载的可控整流电路(图 8-19)的负载上会出现负电压? 而接续流二极管后负载上就不出现负电压了,又是为什么?

8-2-4　在图 8-20(a)的单相半控桥式整流电路中,变压器二次侧的交流电压有效值为 300 V,选用 400 V 的晶体管是否可以?

*8.3　典型变流电路简介

电力电子技术是利用电力电子器件(如晶闸管、IGBT 等)构成各种电力变换电路,并对这些电路进行电能变换和控制的技术。变换不只指交直流之间的变换,也包括直流变直流和交流变交流的变换。其变换的"电力"功率可大到数百兆瓦(MW)甚至吉瓦(GW),也可以小到数瓦(W)甚至 1 W 以下。常用变流电路按其功能主要分为:(1)将交流电能转换成直流电能的整流电路;(2)将直流电能转换成交流电能的逆变电路;(3)将一种形式的交流电能转换成另一种形式的交流电能的交流变换电路;(4)将一种形式的直流电能转换成另一种形式的直流电能的直流变换电路。整流电路在前面章节已经介绍,本节主要介绍后三种变换电路的基本概念、电路组成、工作原理及其应用。

8.3.1　逆变电路

与整流相对应,把直流电变成交流电称为逆变。当交流侧接在电网上,即交流侧接有电源时,称为有源逆变;当交流侧直接和负载连接时,称为无源逆变。

图 8-22(a)为单相桥式逆变电路,图中 $S_1 \sim S_4$ 是桥式电路的四个桥臂。如图 8-22(b)所示,当开关 S_1、S_4 闭合, S_2、S_3 断开时,负载电压 u_o 为正;当开关 S_2、S_3 闭合, S_1、S_4 断开时,负载电压 u_o 为负,这样就把直流电变成了交流电。改变两组开关切换频率,即可改变输出交流电的频率。逆变电路根据直流侧电源性质不同分为两种:直流侧是电压源的称为电压型逆变电路;直流侧是电流源的称为电流型逆

变电路。下面主要介绍电压型逆变电路。

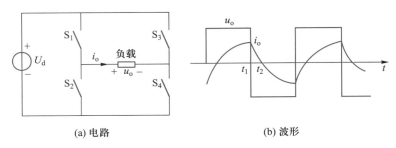

(a) 电路　　　　　　　　(b) 波形

图 8-22　单相桥式逆变电路及其波形

1. 单相半桥电压型逆变电路

（1）电路组成

单相半桥电压型逆变电路如图 8-23（a）所示，它由两个桥臂组成，每个桥臂由一个可控器件和一个反并联二极管组成。在直流侧接有两个相互串联的足够大电容，两个电容的连接点便成为直流电源的中点。负载连接在直流电源中点和两个桥臂连接点之间。

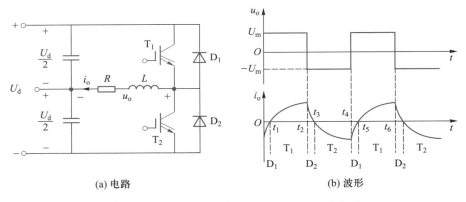

(a) 电路　　　　　　　　(b) 波形

图 8-23　单相半桥电压型逆变电路及其工作波形

（2）工作原理

设开关器件 T_1 和 T_2 的栅极信号在一个周期内各有半周正偏，半周反偏，且二者互补。设 t_2 时刻以前 T_1 为导通状态，T_2 为阻断状态。t_2 时刻给 T_1 关断信号，T_2 开通信号，由于感性负载中的电流不能立即改变方向，于是 D_2 导通续流。在 t_3 时刻 i_o 降为零，D_2 截止，T_2 开通，i_o 开始反向。同样，在 t_4 时刻给 T_2 关断信号，T_1 开通信号，于是 D_1 导通续流，在 t_5 时刻 T_1 才开通。其输出波形如图 8-23（b）所示，输出电压 u_o 为矩形波，其幅值为 $U_m = U_d / 2$，输出电流 i_o 波形随负载情况而定。

（3）二极管的作用

图 8-23 中当可控器件 T_1 或 T_2 为通态时，负载电流和电压同向，直流侧向负载提供能量；而当 D_1 或 D_2 为通态时，负载电流和电压反向，感性负载将其吸收的无功能量通过 D_1 或 D_2 向直流侧反馈，反馈回的能量暂时储存在直流侧的电容中，故

D_1 或 D_2 称为反馈二极管;又因 D_1 或 D_2 起着使负载电流连续的作用,因此又称为续流二极管。

半桥逆变电路的优点是简单、使用器件少。缺点是输出交流电压的幅值 U_m 仅为 $U_d/2$,且直流侧需要两个电容串联,工作时还要控制两个电容电压的均衡。因此,半桥电路常用于几千瓦以下小功率逆变电源。

2. 单相全桥电压型逆变电路

(1) 电路组成与工作原理

单相全桥电压型逆变电路如图 8-24(a) 所示,共有四个桥臂,由两个半桥电路组合而成。桥臂 1 和 4 组成一对,2 和 3 组成另一对,成对桥臂同时导通,两对交替各导通 180°。其输出电压 u_o 波形与图 8-23(b) 半桥电路的输出电压波形 u_o 形状相同,但幅值高出一倍,$U_m=U_d$。若在直流电压和负载相同的情况下,输出电流 i_o 波形和图 8-23(b) 中的 i_o 相同,幅值增加一倍。

全桥逆变电路是单相逆变电路中应用最多的电路。下面对其电压波形做定量分析。把幅值为 U_d 的矩形波 u_o 展开成傅里叶级数得

$$u_o = \frac{4U_d}{\pi}\left(\sin\omega t + \frac{1}{3}\sin 3\omega t + \frac{1}{5}\sin 5\omega t + \cdots\right) \tag{8-8}$$

其中,基波的幅值 U_{o1m} 和基波的有效值 U_{o1} 分别为

$$U_{o1m} = \frac{4U_d}{\pi} = 1.27U_d \tag{8-9}$$

$$U_{o1} = \frac{2\sqrt{2}U_d}{\pi} = 0.9U_d \tag{8-10}$$

上述公式对半桥逆变电路同样适用,只是式中的 U_d 要换成 $U_d/2$。

上述分析的都是 u_o 为正负电压各为 180° 的脉冲式的情况,在这种情况下,要改变输出交流电压的有效值只能通过改变直流电压 U_d 来实现。

(2) 移相调压

在阻感负载时,还可以采用移相的方式来调节逆变电路的输出电压,这种方式称为移相调压,即调节输出电压脉冲的宽度。在图 8-24(a) 的单相全桥逆变电路中,各 IGBT 的栅极信号仍为 180° 正偏,180° 反偏,并且 T_1 和 T_2 的栅极信号互补,T_3 和 T_4 的栅极信号互补,但 T_3 的栅极信号不是比 T_1 滞后 180°,而是滞后 θ($0<\theta<180°$)。即 T_3、T_4 的栅极信号不是分别和 T_1、T_2 的栅极信号同相位,而是前移 $180°-\theta$。因此输出电压 u_o 不再是正负各为 180° 的脉冲,而是正负各为 θ 的脉冲,各 IGBT 的栅极信号 $u_{G1}\sim u_{G4}$ 及输出电压 u_o、输出电流 i_o 波形如图 8-24(b) 所示。其工作过程如下。

如图 8-24 所示,设在 t_1 时刻前 T_1 和 T_4 导通,输出电压 u_o 为 U_d,t_1 时刻 T_3 和 T_4 栅极信号反向,T_4 截止,阻感负载中的电流 i_o 不能突变,T_3 导通前,D_3 导通续流,此时 T_1 和 D_3 同时导通,输出电压 u_o 为零。到 t_2 时刻前 T_1 和 T_2 栅极信号反向,T_1 截止,T_2 导通前,D_2 导通续流,和 D_3 构成电流通道,输出电压 u_o 为 $-U_d$。到负载电流过零并开始反向时,D_2 和 D_3 截止,T_2 和 T_3 开始导通,输出电压 u_o 仍

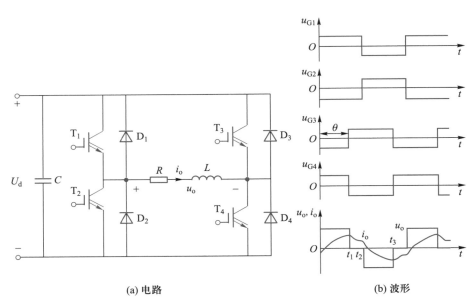

(a) 电路　　　　　　　　　　　　　(b) 波形

图 8-24　单相全桥电压型逆变电路及其工作波形

为 $-U_d$。t_3 时刻 T_3 和 T_4 栅极信号再次反向，T_3 截止，T_4 导通前，D_4 导通续流，输出电压 u_o 再次为零。以后过程和前面类似。这样输出电压的正负脉冲就各为 θ，改变 θ 就可以调节输出电压，这种方式常称为移相调压。

3. 三相电压型逆变电路应用举例

用三个单相逆变电路可以组合成一个三相逆变电路，其中应用最广泛的是三相桥式逆变电路。图 8-25 所示是由 IGBT 构成的三相电压型桥式逆变电路。50 Hz 的三相交流电经三相桥式整流、电容滤波，变成直流电压，然后再将此直流电压经 6 个 IGBT 构成的逆变主电路，变为三相频率和电压均可调整的正弦波电压，使交流电动机实现无级调速。IGBT 的开关信号为变频变幅的三相对称正弦波，可由集成电路提供。

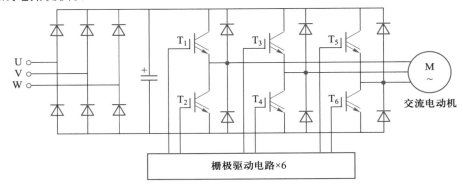

图 8-25　IGBT 构成的三相电压型桥式逆变电路

*8.3.2 斩波电路

斩波电路(DC chopper)又称直流-直流变换电路,它的功能是将直流电直接变为另一固定电压或可调电压的直流电。其原理就是利用半导体器件作直流开关,将恒定的直流电压变为断续的矩形波电压,通过调节矩形波电压的占空比来改变输出电压的平均值,从而实现直流调压。斩波电路被广泛应用于直流电机调速、蓄电池充电、开关电源等方面。

斩波电路的种类较多,包括六种基本斩波电路:降压斩波电路、升压斩波电路、升降压斩波电路、Cuk 斩波电路、Sepic 斩波电路和 Zeta 斩波电路。下面主要介绍降压斩波电路(buck chopper)和升压斩波电路(boost chopper)的工作原理与电压、电流关系。

1. 降压斩波电路

图 8-26(a)是用绝缘栅双极型晶体管(IGBT)作为直流开关的降压斩波电路。图 8-26(b)中 u_O 是斩波器输出的矩形波电压,L 和 D 用于当 IGBT 关断时负载的续流,若 L 很大,则负载电阻 R_L 中的电流平滑,负载电压 U_L 为一直流电压。在图 8-26(a)中,当 IGBT 导通时,$u_O = U_s$;IGBT 截止时,$u_O = 0$。故负载电压 U_L 的平均值为

$$U_L = \frac{T_{on}}{T_{on} + T_{off}} U_s = q U_s \qquad (8-11)$$

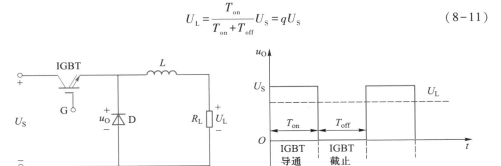

(a) 电路   (b) 波形

图 8-26　降压斩波电路及其工作波形

其中 $q = T_{on} / (T_{on} + T_{off})$ 为占空比,通过改变 IGBT 的导通时间,改变占空比 q,且随着占空比 q 的减小,负载电压 U_L 随之减小。因此将该电路称为降压斩波电路。

2. 升压斩波电路

图 8-27 是利用 IGBT 作为直流开关的升压斩波电路,它利用电感 L 储能释放时产生的电压来提高输出电压。当 IGBT 导通时,电源电压 U_s 加在电感 L 上,L 开

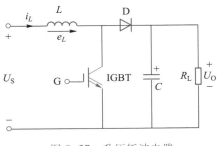

图 8-27　升压斩波电路

237

始储能,电流 i_L 增长。同时电容 C 向负载电阻 R_L 放电,隔离二极管 D 承受反向电压而截止;当 IGBT 关断时,L 要维持原有电流方向,其自感电动势 e_L 和电源电压叠加,使电流 i_L 流入负载,并给 C 充电,u_C 增加,在此过程中,IGBT 导通期间储能于电感 L 的能量释放到负载和电容上,故流经 L 的电流 i_L 是衰减的。

由前所述,IGBT 的开通时间(T_{on})、关断时间(T_{off})很小,而 L 很大,电流 i_L 的变化不甚明显,可以近似认为 i_L 保持不变,则在 IGBT 导通期间由电源输入到电感的能量为

$$W_{in} = U_S I_L T_{on}$$

在 IGBT 关断期间,电感释放的能量为

$$W_{out} = E_L I_L T_{off} = (U_0 - U_S) I_L T_{off}$$

假定 $W_{in} = W_{out}$,可得

$$U_0 = \frac{T_{on} + T_{off}}{T_{off}} U_S > U_S \tag{8-12}$$

因此电路是一个升压斩波电路。

8.3.3　变频电路

变频电路分为交-交变频电路和交-直-交变频电路。前者是把电网的交流电变换成可调频率的交流电,没有中间环节,属于直接变频;后者是先将交流电整流为直流电,再将直流电逆变为交流电,又称为间接交流变频。

1. 交-交变频电路

交-交变频电路广泛用于大功率交流电动机调速系统,实际使用的主要是三相输出交-交变频电路。单相输出交-交变频电路是三相输出交-交变频电路的基础,因此这里主要介绍利用晶闸管的单相交-交变频电路。

(1)电路构成和基本工作原理

图 8-28(a)是单相交-交变频电路的电路原理图,是由 P 组和 N 组反并联的晶闸管变流电路构成的。变流电路 P 和 N 都是相控整流电路,P 组工作时,负载电流 i_0 为正,N 组工作时,负载电流 i_0 为负。两组变流器按照一定的频率交替工作,负载就得到该频率的交流电。改变两组变流器的切换频率,就可以改变输出频率。

为了使输出电压 u_0 的波形接近正弦波,可对触发角 α 进行调制。如图 8-28(b)所示波形,在输出电压的半个周期内让 P 组变流电路的 α 按正弦规律从 90° 逐渐减小到 0° 或某个值,然后再逐渐增大到 90°。这样每个控制间隔内的平均输出电压就按正弦规律从零逐渐增至最高,再逐渐降低到零,另半个周期可对变流电路 N 进行同样的控制。

图 8-28 的波形是变流器 P 和 N 都是三相半波可控电路时的波形。可以看出,输出电压并不是平滑的正弦波,而是由若干段电源电压拼接而成,在输出电压的一个周期内,所包含的电源电压段数越多,其波形越接近正弦波。因此,输出频率增高时,输出电压一周期所含电网电压的段数就减少,波形畸变就严重。电压波形畸变以及由此产生的电流波形畸变和电动机转矩脉动是限制输出频率提高的主要因

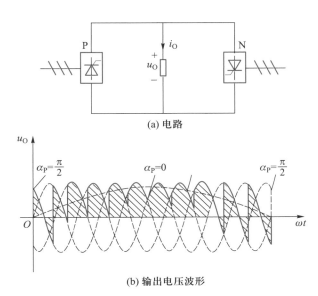

(a) 电路

(b) 输出电压波形

图 8-28 单相交-交变频电路及其输出电压波形

素。一般认为输出上限频率不高于电网频率的 $1/3 \sim 1/2$。

（2）整流与逆变工作状态

交-交变频电路的负载可以是阻感负载、电阻负载、阻容负载或交流电动机负载。这里以阻感负载为例说明电路的整流工作状态与逆变工作状态。

把交-交变频电路理想化，忽略变流电路换相时 u_o 的脉动分量，就可把电路等效成如图 8-29(a)所示的正弦波交流电源和二极管的串联。

假设负载阻抗角为 φ，则输出电流滞后输出电压 φ 角。两组变流电路采取无环流工作方式，一组变流电路工作时，封锁另一组变流电路的触发脉冲。

图 8-29(b)给出了一个周期内负载电压、电流波形及正反两组变流电路的电压、电流波形。可以看出，在阻感负载的情况下，在一个输出电压周期内，交-交变频电路有 4 种工作状态。哪组变流电路工作是由输出电流的方向决定的，与输出电压极性无关。变流电路工作在整流状态还是逆变状态，则是根据输出电压方向与输出电流方向是否相同来确定的。

交-交变频电路是一种直接变频电路，电路采用的是相位控制方式，输入电流的相位总是滞后于输入电压，需要电网提供无功功率，其输入无功功率因数低。因此，交-交变频电路主要用于 500 kW 以上的大功率、低转速的交流调速电路中。目前已在轧机主传动装置、鼓风机、矿石破碎机、球磨机、卷扬机等场合获得较多的应用。它既可用于异步电动机传动，也可用于同步电动机传动。

近年来出现了一种新颖的矩阵式变频电路，也是一种直接变频电路，电路所用的开关器件是全控型的，控制方式不是相控方式而是斩控方式。该电路的优点是输出电压可控制为正弦波，频率不受电网频率的限制；输入电流也可控制为正弦波且和电压同相，功率因数为 1，也可控制为需要的功率因数；能量可双向流动，不通

239

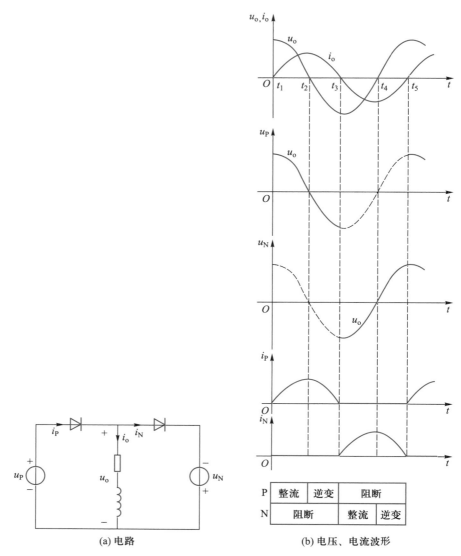

(a) 电路　　　　　(b) 电压、电流波形

图 8-29　理想化交-交变频电路的整流和逆变工作状态

过中间环节而直接实现变频,效率高。电路的电气性能十分理想。详细内容见有关资料。

2. 交-直-交变频电路

交-直-交变频电路由 AC-DC、DC-AC 两类基本变流电路组合形成,交-直-交变频电路与交-交变频电路相比,其优点是输出频率不受输入电源频率的影响。

在交流调速传动的各种方式中,变频调速是应用最多的一种方式。采用变频调速方式时,无论电动机转速高低,转差功率的消耗基本不变,系统效率是各种交流调速方式中最高的,因此采用变频调速具有显著的节能效果。例如采用交流调速技术对风机、泵类负载的流量进行调节,可节约电能 40% ～ 50%。

（1）电压型间接交流变流电路

图 8-30 为不能再生反馈电力的电压型间接交流变流电路。该电路整流部分采用不可控整流,它和电容器之间的直流电压和直流电流极性不变,只能由电源向直流电路输送功率;图中的逆变电路可以双向流动,若负载能量反馈到中间直流电路时,将导致电容电压升高,称为泵升电压,由于能量无法反馈回交流电源,泵升电压会危及整个电路的安全。因此根据应用场合和负载的要求,变频器通常要求采用不同的方法使其具有再生反馈电力的能力。

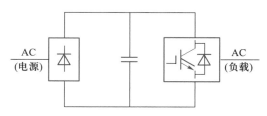

图 8-30 不能再生反馈电力的电压型间接交流变流电路

图 8-31 为采用 PWM 控制的电压型间接交流变流电路。整流电路和逆变电路的构成完全相同,交流电源通过交流电抗器(外接电抗器和交流电源内部电感)和整流电路连接。通过对整流电路进行 PWM 控制,可以使输入电流为正弦波且与电源电压同相,因而功率因数为 1,同时中间直流电路的电压可以调节。电动机既可以工作在电动状态,也可以工作在再生制动状态。此外,改变输出交流电压的相序即可改变电动机的转动方向。

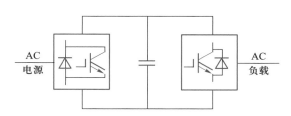

图 8-31 采用 PWM 控制的电压型间接交流变流电路

该电路输入输出电流均为正弦波,输入功率因数高,且电动机的工作状态可调节,是一种理想的变频电路。但由于整流、逆变部分均为 PWM 控制,且需要采用全控器件,控制复杂,成本也较高。

（2）电流型间接交流变流电路

图 8-32 为可再生反馈电力的电流型间接交流变流电路,图中实线表示由电源向负载输送功率时中间直流电压极性、电流方向、负载电压极性及功率流向等。当电动机制动时,中间直流电路的电流极性不能改变,要实现再生制动,只需调节可控整流电路的触发角,使中间直流电压反极性即可,如图中虚线所示。

为适用于较大容量的场合,电流型间接交流变流电路也可采用双 PWM 控制技术,如图 8-33 所示,为了吸收变流时产生的过电压,在交流电源侧和交流负载侧都设置了电容器。当向异步电动机供电时,电动机既可工作在电动状态,又可工作在

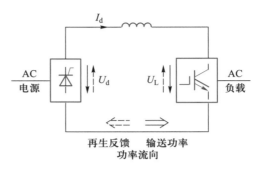

图 8-32　可再生反馈电力的电流型间接交流变流电路

再生制动状态,且可正反转。该电路同样可以通过对整流电路的 PWM 控制使输入电流为正弦波,并使输入功率因数为 1。

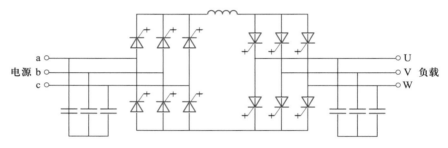

图 8-33　双 PWM 控制的电流型间接交流变流电路

随着电力电子技术、计算机技术、自动控制技术的迅速发展,变频技术从最初的整流、交直流可调电源已发展到高压直流输电、不同频率电网系统的连接、静止无功功率补偿和谐波滤除等,在运输业、石油行业、家用电器、军事等领域也得到广泛的应用。因此,变频技术和功率器件具有非常光明的发展前景。

8.3.4　应用举例

1. 不间断电源

不间断电源(UPS)是一种 AC-DC 和 DC-AC 的两级恒压恒频变换电路,不间断电源或不停电电源能在市电交流电源发生故障时不中断向负载供电。计算机、通信设备等重要负载都要求供电电源不间断。图 8-34 为典型的不间断电源的结构图。在市电正常工作时,S_1 接通,S_2 断开,计算机等负载由市电供电,同时 UPS 的蓄电池组经开关 S 和整流器充电;在电网故障停电时,S_2 接通,S、S_1 断开,整流器停止工作,由蓄电池组经逆变器产生恒压恒频的交流电输出,供电给负载。交流电子开关 S_1 和 S_2 用于市电和逆变器供电的切换。由图 8-34 可知,当电网供电质量较好时,逆变器只需在偶然停电时工作;如果电网供电质量较差,则负载需要长期经逆变器供电,且电网停电时间较长、蓄电池不能满足要求时,可由柴油发电机组经整流器为逆变器提供直流电源。对要求较高场合,UPS 需要在线运行,此时还要求逆变器输出电压、相位和频率与市电同步,以减小 UPS 与市电切换时的冲击。

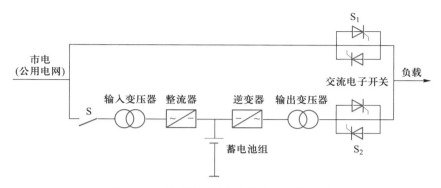

图 8-34　典型的不间断电源(UPS)结构图

2. 电子镇流器

电子镇流器取代了传统的电感镇流器,广泛应用于日光灯、节能灯等照明电路中。电子镇流器与电感镇流器相比,具有体积小、重量轻、启动快、灯光无闪烁、工作无蜂鸣噪声、工作电压宽(低压也能启动)、节电 20%～30%、灯管寿命长等优点。

电子镇流器实际上是一种 AC-DC-AC 变换器,其中 DC-AC 变换工作于高频状态。图 8-35 是一种日光灯的电子镇流器原理图。50 Hz 的交流电经过 D_1～D_4 桥式整流变为直流电,由 C_1、C_2、T_1、T_2 构成的半桥式直-交变换电路产生 20～30 kHz 交流电以点亮灯管。图中 T_1、T_2 为高频开关;Tr_1、Tr_2、Tr_3 为高频变压器,它们的同名端如图所示。当 T_1 导通后,由于脉冲变压器的耦合作用使 T_2 截止、产生自激振荡;L 为扼流圈,当 T_2、T_1 截止时自感出高压以启辉灯管。C_4、C_5、C_6 为软启动电容,当 T_2 初始导通时使灯管灯丝有预热时间,避免瞬间高压对灯丝的冲击。

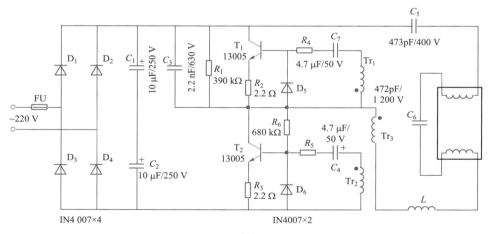

图 8-35　电子镇流器原理图

该电路的特点是结构简单、成本低、实用性强;但谐波含量大,功率因数低(0.6),为达到高功率因数、低谐波含量的目的,可通过加无源滤波和无源功率因数补偿使功率因数达到 0.96 以上,谐波总畸变 20% 左右。

【练习与思考】

8-3-1　电压型逆变电路中反馈二极管的作用是什么?

8-3-2　交-交变频电路的最高输出频率是多少?制约输出频率提高的因素是什么?

8-3-3　试阐述图 8-31 交-直-交变频器电路的工作原理,并说明该电路有何局限性。

习题

8.1.1　题 8.1.1 图所示的三个电路中,在选用 KP100-3 型晶闸管时,哪个电路较合理? 哪个电路不合理? 为什么?

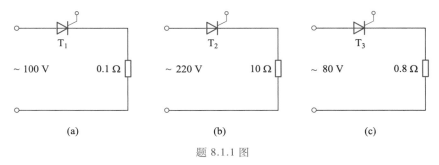

题 8.1.1 图

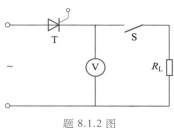

题 8.1.2 图

8.1.2　题 8.1.2 图电路中,当不接负载电阻 R_L 时,调节触发脉冲的相位,发现电压表上的读数总是很小,而接上正常负载 R_L 以后,电压表上读数增大了,试分析发生这种现象的原因。

8.1.3　题 8.1.3 图是一种简单的霓虹灯及节日彩灯控制电路的原理图。其利用晶体管和晶闸管组成的控制器使节日彩灯具有动感,交替闪亮好似流水,试分析其工作原理。

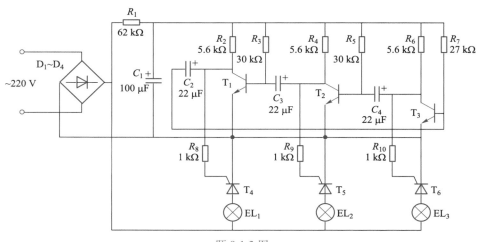

题 8.1.3 图

8.1.4 题 8.1.4 图为城建施工常需在临时开挖的沟道坑穴上方设置的警示路标灯。这种自动路障指示灯不需专人管理,白天灯灭,夜间自动点亮。其电路构成原理如题 8.1.4 图所示,试分析其工作原理。(部分元件参数如下:R_G—MG4545,D_Z—2CW21,D—1N4001,T—2N6565,$R_0 = R_1$。)

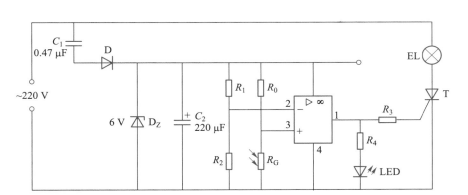

题 8.1.4 图

8.2.1 某一电阻性负载,需要直流电压 60 V,电流 30 A。今采用单相半波可控整流电路,直接由 220 V 电网供电。试计算晶闸管的导通角、电流的有效值,并选用晶闸管。

8.2.2 有一单相半波可控整流电路,负载电阻 $R_L = 10\,\Omega$,直接由 220 V 电网供电,控制角 $\alpha = 60°$。试计算整流电压的平均值、整流电流的平均值和电流的有效值,并选用晶闸管。

8.2.3 单相桥式半控整流电路的电源电压 $u_2 = 141\sin\omega t$ V,负载电阻为 $18\,\Omega$,问:(1)输出端能出现的最大平均电压及平均电流是多少?(2)当控制角为 30° 和 120° 时,输出的平均电压和平均电流是多少?

8.2.4 试分析比较题 8.2.4 图所示的两个电路的工作情况,并分别画出负载 R_L 两端的电压波形。

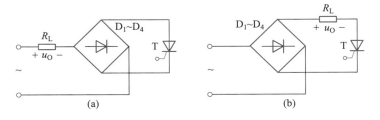

题 8.2.4 图

8.3.1 单相全桥电压型逆变电路,180° 导电方式,$U_d = 100$ V。试求输出电压的基波幅值 U_{o1m} 和有效值 U_{o1}、输出电压中 5 次谐波的有效值 U_{o5}。

8.3.2 题 8.3.2 图所示为降压型斩波电路,已知 $U_S = 12$ V,$T_{on} = 6$ ms,$T_{off} = 2$ ms。试求负载电压的平均值 U_L。

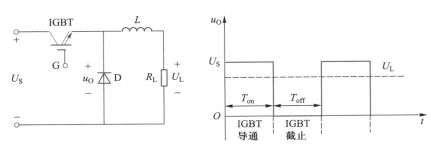

题 8.3.2 图

8.3.3　题 8.3.3 图所示为升压型斩波电路，已知 $U_S = 50\ V$，L 值和 C 值极大，$R = 25\ \Omega$，$T = 50$ μs，$T_{on} = 20\ \mu s$，求负载电压的平均值 U_L。

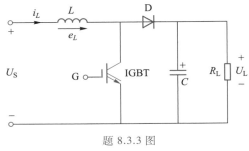

题 8.3.3 图

附录

1. 电阻器

电阻器的标称值符合附表 1-1 的数值（或表中数值再乘以 10^n，其中 n 为整数）。

附表 1-1　常用固定电阻器的标称数值

允许偏差	标称	系列值
±5%	E24	1.0;1.1;1.2;1.3;1.5;1.6;1.8;2.0;2.2;2.4;2.7;3.0 3.3;3.6;3.9;4.3;4.7;5.1;5.6;6.2;6.8;7.5;8.2;9.1
±10%	E12	1.0;1.2;1.5;1.8;2.2;2.7;3.3;3.9;4.7;5.6;6.8;8.2
±20%	E6	1.0;1.5;2.2;3.3;4.7;6.8

电阻器阻值常见的表示方法有直标法和色标法等。色标电阻常用的为四色带和五色带两种，色带不同，所表示的电阻参数也不同。色标法如附图 1-1 所示。

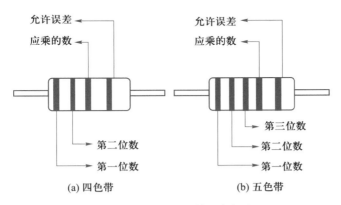

附图 1-1　电阻器阻值的色标法

色标法中颜色代表的数值如附表 1-2。

附录

附表 1-2　色标法中颜色代表的数值

颜色	有效数值	应乘的数	允许误差	颜色	有效数值	应乘的数	允许误差
黑色	0	10^0		紫色	7	10^7	±0.1%
棕色	1	10^1	±1%	灰色	8	10^8	
红色	2	10^2	±2%	白色	9	10^9	+50%,-20%
橙色	3	10^3		金色			±5%
黄色	4	10^4		银色			±10%
绿色	5	10^5	±0.5%	无色			±20%
蓝色	6	10^6	±0.2%				

　　一般的色标电阻读数步骤为:(1) 找到最后一道色带,倒数第二道色带与最后一道色带的距离比其他间隔要大。对于四色带电阻,最后一道色带一般为金色或银色;对于五色带电阻,最后一道色带一般为棕色。(2) 按顺序依次读出对应的数据,得出电阻值及允许误差。示例如附图 1-2 所示。

　　对四色带电阻(颜色依次为红绿橙金),表示电阻值为 25000 Ω,允许误差为±5%。

　　对五色带电阻(颜色依次为棕红红黑蓝),表示电阻值为 60200 Ω,允许误差为±1%。

附图 1-2　色环电阻读数示例

　　贴片电阻表面都有数字丝印,只要清楚了数字的含义就可以确定阻值和精度了。

　　贴片电阻阻值误差精度有±1%、±2%、±5%、±10%,常规用得最多的是±1%和±5%,5%精度的用三位数字来表示,而 1%精度的用四位数字来表示。示例如附图 1-3 所示。

附图 1-3　贴片电阻读数示例

　　电阻表面的丝印为 103:前两位数字 10 代表有效数字,第三位数字 3 代表倍率,即 10^3,所以 103 电阻的阻值为 $10×10^3$ Ω = 10000 Ω = 10 kΩ,精度为 5%。

　　电阻表面的丝印为 1502:前三位数字 150 代表有效数字,第四位数字 2 代表倍

248

率,即 10^2,所以 1502 电阻的阻值为 150×10^2 $\Omega = 15000$ $\Omega = 15$ kΩ,精度为 1%。

电阻表面的丝印为 R68:R 所在的位置表示小数点的位置,R68 就表示 0.68 Ω 的电阻。

2. 电容器

固定电容器的标称容量如附表 1-3 所示。

附表 1-3　固定电容器的标称容量

电容类别	允许偏差	容量范围	标称容量系列
纸介电容、金属化纸介电容、纸膜复合介质电容、低频(有极性)有机薄膜介质电容	±5% ±10% ±20%	100 pF ~ 1 μF	1.0;1.5;2.2;3.3;4.7;6.8
		1 μF ~ 100 μF	1;2;4;6;8;10;15;20;30;50;60;80;100
高频(无极性)有机薄膜介质电容、瓷介电容、玻璃釉电容、云母电容	±5%		1.0;1.1;1.2;1.3;1.5;1.6;1.8;2.0;2.2;2.4; 2.7;3.0;3.3;3.6;3.9;4.3;4.7;5.6;6.0;6.8; 7.5;8.2;9.1
	±10%		1.0;1.2;1.5;1.8;2.2;2.7;3.3;3.9;4.7;5.6; 6.8;8.2
	±20%		1.0;1.5;2.2;3.3;4.7;6.8
铝、钽、铌、钛电解电容	±10% ±20% ±50% −20% +100% −30%		1.0;1.5;2.2;3.3;4.7;6.8

电容器在长期可靠地工作时所能承受的最大直流电压,就是电容器的耐压,也叫电容的直流工作电压。附表 1-4 列出了常用固定电容的直流工作电压系列。

附表 1-4　常用固定电容的直流工作电压系列

1.6	4	6.3	10	16	25	32*	40	50	63
100	125*	160	250	300*	400	450*	500	630	1000

* 只限电解电容。

电容器的容量有直接表示和数码表示两种表示法。

直接表示法是用表示数量的字母 m(10^{-3})、μ(10^{-6})、n(10^{-9})和 p(10^{-12})加上数字组合表示的方法。例如 4n7 表示 4.7×10^{-9} F = 4700 pF,33n 表示 33×10^{-9} F = 0.033 μF,4p7 表示 4.7 pF 等。有时用无单位的数字表示容量,当数字大于 1 时,其单位为 pF;若数字小于 1 时,其单位为 μF。例如 3300 表示 3300 pF,0.022 表示

0.022 μF。

数码表示法一般用三位数字来表示容量的大小,单位为 pF。前两位为有效数字,后一位表示位率,即乘以 10^n,n 为第三位数字。若第三位为 9,则乘以 10^{-1}。如 223 表示 22×10^3 pF $= 22000$ pF $= 0.022$ μF,又如 479 表示 47×10^{-1} pF $= 4.7$ pF。

附录 2　半导体分立器件型号命名方法

附表 2-1　半导体分立器件型号命名方法(国家标准 GB/T 249—2017)

第一部分		第二部分		第三部分		第四部分	第五部分
用阿拉伯数字表示器件的电极数目		用汉语拼音字母表示器件的材料和极性		用汉语拼音字母表示器件的类别		用阿拉伯数字表示登记顺序号	用汉语拼音字母表示规格号
符号	意义	符号	意义	符号	意义		
2	二极管	A	N 型,锗材料	P	小信号管		
		B	P 型,锗材料	H	混频管		
		C	N 型,硅材料	V	检波管		
		D	P 型,硅材料	W	电压调整管或电压基准管		
		E	化合物或合金材料	C	变容管		
3	三极管	A	PNP 型,锗材料	Z	整流管		
		B	NPN 型,锗材料	L	整流堆		
		C	PNP 型,硅材料	S	隧道管		
		D	NPN 型,硅材料	K	开关管		
		E	化合物或合金材料	N	噪声管		
				F	限幅管		
				X	低频小功率晶体管 ($f_a < 3$ MHz,$P_c < 1$ W)		
				G	高频小功率晶体管 ($f_a \geqslant 3$ MHz,$P_c < 1$ W)		
				D	低频大功率晶体管 ($f_a < 3$ MHz,$P_c \geqslant 1$ W)		
				A	高频大功率晶体管 ($f_a \geqslant 3$ MHz,$P_c \geqslant 1$ W)		
				T	闸流管		
				Y	体效应管		
				B	雪崩管		
				J	阶跃恢复管		

示例：

硅 NPN 型高频小功率晶体管

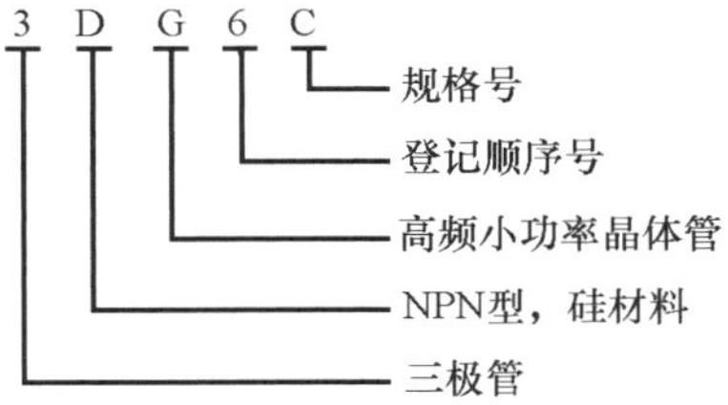

3　D　G　6　C
　　　　　　　└── 规格号
　　　　　└──── 登记顺序号
　　　└────── 高频小功率晶体管
　　└──────── NPN型，硅材料
　└────────── 三极管

附表 2-2　美国电子工业协会（EIA）的半导体分立器件型号命名方法

第一部分		第二部分		第三部分		第四部分	第五部分	
用符号表示器件用途的类型		用数字表示 PN 结数目		用字母 N 表示已在 EIA 注册登记		用多位数字表示注册登记号	用字母表示器件分档	
符号	意义	符号	意义	符号	意义		符号	意义
JAN	军级	1	二极管			EIA 注册登记号	A	字母越靠后器件性能越好
JANTX	特军级	2	三极管	N	EIA 注册标志		B	
JANTXV	超特军级	3	三个 PN 结器件				C	
JANS	宇航级	n	n 个 PN 结器件				D	
无	非军用品							

示例

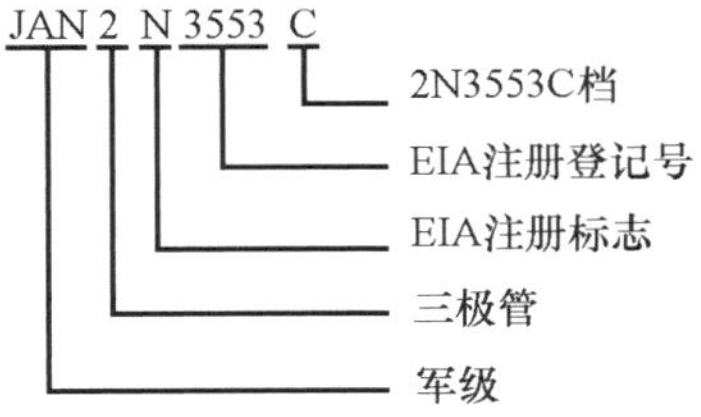

JAN　2　N　3553　C
　　　　　　　　└── 2N3553C档
　　　　　└────── EIA注册登记号
　　　└──────── EIA注册标志
　　└────────── 三极管
　└──────────── 军级

251

附录3 部分半导体器件型号和参数

附表 3-1 部分二极管的主要参数

类型	型号	最大整流电流 I_{DM}/mA	最大正向电流 I_{DM}/mA	最大反向工作电压 U_{RM}/V	反向击穿电压 U_{BR}/V	最高工作频率 f_M/MHz	反向恢复时间 t_r/ns
普通二极管	2AP1	16		20	40	150	
	2AP7	12		100	150	150	
	2AP11	25		10		40	
	2CP1	500		100		3 kHz	
	2CP10	100		25		50 kHz	
	2CP20	100		600		50 kHz	
整流二极管	2CZ11A	1000		100			
	2CZ11H	1000		800			
	2CZ12A	3000		50			
	2CZ12G	3000		600			
开关二极管	2AK1		150	10	30		≤200
	2AK5		200	40	60		≤150
	2AK14		250	50	70		≤150
	2CK70A~E		10	A-20	A-30		≤3
				B-30	B-45		
	2CK72A~E		30	C-40	C-60		≤4
				D-55	D-75		
	2CK76A~E		200	E-60	E-90		≤5

附表 3-2　部分稳压管的主要参数

型号	稳定电压 U_Z/V	稳定电流 I_Z/mA	最大稳定电流 I_{Zmax}/mA	动态电阻 r_Z/Ω	电压温度系数 α_V/(%/℃)	最大耗散功率 P_{ZM}/W
2CW51	2.5~3.5		71	≤60	≥-0.09	
2CW52	3.2~4.5		55	≤70	≥-0.08	
2CW53	4~5.8	10	41	≤50	-0.06~0.04	0.25
2CW54	5.5~6.5		38	≤30	-0.03~0.05	
2CW56	7~8.8		27	≤15	≤0.07	
2CW57	8.5~9.5		26	≤20	≤0.08	
2CW59	10~11.8	5	20	≤30	≤0.09	0.25
2CW60	11.5~12.5		19	≤40		
2CW103	4~5.8	50	165	≤20	-0.06~0.04	1
2CW110	11.5~12.5	20	76	≤20	≤0.09	1
2CW113	16~19	10	52	≤40	≤0.11	1
2DW1A	5	30	240	≤20	-0.06~0.04	1
2DW6C	15	30	70	≤8	≤0.1	1
2DW7C	6.1~6.5	10	30	≤10	0.05	0.2

附表 3-3　部分三极管的主要参数

类型	型号	电流放大系数 β 或 h_{fe}	穿透电流 I_{CEO}/mA	集电极最大允许电流 I_{CM}/mA	最大允许耗散功率 P_{CM}/mW	集射极击穿电压 $U_{(BR)CEO}$/V	截止频率 f_T/MHz
低频小功率管	3AX51A	40~150	≤500	100	100	≥12	≥0.5
	3AX55A	30~150	≤1200	500	500	≥20	≥0.2
	3AX81A	30~250	≤1000	200	200	≥10	≥6 kHz
	3AX81B	40~200	≤700	200	200	≥15	≥6 kHz
	3CX200B	50~450	≤0.5	300	300	≥18	
	3DX200B	55~400	≤2	300	300	≥18	

类型	型号	电流放大系数 β 或 h_{fe}	穿透电流 I_{CEO}/mA	集电极最大允许电流 I_{CM}/mA	最大允许耗散功率 P_{CM}/mW	集射极击穿电压 $U_{(BR)CEO}$/V	截止频率 f_T/MHz
高频小功率管	3AG54A	≥20	≤300	30	100	≥15	≥30
	3AG87A	≥10	≤50	50	300	≥15	≥500
	3CG100B	≥25	≤0.1	30	100	≥25	≥100
	3CG120A	≥25	≤0.2	100	500	≥15	≥200
	3DG110A	≥30	≤0.1	50	300	≥20	≥150
	3DG120A	≥30	≤0.01	100	500	≥30	≥150
大功率管	3DD11A	≥10	≤3000	30 A	300 W	≥30	
	3DD15A	≥30	≤2000	5 A	50 W	≥60	
开关管	3DK8A	≥20		200	500	≥15	≥80
	3DK10A	≥20		1500	1500	≥20	≥100

附表 3-4　部分绝缘栅场效应管的主要参数

参数	符号	单位	型号			
			3DO4	3DO2（高频管）	3DO6（开关管）	3DO1（开关管）
饱和漏极电流	I_{DSS}	μA	$0.5×10^3 \sim 15×10^3$		≤1	≤1
栅源夹断电压	$U_{GS(off)}$	V	≤|1~9|			
开启电压	$U_{GS(th)}$	V			≤5	-2~-8
栅源绝缘电阻	R_{GS}	Ω	≥10^9	≥10^9	≥10^9	≥10^9
低频跨导	g_m	μA/V	≥2000	≥4000	≥2000	≥500
最高振荡频率	f_M	MHz	≥300	≥1000		
漏源击穿电压	$U_{(BR)DS}$	V	20	12	20	
栅源击穿电压	$U_{(BR)GS}$	V	≥20	≥20	≥20	≥20
最大耗散功率	P_{DM}	mW	1000	1000	1000	1000

注:3DO1 为 P 沟道增强型,其他为 N 沟道管(增强型:$U_{GS(th)}$ 为正值,耗尽型 $U_{GS(th)}$ 为负值)。

附表 3-5　部分单结晶体管的主要参数

参数	符号	单位	测试条件	型号			
				BT33A	BT33B	BT33C	BT33D
基极电阻	R_{BB}	kΩ	$U_{BB}=3\ V, I_E=0$	2~4.5	2~4.5	>4.5~12	>4.5~12
分压比	η		$U_{BB}=20\ V$	0.45~0.9	0.45~0.9	0.3~0.9	0.3~0.9
峰点电流	I_P	μA	$U_{BB}=20\ V$	<4	<4	<4	<4
谷点电流	I_V	mA	$U_{BB}=20\ V$	>1.5	>1.5	>1.5	>1.5
谷点电压	U_V	V	$U_{BB}=20\ V$	<3.5	<3.5	<4	<4
饱和压降	U_{ES}	V	$U_{BB}=20\ V,$ $I_E=50\ mA$	<4	<4	<4.5	<4.5
反向电流	I_{EO}	μA	$U_{EBO}=60\ V$	<2	<2	<2	<2
E, B_1 间反向电压	U_{EB_1O}	V	$I_{EO}=1\ μA$	≥30	≥60	≥30	≥30
最大耗散功率	P_{BM}	mW		300	300	300	300

附表 3-6　部分晶闸管的主要参数

参数	符号	单位	型号				
			KP5	KP20	KP50	KP200	KP500
正向重复峰值电压	U_{FRM}	V	100~3000	100~3000	100~3000	100~3000	100~3000
反向重复峰值电压	U_{RRM}	V	100~3000	100~3000	100~3000	100~3000	100~3000
导通时平均电压	U_F	V	1.2	1.2	1.2	0.8	0.8
正向平均电流	I_F	A	5	20	50	200	500
维持电流	I_H	mA	40	60	60	100	100
门极触发电压	U_G	V	≤3.5	≤3.5	≤3.5	≤4	≤5
门极触发电流	I_G	mA	5~70	5~100	8~150	10~250	20~300

附录4 半导体集成电路型号命名方法

附表 4-1 半导体集成电路型号命名方法（国家标准 GB/T3430—1989）

第零部分		第一部分		第二部分	第三部分		第四部分	
用字母表示器件符合国家标准		用字母表示器件的类型		用数字表示器件的系列和品种代号	用字母表示器件的工作温度		用字母表示器件的封装	
符号	意义	符号	意义		符号	意义	符号	意义
C	符合国家标准	T	TTL		C	0～70 ℃	F	多层陶瓷扁平
		H	HTL		G	−25～70 ℃	B	塑料扁平
		E	ECL		L	−25～85 ℃	H	黑瓷扁平
		C	CMOS		E	−40～85 ℃	D	多层陶瓷双列直插
		M	存储器		R	−55～85 ℃	J	黑瓷双列直插
		μ	微型机电路		M	−55～125 ℃	P	塑料双列直插
		F	线性放大				S	塑料单列直插
		W	稳压器				K	金属菱形
		B	非线性电路				T	金属圆形
		J	接口电路				C	陶瓷片状载体
		AD	A/D 转换器				E	塑料片状载体
		DA	D/A 转换器				G	网络阵列
		D	音响电视电路					
		SC	通讯专用电路					
		SS	敏感电路					
		SW	钟表电路					

示例：

C F 741 C T
- 金属圆形封装
- 工作温度为0～70 ℃
- 通用型运算放大器
- 线性放大器
- 符合国家标准

为了便于读者使用 EDA 软件的元件库，这里简介美国国家半导体公司（National Semiconductor）的半导体集成电路型号命名法。

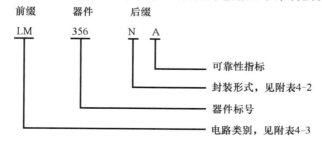

前缀　器件　后缀
LM　356　N A
- 可靠性指标
- 封装形式，见附表4-2
- 器件标号
- 电路类别，见附表4-3

附表 4-2 美国国家半导体公司半导体集成电路封装形式的表示

符号	意义	符号	意义
D	玻璃/金属双列直插	N	标准双列直插
F	玻璃/金属扁平	W00,W01	标准引线陶瓷扁平
F00,F01	标准引线玻璃/金属扁平	W06,W07	标准引线陶瓷扁平
F06,F07	标准引线玻璃/金属扁平		

附表 4-3 美国国家半导体公司半导体集成电路类别的表示

符号	意义	符号	意义	符号	意义
ADC	模数转换器	DM	数字器件(单块)	LF	线性集成块(场效应工艺)
ADS	数据采集	DP	接口电路(微处理器)	LH	线性集成块(混合)
AEE	微型机产品	DS	接口电路	LM	线性集成块(单块)
AF	有源滤波器	DT	数字器件	LP	线性低功率集成块
AH	模拟开关(混合)	DISW	数字器件软件	MA	模制微器件
ALS	高级小功率肖基特器件	ECL	射极耦合逻辑电路	MAN	LED 显示
AM	模拟开关(单块)	FOE	光纤维发射机	MCA	门电路阵列
BLC	单极计算机	FOR	光纤维接收机	MF	单块滤波器
BIMX	插件式多功能执行电路	FOT	光纤维发送机	MH	MOS(混合)
BLX	插件式扩展电路	HC	高速 CMOS	MM	MOS(单块)
C	CMOS	HS	混合电路	NSM	LED-集成显示组件
CD	CMOS(400 系列)	IDM	微处理器(2901)	NSN	LED-数字(双)
CIM	CMOS 微型计算机插件	IMP	微处理器(接口信息处理器)	NSW	PNP、NPN、IN 电子表芯片
COP	小型控制器类	INS	微处理器(4004/8080A)	PAL	程序阵列逻辑
DA/AD	数模/模数转换	IPC	微处理器(定步)	PNP	分立器件
DAC	数/模转换器	ISP	微处理器(程序控制/多重处理)	RA	电阻阵列
DB	开发插件	JM	军用-M38510	RMC	装配在架子上的计算机
DH	数字器件(混合)	LED	LED	SC/MP	存储计算机微处理器

257

符号	意义	符号	意义	符号	意义
SCX	门电路阵列	NH	混合（老式）	NSL	LED-灯
SD	专用数字器件	NMC	MOS 存储器	NSL	光电器件
SF	专用 FET	NMH	存储器混合电路	SN	数字（附属厂产品）
SFW	软件	NS	微处理器组件	TBA	线性集成块（附属厂产品）
SH	专用混合器件	NSA	LED 数字阵列	TDA	线性集成块
SK	专用配套器件	NSB	LED 数字（四芯/五芯）	TRC	高频接收器件
SL	专用线性集成块	NSC	LED 小方块形（或片形）	U	FET
SM	特殊 CMOS	NSC	微处理器（800）	UP	微处理器
MY	LED 灯				

附录 5　部分半导体集成电路的型号和主要参数

附表 5-1　部分集成运算放大器的主要参数

| 参数名称 | 通用型 | 高精度型 | 高阻型 | 高速型 | 低功耗型 |
	CF741（F007）	CF7650	CF3140	CF715	CF3078C
电源电压 $\pm U_{CC}(U_{DD})$/V	±15	±5	±15	±15	±6
开环差模电压增益 A_0/dB	106	134	100	90	92
输入失调电压 U_{IO}/mV	1	$\pm7\times10^{-4}$	5	2	1.3
输入失调电流 I_{IO}/nA	20	5×10^{-4}	5×10^{-4}	70	6
输入偏置电流 I_{IB}/nA	80	1.5×10^{-3}	10^{-2}	400	60
最大共模输入电压 U_{icmax}/V	±15	$+2.6, -5.2$	$+12.5, -15.5$	±12	$+5.8, -5.5$
最大差模输入电压 U_{idmax}/V	±30		±8	±15	±6
共模抑制比 K_{CMR}/dB	90	130	90	92	110
输入电阻 r_i/MΩ	2	10^6	1.5×10^6	1	
单位增益带宽 GB/MHz	1	2	4.5		
转换速度 SB/(V/μs)	0.5	2.5	9	$100, (A_V=-1)$	

附表 5-2　部分三端稳压器的主要参数

参数名称	CW7805	CW7815	CW78L05	CW78L15	CW7915	CW79L15
输入电压 U_0/V	4.8~5.2	14.4~15.6	4.8~5.2	14.4~15.6	−14.4~−15.6	
最大输入电压 U_{imax}/V	35	35	30	35	−35	−35
最大输出电流 I_{Omax}/A	1.5	1.5	0.1	0.1	1.5	0.1
输出电压变化量 ΔU_0/ mV（典型值, U_i 变化引起）	3 $U_i=$ 7~25 V	11 $U_i=$ 17.5~30 V	55 $U_i=$ 7~20 V	130 $U_i=$ 17.5~30 V	11 $U_i=-17.5~-30$ V	200（最大值）
输出电压变化量 ΔU_0/ mV（典型值, I_0 变化引起）	15 $I_0=5$ mA ~1.5 A	12 $I_0=5$ mA ~1.5 A	11 $I_0=1$ mA ~100 mA	25 $I_0=1$ mA ~100 mA	12 $I_0=5$ mA ~1.5 A	25 $I_0=1$ mA ~100 mA
输出电压变化量 ΔU_0/（mV/ ℃）（典型值, 温度变化引起）	±0.6	±1.8	−0.65	−1.3	1.0	−0.9
	$I_0=5$ mA, 0~125 ℃					

附录 6　中英文名词术语对照

一画、二画

一阶电路	first order circuit
二阶电路	second order circuit
二端网络	two-terminal network
PN 结	p-n junction
P 型半导体	P-type semiconductor
二极管	diode
二极管箝位	diode clamping

三画

三要素	three-factor method
三相电路	three-phase circuit
三相三线制	three-phase three-wire system
三相四线制	three-phase four-wire system
三相功率	three-phase power
三角形联结	delta connection
N 型半导体	N-type semiconductor
N 沟道	n-channel

工作点	operation point
大功率晶体管	high-power transistor
干扰	interference
RC 选频网络	*RC* frequency selection network
三角波	triangular wave

四画

瓦特	Watt
开关	switch
开路	open circuit
开路电压	open-circuit voltage
开启电压	threshold voltage
支路	branch
支路电流法	branch current method network
中性点	midpoint
中性线	midline
分贝	decibel(dB)
少数载流子	minority carrier
反相	reversed phase
反电动势	back emf
反向电阻	reverse resistance
反向偏置	reverse bias
反向击穿	reverse breakdown
反馈	feedback
反馈系数	feedback coefficient
无源二端网络	passive two-terminal network
无功功率	reactive power
无输出变压器功率放大器	output transformer less(OTL)power amplifier
无输出电容器功率放大器	output capacitor less(OCL)power amplifier
无源逆变器	passive inverter
分立电路	discrete circuit
互补对称功率放大器	complementary symmetry power amplifier
方框图	block diagram
方波	square wave
比较器	comparator
双向晶闸管(TRIAC)	triode AC switch
不间断电源	uninterruptible power supply(UPS)

五画

电路	circuit
电路分析	circuit analysis
电路元件	circuit element
电路模型	circuit model
电动势	electromotive force
电源	power source
电能	electric energy
电流	current
电流表	ammeter
电压	voltage
电压表	voltmeter
电压源	voltage source
电流源	current source
电荷	electric charge
电位	electric potential
电阻	resistance
电阻率	resistivity
电位差	electric potential difference
电位升	electric potential rise
电位降	electric potential drop
电感	inductance
电容	capacitance
电容器	capacitor
正极	positive electrode
正方向	positive direction
节点	node
节点电压法	node voltage method
外特性	external characteristic
占空比	duty ratio
功	work
功率	power
功率表	wattmeter
正弦量	sinusoidal quantity
正弦电流	sinusoidal current
电压三角形	voltage triangle
功率三角形	power triangle

功率因数	power factor
平均值	average value
平均功率	average power
对称三相电路	symmetrical three-phase circuit
电阻性电路	resistive circuit
电感性电路	inductive circuit
电容性电路	capacitive circuit
电击	electric shock
击穿	breakdown
半导体	semiconductor
本征半导体	intrinsic semiconductor
发射极	emitter
发光二极管	light-emitting diode (LED)
正向电阻	forward resistance
正向偏置	forward bias
电流放大系数	current amplification coefficient
电压放大倍数	voltage gain
电压放大器	voltage amplifier
失真	distortion
功率放大器	power amplifier
功率晶体管	giant transistor (GTR)
正反馈	positive feedback
正弦波振荡器	sinusoidal oscillator
失调电压	offset voltage
失调电流	offset current
电压比较器	voltage comparator
电感滤波器	inductance filter
电容滤波器	capacitor filter
半波可控整流	half-wave controlled rectifier
半波整流器	half-wave rectifier
可控硅整流	silicon controlled rectifier (SCR)

六画

安培	Ampere
伏特	volt
伏安特性	volt-current characteristic
伏安特性曲线	volt-current characteristic curve of cell
负载	load

262

回路	loop
导体	conductor
负极	negative electrode
全响应	complete response
交流电路	alternating circuit
有效值	effective value
有功功率	active power
同相	in phase
并联	parallel connection
并联谐振	parallel resonance
传递函数	transfer function
负载线	load line
共价键	covalent bond
自由电子	free electron
杂质	impurity
多数载流子	majority carrier
扩散	diffusion
动态	dynamic
阳极	anode
阴极	cathode
光敏电阻	photoresistor
光电二极管	photodiode
光电晶体管	phototransistor
光电耦合器	photoelectric coupler
光控晶闸管	photo thyristor
动态电阻	dynamic resistance
共模信号	common-mode signal
共模输入	common-mode input
共发射极接法	common-emitter configuration
多级放大器	multistage amplifier
全交越失真	cross-over distortion
场效应晶体管	field-effect transistor
自偏压	self-bias
导通	turn on
导通沟道	conductive channel
夹断电压	pinch-off voltage
传输特性	transfer characteristic
负反馈	negative feedback

自激振荡器	self-excited oscillator
全波整流器	full-wave rectifier
全波可控整流	full-wave controlled rectifier

七画

库仑	Coulomb
亨利	Henry
串联	series connection
初始值	initial value
时间常数	time constant
时域分析	time domain analysis
角频率	angular frequency
初相位	initial phase
阻抗	impedance
阻抗三角形	impedance triangle
串联谐振	series resonance
阻容-耦合放大器	resistance-capacitance coupled amplifier
阻断	block
阻挡层	barrier layer
低频放大器	low-frequency amplifier
运算放大器	operational amplifier
串联型稳压电源	series stabilized power supply
谷点电压	valley point voltage

八画

直流电流电路	direct current circuit
线性电阻	linear resistance
非线性电阻	non-linear resistance
空载	no-load
参考电位	reference potential
参数	parameter
受控源	controlled source
法拉	Farad
周期	period
线电压	line voltage
线电流	line current
视在功率	apparent power
非正弦周期电流	non-sinusoidal periodic current

空穴	hole
空间电荷区	space charge region
固定偏置	fixed-bias
非线性失真	nonlinear distortion
直接耦合放大器	direct-coupled amplifier
饱和	saturation
金属氧化物-半导体	metal-oxide-semiconductor (MOS)
转移特性	transfer characteristic
单结晶体管	unijunction transistor (UJT)
欧姆	Ohm
欧姆定律	Ohm's law

九画

响应	response
相	phase
相电压	phase voltage
相电流	phase current
相位差	phase difference
相序	phase sequence
相位角	phase angle
复数	complex number
相量	phasor
相量图	phasor diagram
品质因数	quality factor
星形联结	star connection
绝缘	insulation
穿透电流	penetration current
复合	recombination
复合晶体管	composite transistor
差分放大器	differential-mode amplifier
差模信号	differential-mode signal
差模输入	differential-mode input
绝缘栅双极型晶体管	insulated gate bipolar transistor (IGBT)
绝缘型场效应管	insulated-gate field-effect transistor (IGFET)
绝缘栅场效应管	metal oxide semiconductor insulated gate field effect transistor (MOSFET)
栅极	grid

逆导晶闸管	reverse-conducting thyristor (RCT)
矩形波	rectangular wave

十画

诺顿定律	Norton's theorem
特征方程	characteristic equation
积分电路	integrating circuit
容抗	capacitive reactance
载流子	carrier
射极输出器	emitter follower
旁路电容	bypass capacitor
效率	efficiency
耗尽层	depletion layer
耗尽型 MOS 场效应管	depletion mode MOSFET
振荡器	oscillator
振荡频率	oscillation frequency
桥式整流器	bridge rectifier
峰点	peak point
通频带	transmission band

十一画

理想电压源	ideal voltage source
理想电流源	ideal current source
基波	fundamental harmonic
基尔霍夫电流定律	Kirchhoff's current law (KCL)
基尔霍夫电压定律	Kirchhoff's voltage law (KVL)
谐波	harmonic
谐振频率	resonant frequency
掺杂半导体	doped semiconductor
基极	base electrode
偏流	bias flow
偏置电路	biasing circuit
接地	grounding
虚地	virtual ground
控制极	control electrode
硅	silicon
硅稳压二极管	silicon Zener diode

十二画

等效电阻	equivalent resistance
焦耳	Joule
短路	short circuit
暂态	transient state
暂态分量	transient component
幅值	amplitude
最大值	maximum value
滞后	lag
超前	lead
幅频特性	amplitude-frequency characteristic
傅里叶级数	Fourier series
晶体	crystal
晶体管	transistor
集成电路	integrated circuit
集电极	collector
温度补偿	temperature compensation
晶闸管	thyristor

十三画

输入	input
输出	output
感抗	inductive reactance
感应电动势	induced emf
微法	microfarad
叠加定律	superposition theorem
零状态响应	zero-state response
零输入响应	zero-input response
微分电路	differentiating circuit
频率	frequency
频率分析	frequency analysis
滤波器	filter
锗	germanium
输入电阻	input resistance
输出电阻	output resistance
零点漂移	zero drift
源极	source electrode

跨导	transconductance
锯齿波	sawtooth wave
满载	full load

十四画

稳压二极管	Zener diode
截止	cut-off
漂移	drift
静态	static state
静态工作点	quiescent point
漏极	drain electrode
赫兹	Hertz
稳态	steady state
稳态分量	steady state component
截止角频率	cutoff angular frequency

十五画

额定值	rated value
额定电压	rated voltage
额定功率	rated power
增强型 MOS 场效应管	enhancement mode MOSFET

十六画

激励	excitation
整流电路	rectifier circuit

十七画

戴维南定律	Thevenin's theorem
瞬时值	instantaneous value
瞬时功率	instantaneous power

参考文献

［1］秦曾煌.电工学［M］.7 版.北京：高等教育出版社,2009.

［2］唐介.电工学(少学时)［M］.5 版.北京：高等教育出版社,2020.

［3］王浩.电工学［M］.北京：中国电力出版社,2009.

［4］侯世英.电工学 I：电路与电子技术［M］.2 版.北京：高等教育出版社,2017.

［5］林孔元,王萍.电气工程学概论［M］.2 版.北京：高等教育出版社,2019.

［6］孙雨耕.电路基础理论［M］.2 版.北京：高等教育出版社,2017.

［7］雷勇,宋黎明.电工学(上册)——电工技术［M］.2 版.北京：高等教育出版社,2017.

［8］申永山,高有华.现代电工电子技术［M］.2 版.北京：机械工业出版社,2018.

［9］冷增祥,徐以荣.电力电子技术基础［M］.3 版.南京：东南大学出版社,2012.

［10］洪乃刚.电力电子技术基础［M］.2 版.北京：清华大学出版社,2015.

［11］王兆安,黄俊.电力电子技术［M］.4 版.北京：机械工业出版社,2011.

［12］Allan R. Hambley. Electrical engineering principles and applications［M］. 7th ed. Beijing：Publishing House of Electronics Industry,2019.

［13］陈新龙,胡国庆.电工电子技术基础教程［M］.北京：清华大学出版社,2006.

［14］高福华.电工技术［M］.北京：机械工业出版社,2009.

［15］姚海彬.电工技术［M］.3 版.北京：高等教育出版社,2009.

［16］童诗白.模拟电子技术基础［M］.5 版.北京：高等教育出版社,2015.

郑重声明

高等教育出版社依法对本书享有专有出版权。任何未经许可的复制、销售行为均违反《中华人民共和国著作权法》,其行为人将承担相应的民事责任和行政责任;构成犯罪的,将被依法追究刑事责任。为了维护市场秩序,保护读者的合法权益,避免读者误用盗版书造成不良后果,我社将配合行政执法部门和司法机关对违法犯罪的单位和个人进行严厉打击。社会各界人士如发现上述侵权行为,希望及时举报,本社将奖励举报有功人员。

反盗版举报电话　（010）58581999　58582371　58582488
反盗版举报传真　（010）82086060
反盗版举报邮箱　dd@ hep. com. cn
通信地址　北京市西城区德外大街 4 号
　　　　　高等教育出版社法律事务与版权管理部
邮政编码　100120

防伪查询说明

用户购书后刮开封底防伪涂层,利用手机微信等软件扫描二维码,会跳转至防伪查询网页,获得所购图书详细信息。用户也可将防伪二维码下的 20 位密码按从左到右、从上到下的顺序发送短信至 106695881280,免费查询所购图书真伪。

反盗版短信举报

编辑短信"JB,图书名称,出版社,购买地点"发送至 10669588128

防伪客服电话

（010）58582300

网络增值服务使用说明

一、注册/登录

访问 http://abook.hep.com.cn/,点击"注册",在注册页面输入用户名、密码及常用的邮箱进行注册。已注册的用户直接输入用户名和密码登录即可进入"我的课程"页面。

二、课程绑定

点击"我的课程"页面右上方"绑定课程",正确输入教材封底防伪标签上的 20 位密码,点击"确定"完成课程绑定。

三、访问课程

在"正在学习"列表中选择已绑定的课程,点击"进入课程"即可浏览或下载与本书配套的课程资源。刚绑定的课程请在"申请学习"列表中选择相应课程并点击"进入课程"。

如有账号问题,请发邮件至:abook@ hep.com.cn。